JavaScript 入门经典（第7版）

[美] 菲尔 · 巴拉德（Phil Ballard）著

李强 译

人 民 邮 电 出 版 社

北 京

图书在版编目（CIP）数据

JavaScript入门经典 : 第7版 / (美) 菲尔·巴拉德 (Phil Ballard) 著 ; 李强译. -- 北京 : 人民邮电出版社, 2019.5(2022.8重印)
ISBN 978-7-115-50938-3

Ⅰ. ①J… Ⅱ. ①菲… ②李… Ⅲ. ①JAVA语言－程序设计 Ⅳ. ①TP312.8

中国版本图书馆CIP数据核字(2019)第042414号

版权声明

◆ 著 [美] 菲尔·巴拉德（Phil Ballard）
译 李 强
责任编辑 吴晋瑜
责任印制 焦志炜

◆ 人民邮电出版社出版发行 北京市丰台区成寿寺路 11 号
邮编 100164 电子邮件 315@ptpress.com.cn
网址 http://www.ptpress.com.cn
固安县铭成印刷有限公司印刷

◆ 开本：787×1092 1/16
印张：21 2019 年 5 月第 1 版
字数：515 千字 2022 年 8 月河北第 8 次印刷

著作权合同登记号 图字：01-2018-7753 号

定价：69.00 元

读者服务热线：(010)81055410 印装质量热线：(010)81055316
反盗版热线：(010)81055315
广告经营许可证：京东市监广登字 20170147 号

内容提要

本书主要介绍 JavaScript 现有的主要特性，涵盖了 JavaScript 基础知识、编程方法、对象、HTML5 和 CSS3、JavaScript 库、高级特性、代码调试等内容。全书分为六个部分（包括 24 章和一个附录），从基本概念入手，逐步引申到按照当今 Web 标准编写 JavaScript 代码的最佳方式，非常利于初学者学习参考。

本书适合零编程经验的初学者学习，适合作为高等院校计算机专业的教学用书，也适合 Web 开发初学者、JavaScript 初级程序员以及培训机构的学员参考。

前言

在开始阅读本书之前，我们先来看一下本书的目标读者是谁，为什么要写这本书，它所采用的是什么样的体例，其内容是如何组织的，以及需要哪些工具来编写 JavaScript。

读者对象

对于想学习 JavaScript 的读者来说，你们很可能已经掌握了 HTML 和 Web 页面设计的基本知识，希望为网页添加一些更好的互动性。抑或你们目前正使用其他语言进行编程，想了解一下 JavaScript 能够提供哪些更多的功能。

如果对 HTML 没有任何了解，或是没有任何计算机编程经验，我们建议读者先了解一些 HTML 基本知识。鉴于 HTML 非常易于理解，读者不必成为 HTML 专家，就足以了解本书的 JavaScript 范例。

JavaScript 很适合作为学习编程技术的起点。读者在调试过程掌握的基本概念大多可以用于其他编程语言，比如 C、Java 或 PHP。

本书宗旨

JavaScript 最初的用途是相当有限的，它只具备基本的功能，对于浏览器的支持也很不稳定，所以只被视为“花哨的小技巧”。现在，随着浏览器对 W3C 标准的支持越来越好，对 JavaScript 的实现不断改善，JavaScript 已经成为一种常规的编程语言。

其他高级编程语言里的编程规则能够方便地应用于 JavaScript，比如面向对象编程方法有助于编写稳定、易读、易维护和易重用的代码。

所谓“低调”的编程技术和 DOM 脚本都致力于为 Web 页面增加更好的互动，同时保持 HTML 简单易读，并且能够轻松地与代码分离。

本书着力介绍 JavaScript 目前主要特性及基本技巧，从基本概念开始，逐步介绍按照当今 Web 标准编写 JavaScript 代码的最佳方式。

很多编程教程会给出复杂的代码示例和练习，结果让那些没有编程经验的程序员知难而退。为了最大限度地讲清楚且让读者容易上手，本书所给出的示例都是为了阐释每一章的关键知识点，而使用尽可能少和尽可能容易的代码。

本书约定

本书全部代码范例都是用 HTML5 编写的，并且符合 ECMAScript JavaScript 6。

除了每个课程里的正文之外，书中还有一些标记为“说明”“提示”和“注意”的方框。

NOTE **说明**：这里的内容给出了额外的解释，帮助读者理解正文和示例。

TIP **提示**：这里的内容给出了额外的技巧、提示，帮助读者更轻松地进行编程。

CAUTION **注意**：这里的内容帮助读者用相关的信息来避免常见的陷阱。

实践

每一章至少有一部分内容用以指导读者尝试自己完成脚本，帮助读者建立编写 JavaScript 脚本的信心。

▲

问答、测验和练习

每一章的最后都有这三部分内容：

- “问答”——主要用于解答课程中最常遇到的问题；
- “测验”——用于检验读者对课程内容的掌握情况；
- “练习”——根据课程的内容提供一些让读者进一步深入学习的建议。

本书结构

本书正文分为 6 个部分，内容的难度逐步提高。

- 第一部分：JavaScript 基础

这部分是 JavaScript 语言的基础知识，介绍了用常用函数编写简单脚本的方法。这部分内容主要针对之前缺少或没有编程知识以及没有 JavaScript 知识的读者编写。

- 第二部分：JavaScript 编程

这部分介绍了 JavaScript 的数据类型，例如数值、字符串和数组；此外，还介绍了更复杂的编程范型，比如事件处理、循环控制和定时器等。

- 第三部分：理解 JavaScript 对象

这部分着重介绍了如何创建和操作对象，包括遍历和编辑属于 DOM（文档对象模型）的对象。

- 第四部分：用 JavaScript 操作 Web 页面

这部分较为深入地介绍了 JavaScript 如何与 HTML（包括 HTML5）和 CSS（包括最新的 CSS3 规范）交互。

➢ 第五部分：与 JavaScript 工具相关的高级技术

这部分介绍了一些专门的编程技术，包括 cookie、正则表达式、闭包和模块的使用。

➢ 第六部分：专业技能

这一部分介绍了专业 JavaScript 开发的知识，例如良好的编程习惯、JavaScript 的调试等。

必要工具

编写 JavaScript 并不需要昂贵和复杂的工具，如集成开发环境（IDE）、编译器或调试器。本书的范例代码都可以利用像 Windows 记事本这样的文本编辑软件生成。每个操作系统都会提供至少一款这样的软件，而且互联网上还有大量免费或廉价的类似软件。

说明：

附录列出的 JavaScript 开发工具和资源都可以方便地获得。

为了查看代码的运行情况，我们需要一个 Web 浏览器，比如 Microsoft Edge、Mozilla Firefox、Opera、Safari 或 Google Chrome。建议使用浏览器的最新稳定版本。特别是，最好不要使用逐渐被废弃的 Microsoft 的 Internet Explorer，而是使用更加符合标准的 Edge 浏览器，或者使用 Chrome 或 Firefox 来替代它。

本书绝大多数范例代码在运行时并不需要连接互联网，只要把源代码保存到计算机上，然后用浏览器打开它们就可以了。例外的情况是关于 cookie 和 Ajax 的章节，这些代码需要一个 Web 连接（或者是局域网上的一个 Web 服务连接）和一些 Web 空间来上传代码。对于尝试过 HTML 编码的读者来说，都应该具备上述配置；即使没有这些配置，使用业余级别的 Web 主机账户就可以满足要求，而这些都是很便宜的。

资源与支持

本书由异步社区出品，社区（https://www.epubit.com/）为您提供相关资源和后续服务。

提交勘误

作者和编辑尽最大努力来确保书中内容的准确性，但难免会存在疏漏。欢迎读者将发现的问题反馈给我们，帮助我们提升图书的质量。

读者在发现错误时，请登录异步社区，按书名搜索，进入本书页面，单击“提交勘误”，输入勘误信息，单击“提交”按钮即可。本书的作者和编辑会对读者提交的勘误进行审核，确认并接受后，我们将赠予读者异步社区的100积分（积分可用于在异步社区兑换优惠券、样书或奖品）。

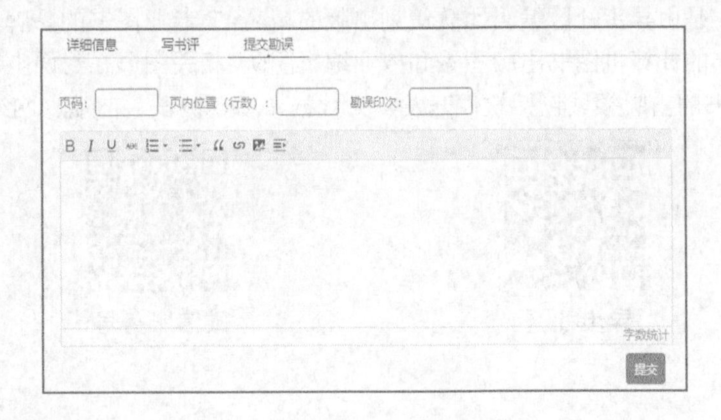

扫码关注本书

扫描下方二维码，读者可在异步社区微信服务号中看到本书信息及相关的服务提示。

与我们联系

我们的联系邮箱是contact@epubit.com.cn。

如果读者对本书有任何疑问或建议，请发邮件给我们，并请在邮件标题中注明本书书名，以便我们更高效地做出反馈。

如果读者有兴趣出版图书、录制教学视频，或者参与图书翻译、技术审校等工作，可以发邮件给我们；有意出版图书的作者也可以到异步社区在线提交投稿（直接访问

www.epubit.com/selfpublish/submission 即可）。

如果学校、培训机构或企业想批量购买本书或异步社区出版的其他图书，也可以发邮件给我们。

如果读者在网上发现有针对异步社区出品图书的各种形式的盗版行为，包括对图书全部或部分内容的非授权传播，请将怀疑有侵权行为的链接发邮件给我们。您的这一举动是对作者权益的保护，也是我们持续为您提供有价值的内容的动力之源。

关于异步社区和异步图书

“异步社区”是人民邮电出版社旗下 IT 专业图书社区，致力于出版精品 IT 技术图书和相关学习产品，为作译者提供优质出版服务。异步社区创办于 2015 年 8 月，提供大量精品 IT 技术图书和电子书，以及高品质技术文章和视频课程。更多详情请访问异步社区官网 https://www.epubit.com。

“异步图书”是由异步社区编辑团队策划出版的精品 IT 专业图书的品牌，依托于人民邮电出版社近 30 年的计算机图书出版积累和专业编辑团队，相关图书在封面上印有异步图书的 LOGO。异步图书的出版领域包括软件开发、大数据、AI、测试、前端、网络技术等。

异步社区

微信服务号

目　录

第三部分 理解 JavaScript 对象

第一部分

JavaScript 基础

第 1 章　JavaScript 简介

第 2 章　创建简单的脚本

第 3 章　使用函数

第 4 章　函数的更多知识

第 5 章　DOM 对象和内置对象

第1章

JavaScript 简介

本章主要内容

- 服务器端和客户端编程
- JavaScript 如何改善 Web 页面
- JavaScript 的历史
- 文档对象模型（DOM）基础知识
- window 和 document 对象
- 如何使用 JavaScript 给 Web 页面添加内容
- 如何利用对话框提示用户

与只有文本内容的早期 Web 相比，现代的 Web 几乎是完全不同的，它包含了声音、视频、动画、交互导航等很多元素，而 JavaScript 对于这些功能的实现扮演了非常重要的角色。

在第 1 章中，我们将简要介绍 JavaScript，回顾它的发展历史，展示它如何能够改善 Web 页面。通过本章的学习，读者可以直接开始编写一些实用的 JavaScript 代码。

1.1 Web 脚本编程基础

阅读本书的读者很可能已经熟练使用万维网，而且对于使用某种 HTML 编写 Web 页面有一些基本的理解。

HTML（Hypertext Markup Language）不是编程语言（如其名所示），而是一款标签语言，用于标记页面的各个部分在浏览器里以何种方式展现，比如加粗或斜体字，或是作为标题，或是项目列表，或是数据表格，或是其他的标记方式。

一旦编写完成，这些页面的本质就决定了它们是静态的。它们不能对用户操作做出响应，不能进行判断，不能调整页面元素显示。无论用户何时访问这些页面，其中的标签都会以相同的方式进行解析和显示。

根据使用万维网的经验，我们知道网站可以做的事情很多。我们时常访问的页面基本上都不是静态的，它们能够包含“活”的数据，比如能够分享商品价格或航班到达时间，字体和颜色带有动画显示，或是具有单击浏览相册或排序数据列表这样的功能。

这些灵活的功能是通过程序（通常称为“脚本”）来实现的。脚本在后台运行，操控着浏览器显示的内容。

> **NOTE** **说明：脚本和程序**
>
> “脚本”这个术语显然来自话剧和电视领域，其中所用的脚本决定了演员或主持人要做的事情。对于Web页面来说，主角是页面上的元素，而脚本是由某种脚本语言（比如JavaScript）生成的。对于本书描述的内容来说，“程序”与“脚本”两个术语基本上是可以通用的。在本书中，两个术语都会用到。

1.1.1 服务器端与客户端编程

给静态页面添加脚本有如下两种最基本的方式。

- 让Web服务器在把页面发送给用户之前执行脚本。这样的脚本可以确定把哪些内容发送给浏览器以显示给用户，比如从在线商店的数据库获取产品价格，在用户登录到站点的私有区域之前核对用户身份，或是从邮箱获取邮件内容。这些脚本通常运行在Web服务器上，而且是在生成请求的页面并提供给用户之前运行的。因此，我们称之为服务器端脚本（server-side scripting）。
- 另一种方式并不是在服务器运行脚本，而是把脚本与页面内容一起发送给用户的浏览器。然后浏览器运行这些脚本，操作已经发送给浏览器的页面内容。这些脚本的主要功能包括动画页面的部分内容，重新安排页面布局，允许用户在页面内拖放元素，验证用户在表单里输入的内容，把用户重定向到其他页面，等等。我们自然而然地将这些脚本称为客户端脚本（client-side scripting）。

本书主要介绍JavaScript，它是互联网上应用最广泛的客户端脚本语言。

> **NOTE** **说明：JavaScript和Java**
>
> 尽管JavaScript和Java的名字很相似，但是JavaScript和Java语言并没有多大关系，后者是由Sun Microsystems发明的。这两种语言的语法有相似之处，但是仅此而已，很多其他的编程语言也有和它们相似的语法。

1.1.2 JavaScript简介

用JavaScript编写的程序能够访问Web页面的元素以及运行该程序的浏览器，对这些元素执行操作，还可以创建新的元素。JavaScript 常见的功能包括：

- 以指定尺寸、位置和样式（比如是否有边框、菜单、工具栏等）打开新窗口；
- 提供用户友好的导航帮助，比如下拉菜单；
- 检验 Web 表单输入的数据，在向 Web 服务器提交表单之前确保数据格式正确；
- 在特定事件（比如鼠标光标经过页面元素之上）发生时，改变页面元素的外观与行为；
- 检测和发现特定浏览器支持的高级功能，比如第三方插件，或是对新技术的原生支持。

由于 JavaScript 代码只在用户浏览器内部运行，页面会对 JavaScript 指令做出快速响应，从而增强了用户的体验，使得 Web 应用更像在用户的本地计算机运行的程序而不只是一个页面。另外，JavaScript 能够检测和响应特定的用户操作（而 HTML 无法做到这一点），比如鼠标单击和键盘操作。

几乎所有 Web 浏览器都支持 JavaScript。

1.1.3 JavaScript 起源

JavaScript 的历史可以追溯到 20 世纪 90 年代中期，首先是 Netscape Navigator 2 引入了 1.0 版本。

随后，欧洲计算机制造商协会（ECMA）开始介入，制定了 ECMAScript 规范，奠定了 JavaScript 迅猛发展的基础。与此同时，微软开发了自己版本的 JavaScript——jScript，并将其用在 IE 浏览器上。

说明：JavaScript 和 VBScript ***NOTE***

JavaScript 不是仅有的客户端脚本语言，微软的浏览器还支持自己的 Visual Basic 面向脚本的版本——VBScript。但是，JavaScript 得到了更好的浏览器支持——现代浏览器几乎都支持它。

1.1.4 浏览器的竞争

20 世纪 90 年代后期，Netscape Navigator 4 和 IE 4 都宣布对 JavaScript 提供更好的支持，比以前版本的浏览器大有改善。

但遗憾的是，这两组开发人员走上了不同的道路。他们分别给 JavaScript 语言本身及如何与 Web 页面交互定义了自己的规范。

这种荒唐的情况导致开发人员总是要编写两个版本的脚本，利用一些复杂的、经常可能导致错误的程序来判断用户在使用什么浏览器，然后再切换到适当版本的脚本。

好在网际网络联盟（W3C）非常努力地通过 DOM 来规范各个浏览器制作商生成和操作页面的方式。1 级 DOM 于 1998 年完成，2 级版本于 2000 年年末完成。

关于 DOM 是什么或它能做什么，本书的相应章节会有所介绍。

NOTE **说明：关于 W3C**

网际网络联盟（World Wide Web Consortium，W3C）是一个国际组织，致力于制定开放标准来支撑互联网的长期发展。其官方网站包含了大量与 Web 标准相关的信息与工具。

1.1.5 <script>标签

当用户访问一个页面时，页面中包含的 JavaScript 代码会与其他页面内容一起传递给浏览器。

在 HTML 里使用<script>和</script>标签，可以在 HTML 代码里直接包含 JavaScript 语句。

```
<script>
    ...JavaScript statements...
</script>
```

NOTE **说明：解释型语言和编译型语言**

JavaScript 是一种解释型语言，不是 C++或 Java 那样的编译语言。JavaScript 指令以纯文本形式传递给浏览器，然后依次解释执行。它们不必先“编译”成只有计算机处理器能够理解的机器码，这让 JavaScript 程序很便于阅读，能够迅速地进行编辑，然后在浏览器里重新加载页面就可以进行测试。

本书的代码都是符合 HTML5 规范的，也就是说，<script>元素没有任何必须设置的属性（在 HTML5 里，type 属性是可选的，本书的范例里都没有使用这个属性）。但如果是在 HTML4.x 或 XHTML 页面里添加 JavaScript，就需要使用 type 属性了：

```
<script type="text/javascript">
    ... JavaScript statements ...
</script>
```

偶尔还会看到<script>元素使用属性 language="JavaScript"，这种方式已经废弃很久了。除非是需要支持很古老的浏览器，比如 Navigator 或 Mosaic，否则完全不必使用这种方式。

NOTE **说明：关于废弃的代码**

“废弃的”（deprecated）这个词对于软件功能或编码方式来说意味着尽量避免使用，因为它们被新功能或新方式取代了。

虽然为了实现向下兼容而仍然使用这类的功能，但“废弃的”这个状态通常意味着这样的功能会在不久之后被清除。

本书的范例把 JavaScript 代码放置到文档的 body 部分，但实际上 JavaScript 代码也能出现在其他位置。我们还可以利用<script>元素加载保存在外部文件中的 JavaScript 代码，关于这方面的详细介绍请见第 2 章。

1.1.6 DOM 简介

“文档对象模型”（Document Object Model，DOM）是对文档及其内容的抽象表示。

每次浏览器要加载和显示页面时，都需要解释（更专业的术语是“解析”）构成页面的 HTML 源代码。在解析过程中，浏览器建立一个内部模型来表示文档里的内容，这个模型就是 DOM。在浏览器渲染页面的可见内容时，就会引用这个模型。可以使用 JavaScript 来访问和编辑这个 DOM 的各个部分，从而改变页面的显示内容和用户交互的方式。

在早期，JavaScript 只能对 Web 页面的某些部分进行最基本的访问，比如访问页面里的图像和表单。一个 JavaScript 程序所包含的语句，可以选择“页面上第二个表单”，或是“名称为 registration 的表单”。

Web 开发人员有时把这种情形称为 0 级 DOM，以便与 W3C 的 1 级 DOM 向下兼容。0 级 DOM 有时也称为 BOM（浏览器对象模型）。从 0 级 DOM 开始，W3C 逐渐扩展和改善了 DOM 规范。W3C 更大的野心是不仅让 DOM 能够用于 Web 页面与 JavaScript，也能用于任何编程语言和 XML。

> **说明：关于 DOM 级别** **NOTE**
>
> 本书使用 1 级和 2 级的 W3C DOM 定义。

1.1.7 W3C 和标准兼容

浏览器厂商在最近的版本中对 DOM 的支持都有了很大的改善。在编写本书时，IE 最新版本是 11，Netscape Navigator 以 Mozilla Firefox 重生（当前版本是 58.0），其他竞争对手还包括 Opera、Konqueror、苹果公司的 Safari、谷歌的 Chrome 和 Chromium，它们都对 DOM 提供了出色的支持。

Web 开发人员的处境有了很大改善。除了极特殊的一些情况，只要我们遵循 DOM 标准，基本上在编程时可以不考虑为某个浏览器编写特殊代码了。

> **说明：留意早期的浏览器** **NOTE**
>
> 早期的浏览器，比如 Netscape Navigator（任何版本）和 IE 5.5 以前的版本，现在基本上已经没有人使用了。本书只关注与 1 级或更高级别 DOM 兼容的现代浏览器，比如 IE 9+、Firefox、Google Chrome、Apple Safari、Opera 和 Konqueror。我们建议读者把自己使用的浏览器升级到最新的较为稳定的版本。

1.1.8 window 和 document 对象

浏览器每次加载和显示页面时，都在内存里创建页面及其全部元素的一个内部表示体系，也就是 DOM。在 DOM 里，页面的元素具有一个逻辑化、层级化的结构，就像相互关联的父对象和子对象组成了一个树形的结构。这些对象及其相互关系构成了 Web 页面及显示页面的浏览器的抽象模型。每个对象都有“属性”列表来描述它，而利用 JavaScript 可以使用一些方法来操作这些属性。

这个层级树的最顶端是浏览器 window 对象，它是页面的 DOM 表示中一切对象的父对象。

window 对象具有一些子对象，如图 1.1 所示。图 1.1 中第一个子对象是 document，这也是本书最常使用的对象。浏览器加载的任何 HTML 页面都会创建一个 document 对象，包含全部 HTML 内容及其他构成页面显示的资源。利用 JavaScript 以父子对象的形式就可以访问这些信息。这些对象都具有自己的属性和方法。

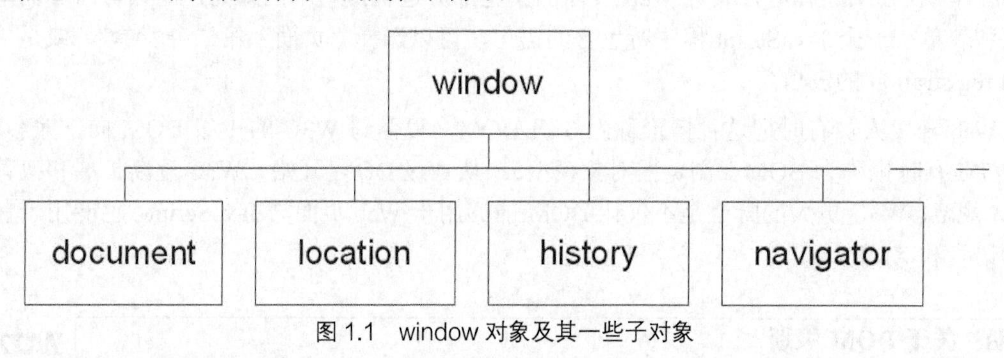

图 1.1 window 对象及其一些子对象

图 1.1 中 window 对象的其他子对象还有 location（包含着当前页面 URL 的详细信息）、history（包含浏览器以前访问的页面地址）和 navigator（包含浏览器类型、版本和兼容的信息）。第 4 章将会更详细地介绍这些对象，其他章节也会使用它们，但目前我们着重于 document 对象。

1.1.9 对象表示法

我们用句点方式表示树形结构里的对象：

```
parent.child
```

如图 1.1 所示，location 对象是 window 对象的子对象，所以在 DOM 里就像这样表示它：

```
window.location
```

> **TIP 提示：扩展点表示法**
>
> 这种表示法可以扩展任意多次，以表示树结构中的任何对象。例如
>
> ```
> object1.object2.object3
> ```
>
> 表示 object3，其父对象是 object2，而 object2 又是 object1 的子对象。

HTML 页面的<body>部分在 DOM 里是 document 对象的一个子对象，所以表示为：

```
window.document.body
```

这种表示法的最后一个部分除了可以是对象外，还可以是属性或方法：

```
object1.object2.property
object1.object2.method
```

举例来说，如果想访问当前文档的 title 属性，也就是 HTML 标签<title>和</title>，我们

可以这样表示：

```
window.document.title
```

注意：最好的还没来 NOTE

如果对象层次和句点表示法似乎现在对你来说还不是很清晰，不必为此担心。在本书中，你将会看到很多的示例。

提示：一种方便的简写方式 TIP

window 对象永远包含当前浏览器窗口，所以使用 window.document 就可以访问当前文档。作为一种简化表示，使用 document 也能访问当前文档。

如果是打开了多个窗口，或是使用框架集，那么每个窗口或框架都有单独的 window 和 document 对象，为了访问其中的某一个文档，需要使用相应的窗口名称和文档名称。

1.1.10 与用户交互

现在来介绍 window 和 document 对象的一些方法。首先介绍的这两个方法都能提供与用户交互的手段。

```
window.alert()
```

即使不知道 window.alert()，我们实际上在很多场合已经看到过它了。window 对象位于 DOM 层级的最顶端，代表了显示页面的浏览器窗口。当我们调用 alert()方法时，浏览器会弹出一个对话框显示设置的信息，还有一个“确定”按钮。示例如下：

```
<script>window.alert("Here is my message");</script>
```

这是第一个使用句点表示法的范例，其中调用了 window 对象的 alert()方法，所以按照 object.method 表示方法就写为 window.alert。

提示：另一种方便的简写方式 TIP

在实际编码过程中，可以不明确书写 window.这部分。因为它是 DOM 层级结构的最顶层（有时也被称为“全局对象”），任何没有明确指明对象的方法调用都会被指向 window，所以

```
<script>alert("Here is my message");</script>
```

也能实现同样功能。

请注意要显示的文本位于引号之中。引号可以是双引号，也可以是单引号，但必须有引号，否则会产生错误。

这行代码在浏览器执行时，产生的弹出对话框如图 1.2 所示。

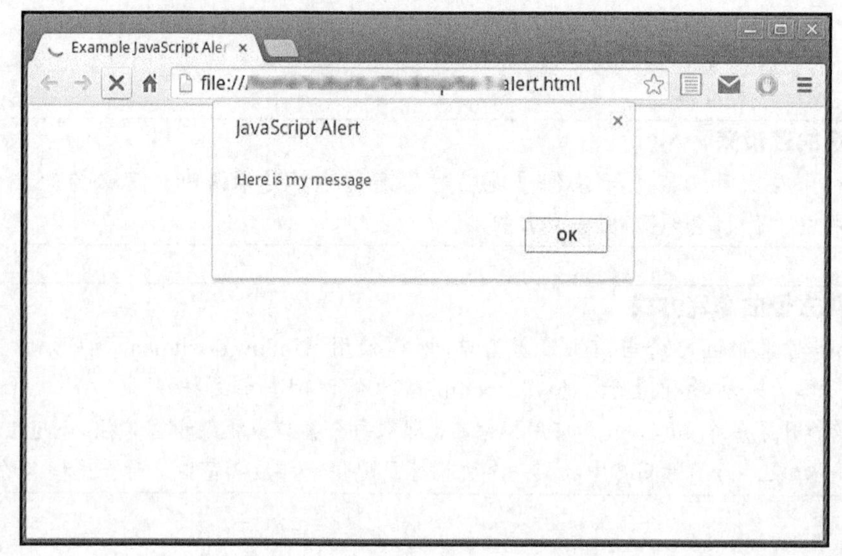

图 1.2 一个 window.alert()对话框

TIP 提示：不同的浏览器显示也不同

图 1.2 所示的弹出对话框由运行在 Ubuntu Linux 下的 Chrome 浏览器产生。不同操作系统、不同浏览器、不同显示设置都会影响这个对话框的最终显示情况，但它总是会包含要显示的信息和一个“OK”按钮。

TIP 提示：理解模态对话框

在用户单击“OK”按钮之前，页面上是不能进行其他任何操作的。具有这种行为模式的对话框称为“模态”对话框。

1.1.11 document.write()

从这个方法名称就可以猜到它的功能。显然它不是弹出对话框，而是直接向 HTML 文档写入字符，如图 1.3 所示。

```
<script>document.write("Here is another message");</script>
```

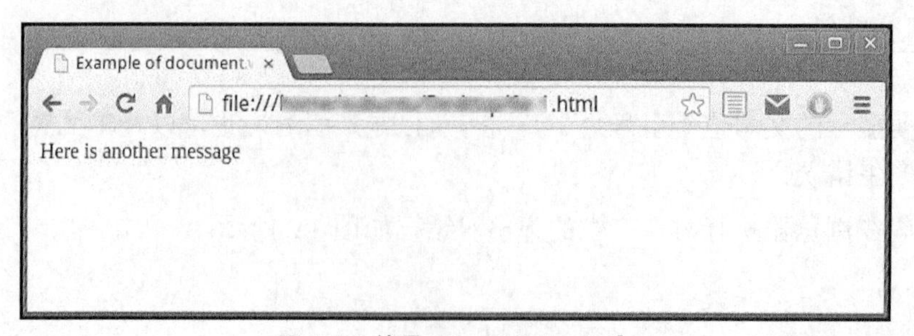

图 1.3 使用 document.write()

说明： NOTE

实际上，无论从功能来说，还是从编码风格与可维护性来说，document.write 都是一种向页面输出内容的笨拙方式，它有很多的局限性。大多数正规的 JavaScript 程序员都不会使用这种方式，更好的方式是使用 JavaScript 和 DOM。但在本书第一部分介绍 JavaScript 语言的基本知识时，我们还会使用这个方法。

▼ 实践

JavaScript 编写的“Hello World!”

在介绍一种编程语言时，如果不使用传统的“Hello World!”范例似乎说不过去。这个简单的 HTML 文档如程序清单 1.1 所示。

程序清单 1.1　一个 alert()对话框中的“Hello World!”

```
<!DOCTYPE html>
<html>
<head>
    <title>Hello from JavaScript!</title>
</head>
<body>
    <script>
        alert("Hello World!");
    </script>
</body>
</html>
```

在文本编辑器里创建一个文档，将其命名为 hello.html，输入上述代码，保存到计算机，然后在浏览器中打开它。

注意：留意文件名后缀 CAUTION

有些文本编辑器会尝试给我们指定的文件名添加.txt 扩展名，因此在保存文件时要确保使用了.html 扩展名，否则浏览器可能不会正常打开它。

几乎全部操作系统都允许我们用鼠标右键单击 HTML 文件图标，从弹出菜单里选择“打开方式”（或类似的字眼）。另一种打开方式是先运行喜欢的浏览器，然后从菜单栏里选择“文件”>“打开”，找到相应的文件，加载到浏览器。

这时会看到如图 1.2 所示的对话框，但其中的内容是“Hello World!”。如果计算机里安装了多个浏览器，可以尝试用它们都来打开这个文件，比较得到的结果。对话框外观可能有细微差别，但信息和“OK”按钮都是一样的。

注意：小心警告 CAUTION

有些浏览器的默认安全设置会在打开本地内容（比如本地计算机上的文件）时显示警告内容，如果看到这样的提示，只要选择允许继续操作即可。

▲

1.1.12 读取 document 对象的属性

正如前文所述，DOM 树包含着方法和属性。前面的范例展示了如何使用 document 对象的 write 方法向页面输出文本，现在我们来读取 document 对象的属性。以 document.title 属性为例，它包含了 HTML 页面的<title>标签中所定义的标题。

在文本编辑器里修改 hello.html，修改对 window.alert()方法的调用：

```
alert(document.title);
```

注意到 document.title 并没有包含在引号里，这时如果使用引号，JavaScript 会认为我们要输出文本“document.title”。在不使用引号的情况下，JavaScript 会把 document.title 属性的值传递给 alert()方法，得到的结果如图 1.4 所示。

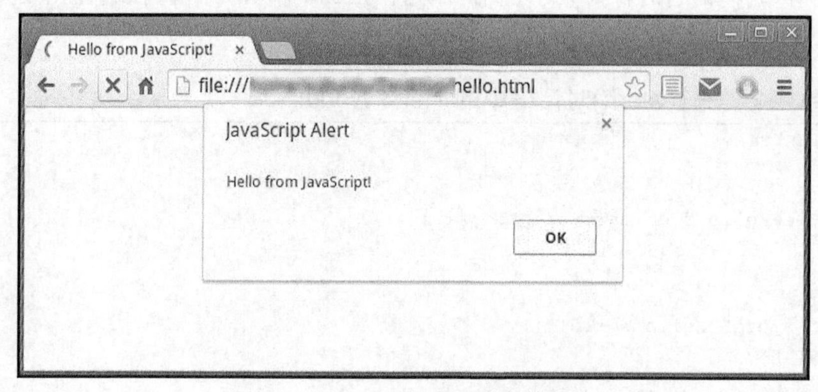

图 1.4 显示 document 对象的属性

1.2 小结

本章简要介绍了服务器端脚本和客户端脚本的概念，还简述了 JavaScript 和 DOM 的历史演变，大概展示了 JavaScript 能够实现什么功能来增强页面和改善用户体验。

本章还简单介绍了 DOM 的基本结构，展示了如何使用 JavaScript 访问特定对象及其属性，并且使用这些对象。

后面的章节将基于这些基本概念逐渐展开更高级的脚本编程项目。

1.3 问答

问：如果使用服务器端脚本（比如 PHP 或 ASP），还能在客户端使用 JavaScript 进行编程吗？

答：当然可以。事实上，这种组合方式能够形成一个有力的平台，实现功能强大的应用。Google Mail 就是个很好的范例。

问：应该对多少种不同的浏览器进行测试呢？

答：方便的情况下越多越好。编写与标准兼容的、避免使用浏览器专用功能的代码，从而让程序在各个浏览器上都能顺畅运行，这不是一件简单的事情。浏览器在特定功能的实现上有一两处细微差别，但这总是难免的。

问：包含 JavaScript 代码会不会增加页面加载的时间？

答：会的，但通常这种影响很小，可以忽略不计。如果 JavaScript 代码的内容比较多，就应该在用户可能使用的最慢的连接上进行测试。除了一些极其特殊的情况，这一般不会成为什么问题。

1.4 作业

测验和练习用来测试你对本章知识的理解，提升自己的技能。

1.4.1 测验

1．JavaScript 是解释型语言，还是编译型语言？

  a．编译型语言

  b．解释型语言

  c．都不是

  d．都是

2．若要添加 JavaScript 语句，必须在 HTML 页面里使用什么标签？

  a．<script>和</script>

  b．<type="text/javascript">

  c．<!--and-->

3．DOM 层级结构的最顶层是：

  a．document 属性

  b．document 方法

  c．document 对象

  d．window 对象

4．window.alert()方法的用途是什么？

  a．在一个模态对话框中，向用户发送一条消息

  b．在浏览器的任务栏中，向用户发送一条消息

  c．把字符写入 Web 页面的文本中

5．下面的哪一种说法是对的？

  a．window 对象是 document 对象的子对象

  b．document 对象是 window 对象的子对象

  c．上述说法都不对

1.4.2 答案

1．选 b。JavaScript 是一种解释型语言，它以纯文本方式编写代码，一次读取并执行一条语句

2．选 a。JavaScript 语句添加在<script>和</script>之间

3．选 d。window 对象位于 DOM 树的顶端，document 对象是它的一个子对象

4．选 a。在一个模态对话框中，向用户发送一条消息

5．选 b。document 对象是 window 对象的子对象

1.5 练习

在本章的“实践”环节中，我们使用了这样一行代码：

```
alert(document.title);
```

它可以输出 document 对象的 title 属性。请尝试修改这段脚本，输出 document.lastModified 属性，它包含的是 Web 页面最近一次修改的日期和时间。（提示：属性名称是区分大小写的，注意这个属性里大写的 M。）还可以尝试用 document.write()代替 alert()方法向页面直接输出信息，如图 1.3 所示。

在不同的浏览器里运行本章的范例代码，观察页面显示情况有什么区别。

第2章

创建简单的脚本

本章主要内容

- 在 Web 页面里添加 JavaScript 的各种方式
- JavaScript 语句的基本语法
- 声明和使用变量
- 使用算术操作符
- 代码的注释
- 捕获鼠标事件

第 1 章介绍了 JavaScript 是一种能够让 Web 页面更具有交互性的脚本语言。

本章将介绍如何向 Web 页面添加 JavaScript，以及编写 JavaScript 程序的一些基本语法，比如语句、变量、操作符和注释。同时，本章将涉及更加实用的脚本范例。

2.1 在 Web 页面里添加 JavaScript

正如第 1 章所介绍的，JavaScript 代码是和页面内容一起发送给浏览器的，这是如何做到的呢？有两种方法可以把 JavaScript 代码关联到 HTML 页面，它们都要用到第 1 章介绍的<script>和</script>标签。

第一种方法是把 JavaScript 语句直接包含在 HTML 文件里，就像第 1 章所介绍的一样:

```
<script>
    ... Javascript statements are written here ...
</script>
```

第二种方法，也是更好的方法，是把 JavaScript 代码保存到单独的文件，然后利用<script>元素的 src（源）属性来指定文件名，从而把这个文件包含到页面里：

```
<script src='mycode.js'></script>
```

前例包含了一个名为mycode.js的文件，其中有我们编写的JavaScript语句。如果JavaScript文件与调用脚本不在同一个文件夹，就需要添加一个相对或绝对路径：

```
<script src='/path/to/mycode.js'></script>
```

或

```
<script src='http://www.example.com/path/to/mycode.js'></script>
```

把 JavaScript 代码保存到单独的文件中有如下好处。

- 当 JavaScript 代码有更新时，这些更新可以立即作用于使用这个 JavaScript 文件的页面。这对于 JavaScript 库是尤为重要的（本书稍后会有介绍）。
- HTML 页面的代码可以保持简洁，从而提高易读性和可维护性。
- 可以稍微提高一点性能。浏览器会把包含文件进行缓存，当前页面或其他页面再次需要使用这个文件时，就可以使用一个本地副本了。

说明：文件名后缀 **NOTE**

按照惯例，JavaScript 代码文件的名称扩展名是.js。但从实际情况来看，代码文件的名称可以使用任何扩展名，浏览器都会把其中的内容当作 JavaScript 来解释。

注意：留意标记 **CAUTION**

外部文件中的 JavaScript 语句不能放到<script>和</script>标签中，也不能使用任何 HTML 标签，只能是纯粹的 JavaScript 代码。

程序清单 2.1 是第 1 章里 Web 页面的代码，但是现在，已被修改为在<body>区域里包含了一个 JavaScript 代码文件。JavaScript 可以放置到 HTML 页面的<head>或<body>区域里，但一般情况下，我们把 JavaScript 代码放到页面的<head>区域，从而让文档的其他部分能够调用其中的函数。第 3 章将介绍函数的有关内容。就目前而言，我们把范例代码暂时放到文档的<body>区域。

程序清单 2.1 包含了一个 JavaScript 文件的一个 HTML 文档

```
<!DOCTYPE html>
<html>
<head>
    <title>A Simple Page</title>
</head>
<body>
    <p>Some content ...</p>
    <script src='mycode.js'></script>
</body>
</html>
```

当 JavaScript 代码位于文档的 body 区域时，在页面被呈现时，遇到这些代码就会解释和执行。为此，JavaScript 代码不要试图访问没有定义的 DOM 元素，这一点很重要。相反，JavaScript 语句必须包含在定义这些元素的 HTML 的后面。在代码读取和执行完毕之后，页面呈现才会继续，直到页面完成。

提示：多个脚本 **TIP**

你并不是只能够使用一个 script 元素，需要的话，可以在页面中使用任意多个 script 元素。

说明：HTML 注释 **NOTE**

有时在<script>标签里可以看到 HTML 风格的注释标签<!--和-->，它们包含着 JavaScript 语句，比如：

```
<script>
    <!--
    ... Javascript statements are written here ...
    -->
</script>
```

这是为了兼容不能识别<script>标签的老版本浏览器。这种“注释”方式可以防止老版本浏览器把 JavaScript 源代码当作页面内容显示出来。除非我们有特别明确的需求要支持老版本的浏览器，否则是不需要使用这种技术的。

2.2 编写 JavaScript 语句

JavaScript 程序是由一些单独的指令组成的，这些指令称为“语句”。为了能够正确地解释语句，浏览器对语句的书写方式有所要求。第一种方式是把每条语句写成一行：

```
this is statement 1
this is statement 2
```

另一种方式是在同一行里书写多条语句，每条语句以分号表示结束：

```
this is statement 1; this is statement 2;
```

为了提高代码的可读性，也为了防止造成难以查找的语法错误，最好是结合上述两种方式的优点，也就是一行书写一条语句，并且用分号表示语句结束：

```
this is statement 1;
this is statement 2;
```

代码注释

有些语句的作用并不是为了让浏览器执行，而且为了方便需要阅读代码的人。我们把这些语句称为“注释”，它有一些特定的规则。

长度在一行之内的注释可以在行首以双斜线表示：

```
//注释内容
```

> **NOTE 说明：注释的语法**
>
> JavaScript 还可以使用 HTML 注释语法来实现单行注释：
>
> ```
> <!-- this is a comment -->
> ```
>
> 但我们一般不在 JavaScript 中使用这种方式。

如果需要用这种方式添加多行注释，需要在每一行的行首都使用这个前缀：

```
//注释内容
//注释内容
```

实现多行注释的一种更方便的方法是使用/*标记注释的开始，使用*/标记注释的结束。其中的注释内容可以跨越多行：

```
/* 这里的注释
   内容可以跨越
   多行  */
```

在代码里添加注释是一种非常好的习惯，特别是在编写较大、较复杂的 JavaScript 程序时。注释不仅可以作为我们自己的提示，还可以为以后阅读代码的其他人提供指示和说明。

> **NOTE 说明：文件大小**
>
> 注释的确会略微增加 JavaScript 源文件的大小，从而对页面加载时间和代码性能产生不好的影响。一般来说，这种影响小到可以忽略不计，但如果的确需要消除这种影响，我们可以清除 JavaScript 文件里的全部注释，形成所谓的“产品”版本，用于实际的站点。出于这个目的，很多开发者提供他们的程序的所谓的“精简版”，其程序文件的大小是经过压缩的，并且所有的注释和空白都去掉了。你经常会遇到这样的精简版的文件，因为它们的文件名通常都有一个.min.js 的后缀。

2.3 变量

变量可以看作一种被命名的分类容器，用于保存特定的数据。数据可以具有多种形式：整数或小数、字符串或其他数据类型（本章稍后将会介绍）。变量可以用任何方式进行命名，但我们一般只使用字母、数字、美元符号（$）和下画线。

> **NOTE 注意：区分大小写**
>
> JavaScript 是区分大小写的，变量 mypetcat 和 Mypetcat 或 MYPETCAT 是不一样的。
>
> JavaScript 程序员和其他很多程序员习惯使用一种名为“骆驼大小写”（或被称为“混合大小写”等）的方法，也就是把各个单词或短语连写在一起，没有空格，每个单词的首字母大写，但整个名称的第一个字母可以是大写或小写。按照这种方式，前面提到的变量就应该命名为 MyPetCat 或 myPetCat。

假设有一个变量的名称是 netPrice。通过一条简单的语句就可以设置保存在 netPrice 里的数值：

```
netPrice = 8.99;
```

这个操作称为给变量“赋值”。

说明：赋值和测试相等性 ***NOTE***

=字符只是用于赋值，这一点很重要。当你需要测试两个值或表达式是否相等时，只是使用“=”符号是不正确的，而是需要使用“==”来测试相等性：

```
if(a == b) { … do something … } // 正确，测试 a 和 b 是否相等
if(a = b) { … do something … } // 不正确，将 b 的值赋值给 a
```

在第 10 章中，我们将学习如何像这样使用条件语句。

有些编程语言在赋值之前必须进行变量声明，JavaScript 不必如此。但变量声明是一个很好的编程习惯。在 JavaScript 里，你可以这样做：

```
var netPrice;
netPrice = 8.99;
```

还可以把上述两个语句组合成一条语句，使其更加简洁和易读：

```
var netPrice = 8.99;
```

如果要把“字符串”赋值给一个变量，需要把字符串放到一对单引号或双引号之中：

```
var productName = "Leather wallet";
```

然后就可以传递这个变量所保存的值，比如传递给 window.alert 方法：

```
alert(productName);
```

生成的对话框会计算变量的值，然后显示出来，如图 2.1 所示。

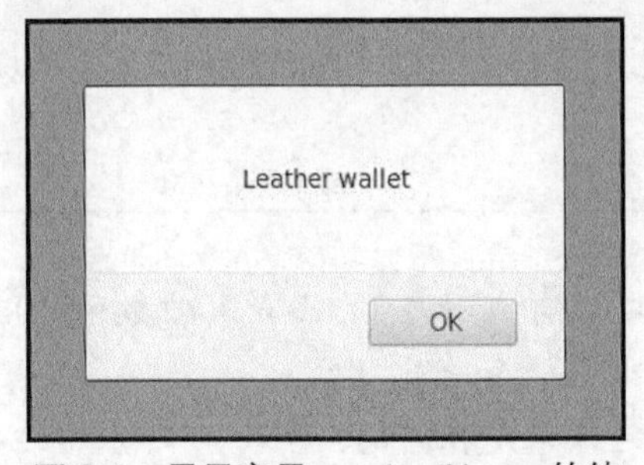

图 2.1 显示变量 productName 的值

提示：变量命名 ***TIP***

尽量使用含义明确的名称，比如 productName 和 netPrice。虽然像 var123 或 myothervar49 这样的名称也是合法的，但前者显然具有更好的易读性和可维护性。

2.4 操作符

如果不能通过计算操作变量中保存的值，那么这些值的用处就不是很大。

2.4.1 算术操作符

首先，JavaScript 可以使用标准的算术操作符进行加、减、乘和除运算：

```
var theSum = 4 + 3;
```

显然，前面这条语句执行之后，变量 theSum 的值是 7。在运算中，我们还可以使用变量名称：

```
var productCount = 2;
var subtotal = 14.98;
var shipping = 2.75;
var total = subtotal + shipping;
```

JavaScript 的减法（–）、乘法（*）和除法（/）也是类似的：

```
subtotal = total - shipping;
var salesTax = total * 0.15;
var productPrice = subtotal / productCount;
```

如果想计算除法的余数，可以使用 JavaScript 的模除运算符，也就是“%”：

```
var itemsPerBox = 12;
var itemsToBeBoxed = 40;
var itemsInLastBox = itemsToBeBoxed % itemsPerBox;
```

上述语句运行之后，变量 itemsInLastBox 的值是 4。

JavaScript 对变量值的自增和自减有快捷操作符，分别是（++）和（– –）：

```
productCount++;
```

上述语句相当于：

```
productCount = productCount + 1;
```

类似地，

```
items--;
```

与下面的语句作用相同：

```
items = items - 1;
```

TIP 提示：组合操作符

如果变量值的自增或自减不是 1，而是其他数值，JavaScript 还允许把算术操作符与等号结合使用，比如+=和–=。

如下面两行代码的效果是相同的：

```
total = total + 5;
total += 5;
```

下面两行也是一样：

```
counter = counter - step;
counter -= step;
```

乘法和除法算术操作符也可以这样使用：

```
price = price * uplift;
price *= uplift;
```

2.4.2 操作符优先级

在一个计算中使用多个操作符时，JavaScript 根据“优先级规则”来确定计算的顺序，比如下面这条语句：

```
var average = a + b + c / 3;
```

根据变量的名称，这应该是在计算平均数，但这个语句不会得到我们想要的结果。在与 a 和 b 相加之前，c 会先进行除法运算。为了正确地计算平均数，需要添加一对括号，像下面这样：

```
var average = (a + b + c) / 3;
```

如果对于运算优先级不是十分确定，我建议使用括号。这样做并不需要什么额外的代价，不仅能够让代码更易读（无论是对编写者本人还是对需要查看代码的其他人），还能避免优先级影响到运算过程。

说明：优先级规则 ***NOTE***

对于有 PHP 或 Java 编程经验的读者来说，将会发现 JavaScript 的操作符优先级规则与这两种语言基本是一样的。

2.4.3 对字符串使用操作符“+”

当变量保存的是字符串而不是数值时，算术操作符基本上就没有什么意义了，唯一可用的是操作符“+”。JavaScript 把它用于两个或多个字符串的连接（按照顺序组合）：

```
var firstname = "John";
var surname = "Doe";
var fullname = firstname + " " + surname;
//变量 fullname 里的值是"John Doe"
```

如果把操作符“+”用于一个字符串变量和一个数值变量，JavaScript 会把数值转换为字符串，再把两个字符串连接起来：

```
var name = "David";
var age = 45;
alert(name + age);
```

图 2.2 所示的是对一个字符串变量和一个数值变量使用操作符“+”的结果。

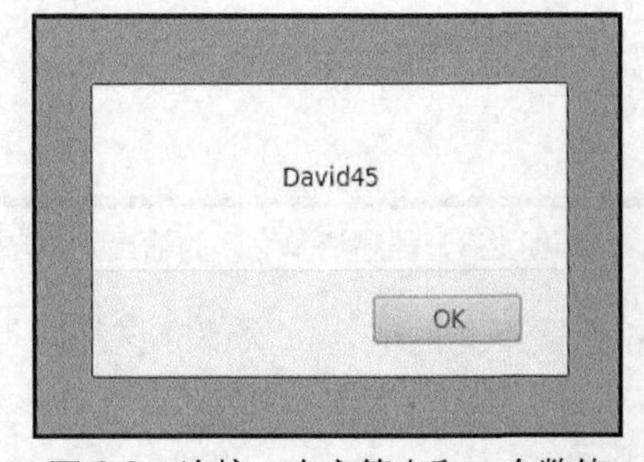

图 2.2 连接一个字符串和一个数值

本书的第 7 章将会更详细地讨论 JavaScript 的数据类型和字符串操作。

实践

把摄氏度转换为华氏度

把摄氏度转换为华氏度的方法是把数值乘 9，除以 5，然后加 32。用 JavaScript 可以这样做：

```
var cTemp = 100;  //摄氏度
// 在表达式里充分使用括号
var hTemp = ((cTemp * 9)/5) + 32;
```

实际上，我们可以省略代码里的括号，结果也是正确的：

```
var hTemp = cTemp * 9/5 + 32;
```

不过，使用括号可以让代码更易懂，而且有助于避免操作符优先级可能导致的错误。

让我们在 Web 页面里测试上述代码，如程序清单 2.2 所示。

程序清单 2.2　通过华氏温度计算摄氏温度

```
<!DOCTYPE html>
<html>
<head>
    <title>Fahrenheit From Celsius</title>
</head>
<body>
    <script>
        var cTemp = 100; //摄氏温度
        //使用括号
        var hTemp = ((cTemp * 9) /5 ) + 32;
        document.write("Temperature in Celsius: " + cTemp + " degrees<br/>");
        document.write("Temperature in Fahrenheit: " + hTemp + " degrees");
    </script>
</body>
</html>
```

把这段代码保存到文件 temperature.html 中，加载到浏览器，应该能够看到如图 2.3 所示的结果。

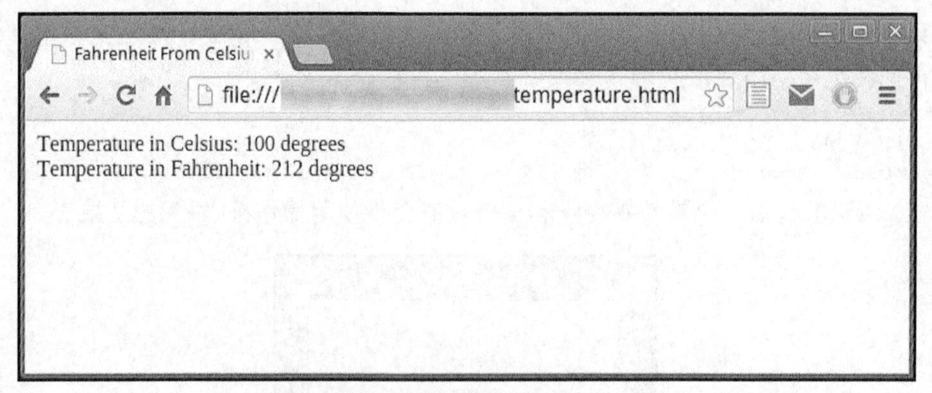

图 2.3　程序清单 2.2 的输出

编辑代码文件，给 cTemp 设置不同的值，每次都应该能够得到正确的结果。

2.5 捕获鼠标事件

为页面增加与用户的交互是 JavaScript 的基本功能之一。为此，我们需要一些机制来检测用户和程序在特定时间在做什么，比如鼠标在浏览器的什么位置，用户是否单击了鼠标或按了键盘按键，页面是否完整加载到浏览器，等等。

我们将这些发生的事情称为事件（event）。JavaScript 提供了多种工具来处理事件。第 9 章将详细介绍事件和处理事件的高级技术，现在先来看看利用 JavaScript 检测用户鼠标动作的一些方法。

JavaScript 用事件处理器（event handler）来处理事件，本章介绍其中的 3 个：onClick、onMouseOver 和 onMouseOut。

2.5.1 onClick 事件处理器

onClick 事件处理器几乎可以用于页面上任何可见的 HTML 元素。实现它的方式之一是给 HTML 元素添加一个属性：

```
onclick=" ...some JavaScript code... "
```

说明：给 HTML 元素添加事件处理器 ***NOTE***

虽然给 HTML 元素直接添加事件处理器是完全可行的，但现在人们已经不认为这是一种好的编程方式了。本书的第一部分仍然会使用这种方式，但后面的章节里会介绍更强大、更灵活的方式来使用事件处理器。

先来看一个范例，如程序清单 2.3 所示。

程序清单 2.3 使用 onClick 事件处理器

```
<!DOCTYPE html>
<html>
<head>
    <title>onClick Demo</title>
</head>
<body>
    <input type="button" onclick="alert('You clicked the button!')" value="Click Me" />
</body>
</html>
```

上述 HTML 代码在页面的 body 区域添加一个按钮，并且设置了它的 onclick 属性。给定 onclick 属性的值，是一些 JavaScript 代码，当单击该 HTML 元素时（在这个例子中，就是按钮），我们想要运行这些 JavaScript 代码。当用户单击这个按钮时，onClick 事件被激活（通常称为“被触发”），然后属性中所包含的 JavaScript 语句将会执行。

本例中只有一条语句：

```
alert('You clicked the button!')
```

图 2.4 所示的是单击这个按钮得到的结果。

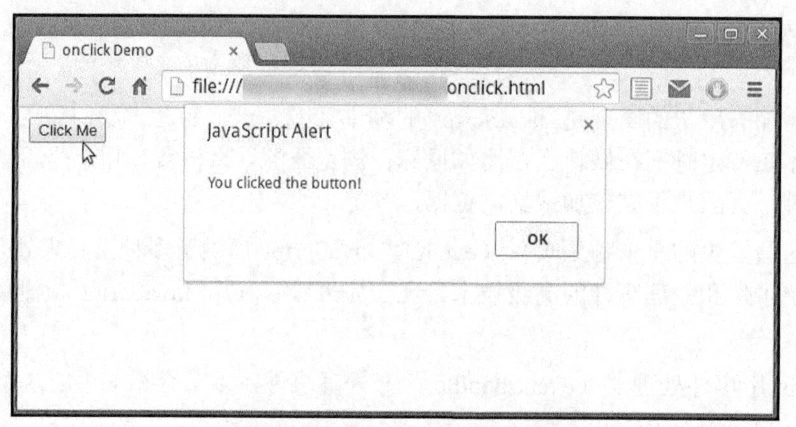

图 2.4 使用 onClick 事件处理器

NOTE **说明：区分大小写**

也许有人注意到了，我们称这个事件处理器为 onClick，而在 HTML 元素里添加它时却使用小写的 onclick。这是因为 HTML 是不区分大小写的，而 XHTML 是区分大小写的，并且要求全部的 HTML 元素及属性名称都使用小写字母。

2.5.2 onMouseOver 和 onMouseOut 事件处理器

如果需要检测鼠标指针与特定页面元素的位置关系，可以使用 onMouseOver 和 onMouseOut 事件处理器。

当鼠标进入页面上被某个元素所占据的区域时，会触发 onMouseOver 事件。而 onMouserOut 事件，很显然是在鼠标离开这一区域时触发的。

程序清单 2.4 展示了一个简单的 onMouseOver 事件处理过程。

程序清单 2.4 使用 onMouseOver 事件处理器

```
<!DOCTYPE html>
<html>
<head>
    <title>onMouseOver Demo</title>
</head>
<body>
    <img src="image1.png" alt="image 1" onmouseover="alert('You entered the image!')" />
</body>
</html>
```

图 2.5 所示的是上述代码的执行结果。如果把程序清单 2.4 中的 onmouseover 替换为 onmouseout，就会在鼠标离开图像区域（而不是在进入）时触发事件处理器，从而弹出警告对话框。

图 2.5 使用 onMouseOver 事件处理器

实践

实现图像翻滚

利用 onMouseOver 和 onMouseOut 事件处理器可以在鼠标位于图像上方时改变图像的显示方式。为此，当鼠标进入图像区域时，可以利用 onMouseOver 改变<img>元素的 src 属性；而当鼠标离开时，利用 onMouseOut 再把这个属性修改回来。代码如程序清单 2.5 所示。

程序清单 2.5 利用 onMouseOver 和 onMouseOut 实现图像翻滚

```
<!DOCTYPE html>
<html>
<head>
    <title>OnMouseOver Demo</title>
</head>
<body>
    <img src="tick.gif" alt="tick" onmouseover="this.src='tick2.gif';"
    onmouseout="this.src='tick.gif';" />
</body>
</html>
```

上述代码中出现了一些新语法，在 onMouseOver 和 onMouseOut 的 JavaScript 语句中，使用了关键字 this。

当事件处理器是通过 HTML 元素的属性添加到页面时，this 是指 HTML 元素本身。本例中指的就是“当前图像”，this.src 就是指这个图像对象的 src 属性（使用了我们介绍过的句点表示法）。

本例使用了两个图像：tick.gif 和 tick2.gif。当然，可以使用任何可用的图像，但为了达到最佳效果，两个图像最好具有相同尺寸，而且文件不要太大。

使用编辑软件创建一个 HTML 文件，使其包含程序清单 2.5 所示的代码。可以根据实际情况修改图像文件的名称，但要确保所使用的图像和 HTML 文件位于同一个目录中。保存 HTML 文件并且在浏览器里打开它。

应该可以看到，当鼠标指针进入时，图像改变；当指针离开时，图像恢复原样，如图 2.6 所示。

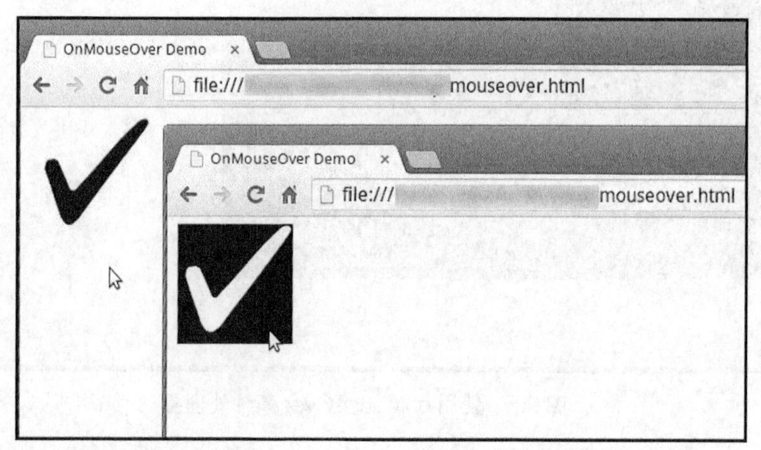

图 2.6 利用 onMouseOver 和 onMouseOut 实现的图像翻滚

NOTE **说明：图像翻滚**

这曾经是图像翻滚的经典方式，而现在被更高效的“层叠样式表”（CSS）取代了，但它仍不失为展示 onMouseOver 和 onMouseOut 事件处理器的用法的一种方便的方式。我们将在后面的学习中结合 JavaScript 使用 CSS。

▲

2.6 小结

本章的内容相当丰富：首先介绍了如何在 HTML 页面里添加 JavaScript 代码的不同方式；接着介绍了如何在 JavaScript 里声明变量、给变量赋值以及利用算术操作符操作变量；最后介绍了 JavaScript 的一些事件处理器，并展示了如何检测用户鼠标的特定行为。

2.7 问答

问：在程序清单和代码片段里，有时把<script>开始和结束标签写在一行里，有时写在不同的行，这有什么区别吗？

答：空格、制表符和空行这类空白内容在 JavaScript 里是完全被忽略的。我们可以利用这些空白调整代码的布局，使代码更容易理解。

问：是否能使用同一个<script>元素来包含外部 JavaScript 文件，同时包含 JavaScript 语句？

答：不行。如果利用<script>元素的 src 属性包含了外部 JavaScript 文件，就不能在<script>和</script>之间包含 JavaScript 语句了，而是这个区域必须为空。

2.8 作业

测验和练习用来测试你对本章知识的理解，并扩展你的技能。

2.8.1 测验

1．什么是 onClick 事件处理器？

a．检测鼠标在浏览器里位置的一个对象

b．为响应用户单击鼠标动作而执行的脚本

c．用户能够单击的一个 HTML 元素

2．页面里允许有几个<script>元素？

a．0

b．仅 1 个

c．任意个

3．关于变量，下列哪个说法是不正确的？

a．变量的名称是区分大小写的

b．变量可以保存数值或非数值信息

c．变量的名称可以包含空格

4．如下哪一条在 JavaScript 程序中是合法的注释语句？

a．// this is a comment

b．/* this is a comment */

c．二者都是

d．二者都不是

5．当在一个数值和一个非数字的量之间使用一个“+”操作符时，JavaScript 将会

a．将数值转换为一个字符串，并且将二者连接起来

b．将字符串转换为一个数值，并且将二者相加

c．报错

2.8.2 答案

1．选 b。用户单击鼠标时，onClick 事件被触发

2．选 c。可以根据需要使用多个<script>元素

3．选 c。JavaScript 的变量名称不能包含空格

4．选 c。二者都是

5．选 a。将数值转换为一个字符串，并且将二者连接起来

2.9 练习

从程序清单 2.4 入手，删除<img>元素里的 onMouseOver 和 onMouseOut 事件处理器，添加 onClick 事件处理器，把图像的 title 属性设置为 My New Title。（提示：利用 this.title 可以访问图像的 title 属性。）

有什么办法可以方便地测试脚本是否正确地设置了新的图像标题？

第3章

使用函数

本章主要内容

- 函数及其作用
- 如何定义函数
- 如何调用（执行）函数
- 函数如何接收数据
- 从函数返回值
- 如何创建匿名函数

很多情况下，程序在执行过程中会反复完成相同的或类似的任务。为了避免多次重复编写相同的代码段，JavaScript 把部分代码包装为能够重复使用的模块——称为函数（function）。函数可以在程序的其他部分使用，就像它是 JavaScript 语言的组成部分一样。

使用函数可以让代码更加易于调试和维护。举例来说，假设我们编写了一个计算货运成本的程序，当税率或公路运费改变时，就需要修改脚本。在你的代码中，可能有 50 个地方要执行这一计算。在试图修改每一处计算时，你可能会漏掉某些情况或引入新的错误。如果这些计算都被集中到几个函数中，然后在程序中使用函数，那么就只需要修改这几个函数。而所做出的修改将会自动作用于整个程序。

函数是 JavaScript 的基本构建模块之一，几乎会出现在每个脚本中。本章将介绍如何创建和使用函数。

3.1 基本语法

创建函数就好像是创建一条新的 JavaScript 命令，而该命令能够在脚本的其他部分使用。

下面是创建函数的基本语法：

```
function sayHello() {
    alert("Hello");
    // ... 这里有更多语句...
}
```

首先是关键字是 function，接着是函数的名称，后面紧跟着一对圆括号，然后是一对花括号。花括号里面的是构成函数的 JavaScript 语句。在前面这个例子里只有一行代码，用于弹出一个警告对话框。我们可以根据需要添加任意数量的代码来实现函数的功能。

CAUTION **注意：留意区分大小写**

关键字 function 必须是小写的，否则会产生错误。

为了让代码更整洁，可以在一个<script>元素里创建多个函数。

```
<script>
    function doThis() {
        alert("Doing This");
    }
    function doThat() {
        alert("Doing That");
    }
</script>
```

3.2 调用函数

在页面加载时，包含在函数定义区域内的代码不会执行，而是静静地等待，直到“调用”的时候才会执行。

调用函数只需要使用函数名称（以及一对括号），就可以在需要的地方执行函数的代码：

```
sayHello();
```

举例来说，可以在按钮的 onClick 事件处理器中调用函数 sayHello()：

```
<input type="button" value="Say Hello" onclick="sayHello()" />
```

TIP **提示：函数名称**

函数名称与变量名称一样，是区分大小写的，如函数 MyFunc()与 myFunc()是不同的。与变量名称一样，使用含义明确的函数名称可以提高代码的易读性。

TIP **提示：关于方法**

本书前面给出了不少使用 JavaScript 对象的相关方法的代码，比如 document.write()或 window.alert()。“方法”实际上就是“属于”特定对象的函数。关于对象，更详细的介绍参见第 4 章。

3.2.1 把 JavaScript 代码放置到页面的<head>区域

到目前为止，本书所用的范例都把 JavaScript 代码放置到 HTML 页面的<body>区域。为了更好地发挥函数的作用，我们要采取更适当的方式，也就是把 JavaScript 代码放置到页面的<head>区域。当函数位于页面<head>区域的<script>元素里，或是位于页面<head>区域的<script>元素的 src 属性所指向的外部文件时，我们就可以从页面的任何位置调用它了。把函数放到文档的头部，就能够确保它们在被调用前已经被定义了。

注意：统计参数数目 ***CAUTION***

请注意，不能多次定义 JavaScript 函数。当你在一个页面中包含多个脚本元素时，特别是当一个或多个这样的元素引用 JavaScript 命令的一个外部文件时，这种情况就会发生。

如果我们调用一个定义了多次的函数，JavaScript 不会产生一条错误消息。它将直接使用该函数的最新定义，因此，这将导致很难发现的 bug。

程序清单 3.1 所示的是一个在页面的头部定义的一个函数的范例。

程序清单 3.1　位于页面<head>区域的函数

```
<!DOCTYPE html>
<html>
<head>
    <title>Calling Functions</title>
    <script>
        function sayHello() {
            alert("Hello");
        }
    </script>
</head>
<body>
    <input type="button" value="Say Hello" onclick="sayHello()" />
</body>
</html>
```

在上述代码里，函数定义位于页面<head>区域的<script>元素里，而函数的调用位于完全不同的位置，在本例中，是页面<body>区域里按钮的 onClick 事件处理程序。

单击按钮后的效果如图 3.1 所示。

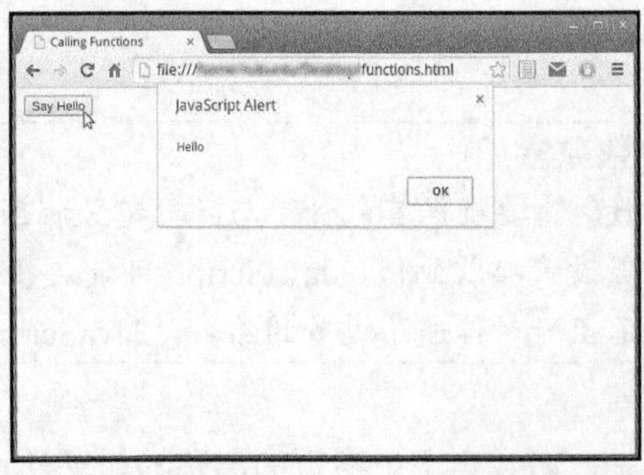

图 3.1　调用一个 JavaScript 函数

3.2.2 给函数传递参数

如果函数只是像前面范例中那样，在每次调用时只能执行完成相同的操作，那么其应用就会受到很大的局限。

好在我们可以通过向函数传递数据来大大地扩展函数的功能，其实现方法是在调用函数时给它传递一个或多个“参数”：

```
functionName(arguments)
```

下面是一个简单的函数，可以用于计算一个数的立方并且显示结果：

```
function cube(x) {
    alert(x * x * x);
}
```

现在来调用这个函数，用一个数值来代替其中的 x。像下面这样调用该函数，将会得到一个对话框，其中显示了计算的结果，也就是 27：

```
cube(3);
```

当然，我们还可以传递一个变量作为参数。下面的代码也会显示一个对话框，其中显示数值 27：

```
var length = 3;
cube(length);
```

NOTE

注意：不同的叫法

有时候会遇到 parameter 这个词，而不是 argument，它们的含义都是一样的——都表示参数。实际上，parameter 是函数期待的值，并且在一开始就嵌入函数定义之中；而 argument 是在调用函数时为这些 parameter 提供的值。实际上，大多数程序员会交替使用这两个术语。

3.2.3 多参数

函数不只能接收一个参数。在使用多个参数时，我们只需要用逗号分隔它们即可：

```
function times(a, b) {
    alert(a * b);
}
times(3, 4); // 显示 '12'
```

根据需要可以使用任意多个参数。

CAUTION

注意：统计参数数量

在调用函数时，要确保其包含了与函数定义相匹配的参数数量。如果函数定义里的某个参数没有接收到值，JavaScript 可能会报告错误或是函数执行结果不正确。如果调用函数时传递了过多的参数，JavaScript 会忽略多出来的参数。

需要注意的重要的一点是，函数定义中参数的名称与传递给函数的变量名称没有任何关系。参数列表里的名称就是占位符，用于保存函数被调用时传递过来的实际值。这些参数的名称只会在函数定义内部使用，实现函数的功能。

本章稍后在讨论变量“作用域”时会详细地介绍这一点。

▼ 实践

输出消息的函数

现在我们利用已经学到的知识来创建一个函数，当用户单击按钮时，向用户发送关于按钮的信息。这个函数的定义放在页面的<head>区域，并且用多个参数来调用它。代码如下：

```
function buttonReport(buttonId, buttonName, buttonValue) {
    //按钮 id 信息
    var userMessage1 = "Button id: " + buttoned + "\n";
    //按钮名称
    var userMessage2 = "Button name: " + buttonName + "\n";
    //按钮值
    var userMessage3 = "Button value: " + buttonValue;
    //提醒用户
    alert(userMessage1 + userMessage2 + userMessage3);
}
```

函数 buttonReport 有 3 个参数，分别是被单击按钮的 id、name 和 value。根据这 3 个参数，函数组成了简短的信息，然后把 3 段信息组合成一个字符串传递给 alert()方法，从而显示在对话框里。

提示：特殊字符 **TIP**

从代码中可以看到，前两条消息的末尾添加了"\n"，这是表示“换行”的字符，能够让对话框里的文本另起一行，从左侧开始显示。在字符串里，像这样的特殊字符如果想要发挥正确的功能，必须以“\”作为前缀。这种具有前缀的字符称为“转义序列”（更详细的介绍参见第 5 章）。

为了调用这个函数，我们在 HTML 页面上放置一个按钮，并且定义了它的 id、name 和 value 属性：

```
<input type="button" id="id1" name="Button 1" value="Something" />
```

接着添加一个 onClick 事件处理器，从中调用我们定义的函数。这里又要用到关键字 this（在本书第 2 章中介绍过）：

```
onclick = "buttonReport(this.id, this.name, this.value)"
```

完整的代码如程序清单 3.2 所示。

程序清单 3.2　用多个参数调用一个函数

```
<!DOCTYPE html>
<html>
<head>
    <title>Calling Functions</title>
    <script>
        function buttonReport(buttonId, buttonName, buttonValue) {
            // 关于按钮的 id 信息
```

```
            var userMessage1 = "Button id: " + buttonId + "\n";
            // 然后是关于按钮名称的信息
            var userMessage2 = "Button name: " + buttonName + "\n";
            // 然后是按钮的值
            var userMessage3 = "Button value: " + buttonValue;
            // 提示用户
            alert(userMessage1 + userMessage2 + userMessage3);
        }
    </script>
</head>
<body>
    <input type="button" id="id1" name="Left Hand Button" value="Left" onclick
    = "buttonReport(this.id, this.name, this.value)"/>
    <input type="button" id="id2" name="Center Button" value="Center" onclick
    = "buttonReport(this.id, this.name, this.value)"/>
    <input type="button" id="id3" name="Right Hand Button" value="Right" onclick
    = "buttonReport(this.id, this.name, this.value)"/>
</body>
</html>
```

利用编辑软件创建文件 buttons.html，输入上述代码。它的运行结果如图 3.2 所示，具体的输出内容取决于单击了哪个按钮。

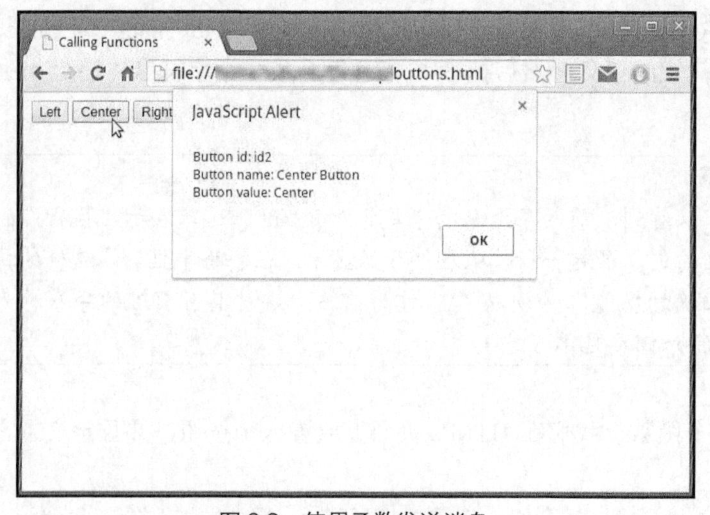

图 3.2　使用函数发送消息

▲

3.2.4　从函数返回值

前文介绍了通过向函数传递参数来使之对这些数据进行处理的方法。那么，如何从函数获得数据呢？毕竟，我们不能总是通过弹出对话框来获得函数的结果。

为此，我们用一种机制从函数调用获得数据，这就是返回值。让我们用 cube()函数的一个修改版本来看看其工作方式：

```
function cube(x) {
```

```
    return x * x * x;
}
```

这个函数里没有使用 alert()对话框，而是在需要获取的结果前面使用了关键字 return。为了在函数外部得到这个值，只需要把函数返回的值赋予一个变量：

```
var answer = cube(3);
```

在执行上述代码后，变量 answer 包含的数值是 27。

记住，在调用一个函数时，你必须像前面的示例那样，在函数名的后面添加一个括号。如果你使用了函数名而没有带括号，JavaScript 将会认为你要引用该函数的定义，而不是引用它的返回值。假设你在上面的代码中使用了如下的形式：

```
var answer = cube; // note no parentheses!
```

当执行这行代码时，变量 answer 将会包含和 cube()函数的一个完全相同的定义，而不是数字 27，因此，只有执行如下的代码行，才会显示一个带有值 27 的警告框：

```
alert(answer(3)); // 显示 27
```

说明：返回值的数据类型 ***NOTE***

函数返回的值不一定是数值，而是可以返回 JavaScript 支持的任何数据类型。如果函数中没有包含 return 语句，它将默认返回一个 undefined 值。我们将在本书的第 2 部分中讨论这一点以及其他的数据类型。

提示：把返回值传递给其他的语句 ***TIP***

当函数返回一个值时，我们可以利用函数调用把返回的值直接传递给另一个语句，比如下面的代码：

```
var answer=cube(3);
alert(answer);
```

可以简单地写为：

```
alert(cube(3));
```

函数调用 cube(3)的返回值 27 直接成为传递给 alert()方法的参数。

3.2.5 匿名函数

前文介绍了一种设置对象方法的方式，即创建一个单独的函数，然后把它的名称赋予某个方法。现在来介绍一种更简单方便的方式。

在程序清单 3.1 中，我们使用的代码是这样的：

```
<input type="button" value="Say Hello" onclick="sayHello()" />
```

同样的功能可以这样实现：

```
function sayHello() {
    alert("Hello");
}
```

实现相同效果的一种可替代的方式如下：

```
var sayHello = function() { alert("Hello"); };
```

由于在这种方式中并不需要给函数命名，因此称之为“匿名函数”（anonymous function）。

这种定义函数的方式很精简且很有用，在后续的章节中，我们将会看到很多这样的用法。

3.3 小结

本章介绍了什么是函数，如何创建函数，如何从代码中调用函数并以参数方式向其传递数据，以及如何从函数向其调用语句返回数据。最后，本章介绍了匿名函数的相关知识。

3.4 问答

问：函数内部能够包含对其他函数的调用吗？

答：当然可以。我们可以根据需要进行多重的嵌套调用。

问：函数名称里可以使用哪些字符？

答：函数名称必须以字母或下画线开头，可以包含字母、数字和下画线，不能包含空格、标点符号和其他特殊字符。

3.5 作业

测验和练习用来检验你对本章知识的理解，有助于提升你的技能。

3.5.1 测验

1．调用函数时使用：
   a．关键字 function
   b．命令 call
   c．函数名称及一对括号
2．函数执行 return 语句的结果是什么？
   a．生成一条错误信息
   b．返回一个值，函数继续执行
   c．返回一个值，函数停止执行
3．一个函数能够返回：
   a．只能是一个数字
   b．只能是一个数字或一个字符串
   c．任何有效的 JavaScript 数据类型
4．一个参数是：
   a．在一个函数中使用的一段逻辑推理

b．作为参数传递给函数的一个值

c．函数返回的一个值

5．定义的时候没有命名的一个函数是

a．称为匿名函数

b．不会返回一个值

c．将会引发一个错误

3.5.2 答案

1．选 c。使用函数名称调用函数

2．选 c。在执行 return 语句之后，函数返回一个值，然后终止函数

3．选 c。一个函数可以返回任何有效的 JavaScript 数据类型

4．选 b。参数是作为参数传递给函数的一个值

5．选 a。定义的时候没有命名的函数称为匿名函数

3.6 练习

编写一个函数，接收摄氏度数值作为参数，返回相应的华氏度（参考第 2 章中介绍的代码）。在 HTML 页面里测试这个函数。

在拥有 3 个按钮的一个 HTML 页面中测试你的函数，当点击各个按钮的时候，分别给该函数传递 10 摄氏度、20 摄氏度和 30 摄氏度的值。检查每次的结果直到满意为止。

第4章

函数的更多知识

本章主要内容

- 变量的作用域;
- 如何使用 let 和 const;
- 如何用箭头函数让语法更为精简;
- 给函数设置默认参数的方法。

在第 3 章中，我们学习了如何根据独特性、可复用的宗旨确定代码的明显部分，并将它们打包到函数之中（用程序员的术语来说，这个过程称为抽象）。

在本章中，我们先深入了解函数，看看它是如何影响代码中的变量的可访问性的。我们还将学习一些新的技巧，以使得函数更加精简和高效。

4.1 变量作用域

前文已经介绍过用关键字 var 来声明变量的方法。在函数中声明变量时，有一条最重要的原则需要了解：

“函数内部声明的变量只存在于函数内部。”

这种限制性原则称为变量的“作用域”。来看下面这个范例：

```
//定义函数 addTax()
function addTax(subtotal, taxRate) {
    var total = subtotal * (1 + (taxRate/100));
    return total;
}
//调用这个函数
var invoiceValue = addTax(50,10);
```

```
alert(invoiceValue);  //正常工作
alert(total);  //不工作
```

运行上述代码，首先会看到 alert()对话框显示了变量 invoiceValue 的值（应该是 55，但可能会看到类似于 55.000 000 01 这样的数值，因为我们没有让 JavaScript 对结果四舍五入）。

之后，我们并不会看到 alert()对话框显示变量 total 的值。相反，JavaScript 会生成一个错误，而我们是否能够看到这个错误提示则取决于浏览器的设置（本书后续章节会更详细地介绍有关错误处理的问题），但无论如何，JavaScript 都不能显示带有变量 total 的值的 alert()对话框。

这是因为变量 total 是在 addTax()函数内部声明的，也就是说，变量 total 在函数之外就是不存在的（JavaScript 术语就是“未定义的”）。范例中利用关键字 return 返回的只是变量 total 保存的值，然后这个值被保存到了另一个变量 invoiceValue 中。

我们把函数内部定义的变量称为“局部”变量，也就是属于函数这个“局部”的。函数之外声明的变量称为“全局”变量。全局变量和局部变量可以使用相同的名称，但仍然是不同的变量！

变量能够使用的范围称为变量的“作用域”，因此可以称一个变量具有“局部作用域”或“全局作用域”。

实践

变量作用域示范

为了说明变量的作用域，我们来看下面这段代码：

```
var a = 10;
var b = 10;
function showVars() {
        var a = 20;  //声明一个新的局部变量 'a'
        b = 20;   //改变全局变量'b'的值
        return"Local variable 'a' = " + a + "\nGlobal variable'b' = " + b;
    }
var message = showVars();
alert(message + "\nGlobal variable'a' = " + a);
```

函数 showVars()操作了两个变量：a 和 b。变量 a 是在函数内部定义的，因此它是一个局部变量，仅存在于函数内部，与脚本一开始定义的全局变量（名称也是 a）是完全不同的。

变量 b 不是在函数内部而是在外部定义的，因此它是一个全局变量。

程序清单 4.1 是把上述代码放置于 HTML 页面的结果。

程序清单 4.1　全局和局部作用域

```
<!DOCTYPE html>
<html>
<head>
    <title>Variable Scope</title>
</head>
<body>
    <script>
        var a = 10;
        var b = 10;
        function showVars() {
```

```
            var a = 20; // 声明一个新的局域变量'a'
            b = 20; // 修改全局变量'b'的值
            return "Local variable 'a' = " + a + "\nGlobal variable 'b' = " + b;
        }
        var message = showVars();
        alert(message + "\nGlobal variable 'a' = " + a);
    </script>
</body>
</html>
```

当页面加载之后，showVars()函数返回一个消息字符串，其中包含了在函数内部存在的两个变量（a 和 b）被更改之后的信息。这里的 a 具有局部作用域，b 具有全局作用域。

之后，全局变量 a 的当前值也附加到这个消息，然后完整地显示给用户。

把上述代码保存到 scope.html 中，用浏览器加载它，得到的结果如图 4.1 所示。

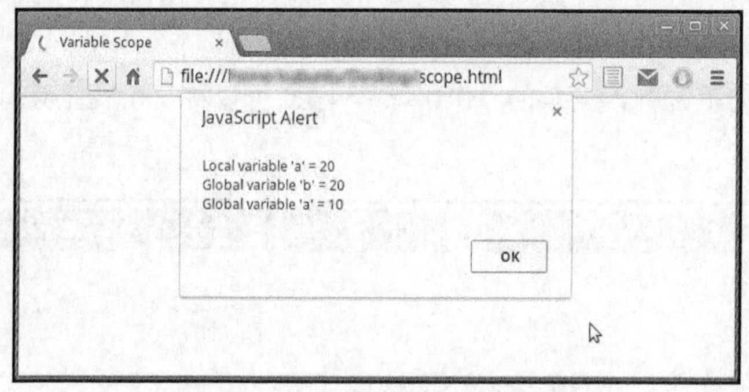

图 4.1 局部作用域和全局作用域

4.1.1 使用 this 关键字

不妨回忆一下，在第 2 章中，我们像下面这样定义一个内联的事件处理程序：

```
<img src="tick.gif" alt="tick" onmouseover="this.src='tick2.gif';" />
```

当以这种方式使用时，this 引用 HTML 元素自身——在上面的例子中，就是<img>元素。

在函数中使用 this 时，关键字 this 引用的“拥有”该函数的任何对象，即该函数的父作用域的内容。

在程序清单 4.1 中，showVars()函数在“最顶级”创建。换句话说，它属于全局对象，也就是拥有全局作用域中的任何变量的对象。在 Web 浏览器中，全局对象通常就是浏览器的 window 对象。

因此，如下所示，如果要求该函数返回 this.a 的值，将会发生什么情况呢？

```
function showVars() {
    var a = 20; // 声明一个新的局域变量'a'
    b = 20; // 修改全局变量'b'的值
    return "this.a = " + this.a + "\nLocal variable 'a' = " + a + "\nGlobal
    variable 'b' = " + b;
    }
```

```
var message = showVars();
alert(message + "\nGlobal variable 'a' = " + a);
```

由于这里的 this 引用了全局对象，this.a 将引用全局作用域中的变量 a。这段程序的输出如图 4.2 所示。

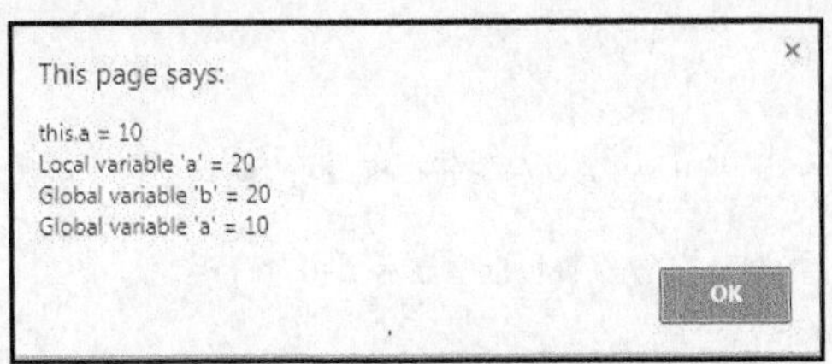

图 4.2　this.a 引用了全局变量 a

如果上述阐释让你费解，先不要担心，我们还会在后续各章再次介绍关键字 this，特别是当我们在第 11 章中更为详细地介绍对象的时候。

4.1.2　使用 let 和 const

到目前为止，JavaScript 只有两类作用域，即函数作用域和全局作用域。

对于很多程序员来说，特别是那些熟悉其他语言的程序员来说，JavaScript 只有这两种类型的作用域是一件很烦人的事情。很多其他编程语言允许变量有所谓的“块级作用域”(JavaScript 中的一个语句块，包含一对花括号之间的所有内容)。有块级作用域的一个变量，将只能够由与变量定义相同的块之中的程序语句访问。

JavaScript 最近的更新注意到了这一疏漏，于是用一个新的关键字 let 加以弥补，这个关键字允许你定义具有严格的块级作用域的一个变量。

现在，我们来看看下面的代码段。它引入了我们之前没有见到过的一些内容——if()语句。现在先不要过多地考虑语法，因为我们将会在第 10 章更加详细地介绍诸如此类的条件语句。我们只要知道这一点就够了：只有满足一个特定的条件时，这条语句就允许程序执行一个语句块。在这个例子中，这个条件就是“变量 x 的值大于 50”。

```
function myFunction(x) {
    var y = x;
    if(x > 50) {
        var y = 10;
        alert("Inner y = " + y); // 警告框中显示 10
    }
    alert("Outer y = " + y); // 警告框中显示 10
    ... more statements ...
}
```

如果用 100 作为参数来调用这个函数，程序将会在警告框中显示什么呢？在函数作用域中，y 的值最初将会被设置为 100。在函数中的任何地方，这个值都是可以访问的。

由于 x 的值大于 50，内部的代码块将会执行。这个内部代码块中的第一条命令，将会重新声明 y，因此 var 关键字使得声明的变量有函数作用域，这个新的值在整个 myFunction 函数中都是可以访问的。

结果就是，在离开内部代码块并且执行第二个警告框时，y 的新值（即 10）将会显示出来。外围代码块中的任何其他代码行所看到的都是 y 的这个新值。

现在我们来看看，如果在内部代码块中使用 let，将会发生什么情况。

```
function myFunction(x) {
    var y = x;
    if(x > 50) {
        let y = 10;
        alert("Inner y = " + y); // 警告框中显示 10
    }
    alert("Outer y = " + y); // 警告框中显示 100
    ... more statements ...
}
```

如上述代码所示，在内部的代码块中声明的变量 y 只有块级作用域，当离开了内部代码块并且执行第二个警告框时，y 的值将报告为 100，并且外围代码块中的任何后续代码行看到的都是这个值。

4.1.3 用 const 关键字声明变量

有时候，我们需要存储一个值，使其不能被后面的代码修改。这样的例子包括程序最初的设置参数，例如，显示输出的一个页面元素的宽度值和高度值。

可以用 const 关键字来实现上述目的。const 声明创建了一个常量——在后面的代码中，这个常量不能通过重新赋值或重新声明来修改。任何时候，试图修改用 const 声明的一个变量的值，都将导致一个错误：

```
function myFunction() {
    const x = 300;
    x = 400; // an error is generated at this line

    ... more statements ...
}
```

实践

检查 const

让我们看看 const 是如何工作的。在编写本书时，已经能够在大多数的浏览器中使用它，但是我打算用 Google Chrome。

打开浏览器的 JavaScript 控制台，而不是在文本文件中编写代码。在 Chrome 中，按下 Ctrl+Shift+J 组合键就可以打开 JavaScript 控制台，如图 4.3 所示。

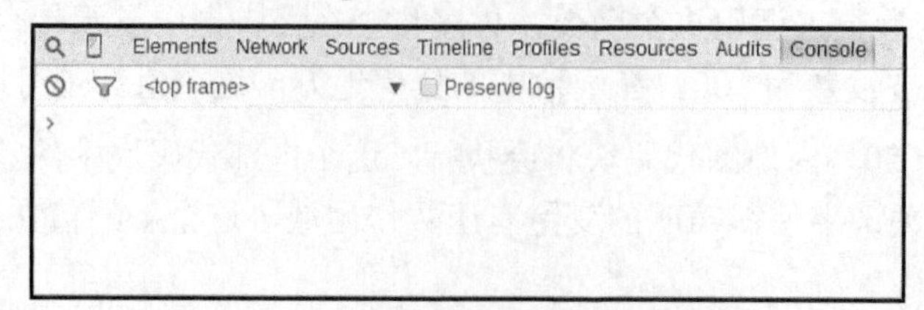

图 4.3 Chrome 的 JavaScript 控制台

首先，用 const 关键字定义一个常量。可以给它起任意的名字，并且选择任意的值。这里所用的常量名为 MYCONST，所赋的值为 10，如图 4.4 所示。

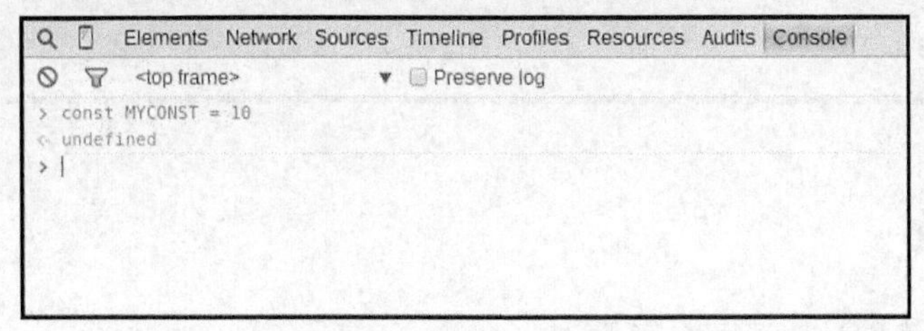

图 4.4 设置一个常量

控制台显示 undefined，这是因为声明 const 不会返回一个值。

如图 4.5 所示，我们试图重新确定 MYCONST 的值。

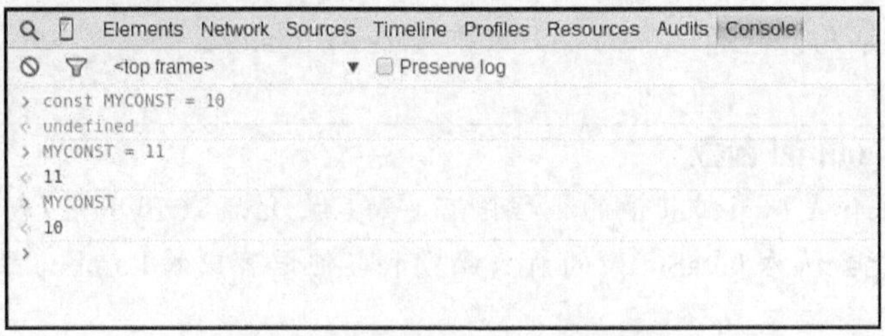

```
Elements Network Sources Timeline Profiles Resources Audits Console
<top frame>   ▼ Preserve log
> const MYCONST = 10
< undefined
> MYCONST = 11
< 11
> MYCONST
< 10
>
```

图 4.5 常量是不能重新赋值的

可以看到，不能给常量 MYCONST 重新赋一个新的值。让我们试着重新声明它，如图 4.6 所示。

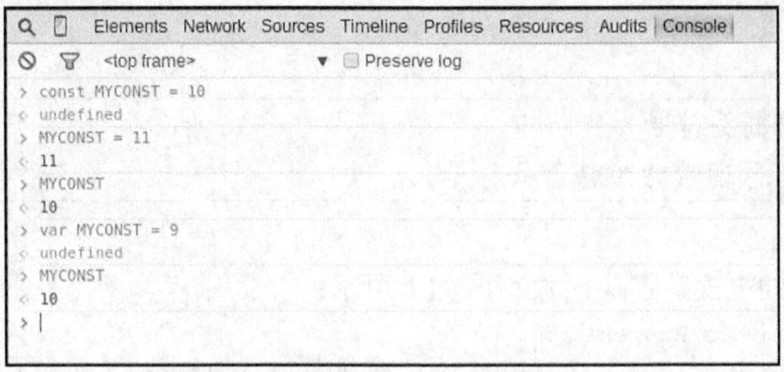

```
Elements Network Sources Timeline Profiles Resources Audits Console
<top frame>   ▼ Preserve log
> const MYCONST = 10
< undefined
> MYCONST = 11
< 11
> MYCONST
< 10
> var MYCONST = 9
< undefined
> MYCONST
< 10
> |
```

图 4.6 重新声明一个常量也是无效的

同样，也不能重新声明它。最后，让我们试着重新初始化它，如图 4.7 所示。

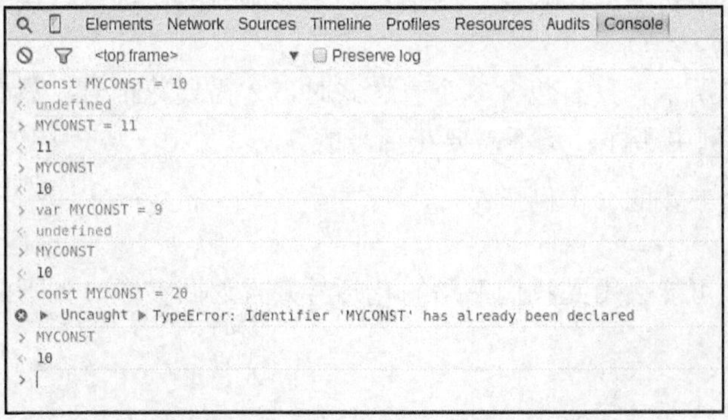

```
Elements Network Sources Timeline Profiles Resources Audits Console
<top frame>   ▼ Preserve log
> const MYCONST = 10
< undefined
> MYCONST = 11
< 11
> MYCONST
< 10
> var MYCONST = 9
< undefined
> MYCONST
< 10
> const MYCONST = 20
⊗ ▶ Uncaught ▶ TypeError: Identifier 'MYCONST' has already been declared
> MYCONST
< 10
> |
```

图 4.7 重新初始化常量，结果抛出一个错误

结果，JavaScript 抛出了一个错误。可以看到，用 const 关键字声明的值不能重新初始化、重新声明或重新赋值。

▲

4.2 箭头函数

在第 3 章中，我们学习了匿名函数。

如下是在第 3 章中使用匿名函数的一个例子：

```
var sayHello = function() { alert("Hello"); };
```

最近，JavaScript 引入了一种更加精简的语法来编写这种函数，其中，箭头符号（=>）用作一个匿名函数的缩写。这通常称为箭头函数（arrow function）。

> **NOTE** **说明：Lambda 函数**
>
> 如果你是从某种其他的编程语言（如 C#、Java 或 Python）转向 JavaScript 的，那么可能会认为 JavaScript 的箭头函数和其他语言中的 Lambda 函数之间有一种相似性。

上面的代码也可以写成如下的样子：

```
var sayHello = () => alert('Hello');
```

注意，不必包含关键字 function 和花括号。

> **NOTE** **说明：胖箭头符号**
>
> =>符号通常称为胖箭头符号。

按照更加通用的方式，箭头函数写成如下所示：

```
param => statements/expression
```

首先，让我们看看 param，这是要传递给函数的一个或多个参数的名称。当一个函数不需要参数时，就像上面的警告框的例子一样，我们可以用一对空的圆括号来表示。

如果只有一个参数传递给该函数，圆括号不是必须有的，可以直接写成如下的样子：

```
myFunc = x => alert(x);
```

如上述代码右侧所示，只有包含多个表达式时，才需要花括号。只有一条语句或一个表达式，则像 alert()示例中那样，是不需要花括号的。

如下是带有两个参数的一个例子：

```
myFunc = (x, y) => alert(x + y);
```

更加复杂的函数可能会用到我们熟悉的花括号并且返回参数，如下面的例子所示：

```
myFunc = (x, y, z) => {
    let area = x*y + 5;
    let boxes = area / z;
    return boxes;
```

```
}
```

4.3 设置默认参数

有时候，当没有给定参数时，让函数给参数指定一个默认的值是很有用的。

例如，考虑输出用户消息的一个函数：

```
function warn(temp) {
    alert("Warning:\nA Temperature of " + temp + " is too high");
}
```

程序可以很容易地调用这个函数来创建用户消息：

```
warn(95);
```

这段脚本的输出，将会是如图 4.8 所示的一个警告框。

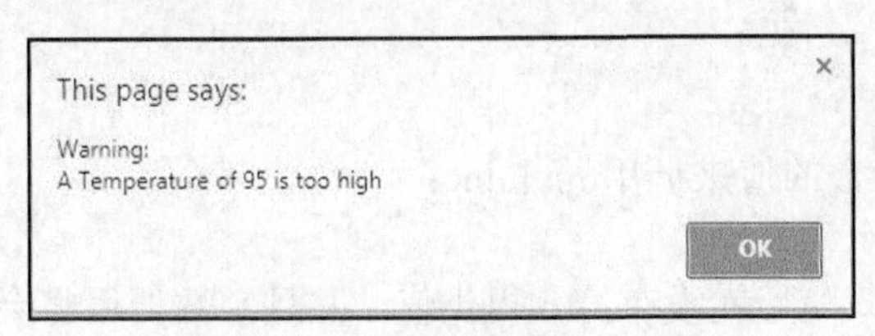

图 4.8　一个简单的警告对话框

极少数情况下，你可能想要将消息修改得更吸引眼球一些。为了做到这一点，你可以重新编写该函数以添加一个选项来修改消息的某一部分。要指定一个默认参数，只要给函数定义中的参数指定一个默认值就可以了：

```
function warn(temp, headline='Warning') {
    alert(headline + ":\nA Temperature of " + temp + " is too high");
}
```

可以按照和前面完全相同的方式来调用该函数：

```
warn(95);
```

由于没有给 headline 提供任何参数，它会使用默认值，结果还是如图 4.8 所示。然而，目前在需要的时候，我们可以通过覆盖第二个参数 headline 的默认值来修改这条消息：

```
warn(105, '***DANGER***');
```

结果如图 4.9 所示。

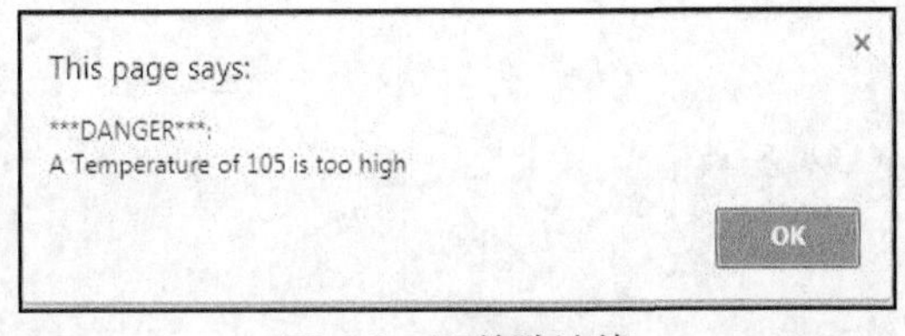

图 4.9　覆盖默认值

记住，在函数定义中，有指定的默认值的参数，总是应该放在没有默认值的参数的后面。

4.4 小结

本章介绍了变量的局部作用域和全局作用域，以及变量的作用域如何影响函数对变量的操作。

我们还介绍了关键字 this 在函数中的作用。最后，我们学习了如何使用箭头函数，以使得函数的语法更为精简。

4.5 问答

问：是否可以设计一个对任意多个参数都有效的函数？

答：是的，这是可以的。但是这超出了本章讨论的范畴。我们将会在第 8 章讨论这个话题。

问：在函数定义中，为什么有指定的默认值的参数总是要放在没有默认值的参数的后面？

答：考虑如下的函数定义

```
function myFunc(a=10, b) {
    …statements
}
```

现在尝试以 20 作为 b 参数的值来调用 myFunc：

```
myFunc(20);
```

a 的值将会被 20 所覆盖，随后就没有给 b 提供值，并且函数调用将会失败。为了让这个函数能够工作，我们必须为两个参数都提供实参：

```
myFunc(10, 20);
```

这种方法有效，但是，这让使用默认参数的最大优点丧失殆尽。

4.6 作业

读者可以通过测验和练习来检验自己对本章知识的理解，拓展自身的技能。

4.6.1 测验

1．在函数内部声明的变量称为：

 a．局部变量

 b．全局变量

 c．参数

2．用关键字 const 声明的一个变量

 a．总是一个数值

 b．是只读的

 c．可以重新声明

3．用关键字 let 声明一个变量，所创建的变量有

 a．局部作用域

 b．块级作用域

 c．全局所用域

4．在函数定义中用 this 时，this 引用

a．在函数中声明的变量

b．函数自身

c．有该函数的对象

5．箭头函数

a．是一个匿名函数

b．不能接受参数

c．以上都是

4.6.2 答案

1．选 c。用函数名称调用函数

2．选 b。是只读的

3．选 b。块级作用域

4．选 c。有该函数的对象

5．选 a。是一个匿名函数

4.7 练习

回顾我们在第 3 章中编写的脚本。修改脚本，以使得温度转换函数现在能够针对其参数有一个为 0 的默认值。给该页面添加一个额外的按钮，当点击该按钮时，不传递任何参数而调用该函数。检查脚本的正确输出是否是 32（这是 0 摄氏度对应的华氏温度数值），以及所有其他的按钮是否按照之前那样工作。

第 5 章

DOM 对象和内置对象

本章主要内容

- 用 alert()、prompt()和 confirm()与用户交互
- 用 getElementById()选择页面元素
- 用 innerHTML 访问 HTML 内容
- 使用浏览器的 history 对象
- 用 location 对象刷新或重定向页面
- 用 navigator 对象获得浏览器信息
- 用 Date 对象操作日期和时间
- 用 Math 对象简化计算

第 1 章简要介绍了 DOM 及 DOM 树的顶端对象 window，还有它的一个子对象 document。本章进一步详细介绍一些实用的对象和方法。

5.1 与用户交互

在 window 对象的方法中，有一些是专门用于处理输入与输出信息，从而实现页面与用户的交互的。

5.1.1 alert()

前面曾用 alert()向用户弹出一个信息对话框，但这种模态对话框只是显示一些消息和一个“OK”按钮。术语“模态”（modal）意味着脚本暂时停止运行，页面与用户的交互也被暂停，直到用户关闭对话框为止。alert()方法把字符串作为参数：

```
alert("This is my message");
```

alert()没有返回值。

5.1.2 confirm()

与 alert()方法相同的是，confirm()也弹出一个模态对话框，向用户显示一些消息。不同的是，confirm()对话框为用户提供了一个选择，可以单击“OK”或“Cancel”按钮，而不只是一个“OK”按钮，如图 5.1 所示。单击任意一个按钮都会关闭对话框，让脚本继续执行，但根据哪个按钮被单击，confirm()方法会返回不同的值。单击“OK”按钮返回布尔值“真”，单击“Cancel”按钮返回布尔值“假”。关于数据类型的详细介绍会在第 6 章进行，目前我们只需要知道布尔类型的变量只有两种取值可能：真或假。

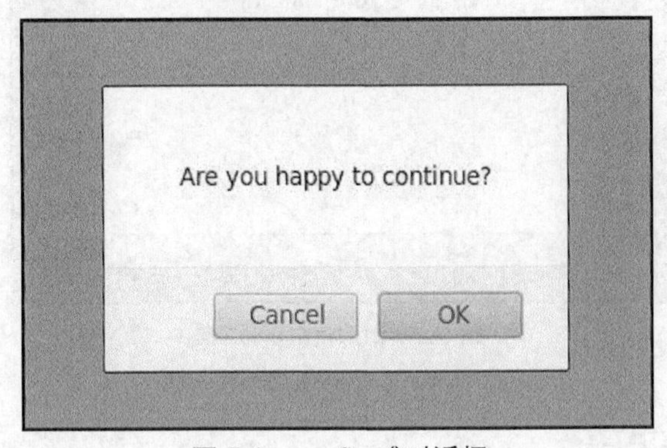

图 5.1 confirm()对话框

调用 confirm()对话框的方式与 alert()类似，也是以所需的消息作为参数：

```
var answer = confirm("Are you happy to continue?");
```

其中不同的是，可以把返回的值（真或假）赋给一个变量，之后程序就可以根据这个值进行相应的操作。

5.1.3 prompt()

prompt()是打开模态对话框的另一种方式，它允许用户输入信息。

prompt()对话框的调用方式与 confirm()是一样的：

```
var answer = prompt("What is your full name?");
```

prompt()方法还可以有第 2 个可选参数，表示默认的输入内容，从而避免用户直接单击“OK”按钮而不输入任何内容。

```
var answer = prompt("What is your full name?", "John Doe");
```

prompt()对话框的返回值取决于用户进行了什么操作。

- 如果用户输入了信息，然后单击“OK”按钮或按回车键，返回值就是用户输入的字符串。
- 如果用户没有在对话框里输入信息就单击“OK”按钮或按回车键，返回值是调用prompt()方法设置的第2个可选参数的值（如果有的话）。
- 如果用户简单关闭了这个对话框（也就是单击“Cancel”按钮或按Esc键），返回值就是null。

> **NOTE** **说明：null值**
>
> JavaScript在某些情况下用null表示空值。作为数值使用时，它代表0；作为字符串使用时，它代表空字符串“”；作为布尔值时，它代表false。

前面代码生成的prompt()对话框如图5.2所示。

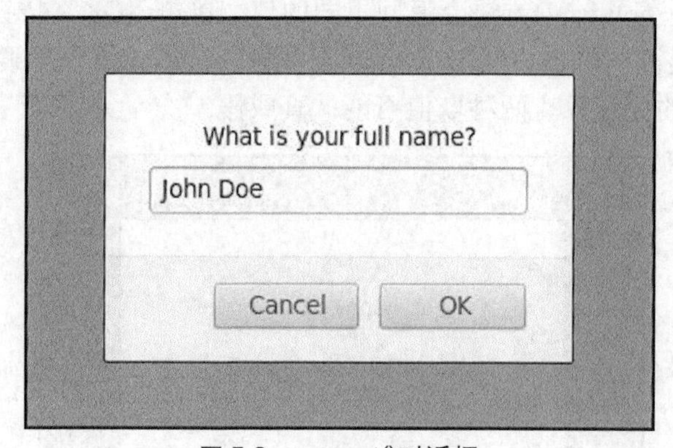

图5.2 prompt()对话框

5.2 根据id选择元素

在后续的各章中，我们将详细介绍如何用document对象的各种方法来遍历DOM对象，但目前我们着重介绍一个方法：getElementById()。

如果想从HTML页面里选择具有某个特定ID的元素，我们只需要把相应元素的ID作为参数来调用document对象的getElementById()方法，它就会返回特定ID的页面元素所对应的DOM对象。

举例来说，假设Web页面包含一个<div>元素：

```
<div id="div1">
    ... Content of DIV element ...
</div>
```

在JavaScript代码里，把相应的ID作为参数来调用getElementById()方法，就可以访问这个<div>元素：

```
var myDiv = document.getElementById("div1");
```

这样就得到了页面特定的元素，能够访问它的全部属性和方法。

> **注意：确保有一个 ID 值** **CAUTION**
>
> 为了让范例代码得到期望的结果，这个页面元素一定要设置 ID 属性。HTML 页面元素的 ID 属性要求是唯一的，所以这个方法能够返回与 ID 匹配的唯一元素。

innerHTML 属性

对于很多 DOM 对象来说，innerHTML 属性都是一个很好用的属性，可以读取或设置特定页面元素内部的 HTML 内容。假设 HTML 页面包含如下元素：

```
<div id="div1">
    <p>Here is some original text.</p>
</div>
```

利用 getElementById()和 innerHTML()的组合，就可以访问这个<div>元素里的 HTML 内容。

```
var myDivContents = document.getElementById("div1").innerHTML;
```

变量 myDivContents 现在会包含如下字符串：

```
"<p>Here is some original text.</p>"
```

还可以利用 innerHTML 来设置选定元素的内容：

```
document.getElementById("div1").innerHTML ="<p>Here is some new text instead!</p>";
```

执行上述代码会删除<div>元素之前的 HTML 内容，并且以新字符串替代。

5.3 访问浏览器历史记录

在 JavaScript 里，浏览器的历史记录是用 window.history 对象来表示的，它基本上就是访问过的 URL 列表。history 对象的方法让我们能够使用这个列表，但不能直接地操作这些 URL。

history 对象只有一个属性，就是它的长度，表示用户访问过的页面的数量：

```
alert("You've visited " + history.length + " web pages in this browser session");
```

history 对象有三个方法，即 forward()、backward()和 go()。forward()和 backward()方法相当于单击浏览器的“前进”和“后退”按钮，可以得到历史列表里下一个页面和前一个页面。

```
history.forward();
```

第三个方法是 go()，它有一个参数，是正的或负的整数，可以跳到历史记录列表里的相对位置：

```
history.go(-3);  //后退 3 个页面
history.go(2);  //前进 2 个页面
```

这个方法也可以接收字符串作为参数，找到历史记录列表里第一个匹配的 URL。

```
history.go("example.com");  //到达历史记录列表里第一个包含"example.com"的 URL
```

5.4 使用 location 对象

location 对象包含当前加载页面的 URL 信息。

页面的 URL 是由多个部分组成的：

```
[协议]//[主机名]:[端口]/[路径][搜索][hash]
```

下面是个 URL 范例：

```
http://www.example.com:8080/tools/display.php?section=435#list
```

location 对象的一系列属性包含了 URL 各个部分的数据，如表 5.1 所示。

表 5.1 location 对象的属性

属性	内容
location.href	'http://www.example.com:8080/tools/display.php?section=435#list'
location.protocol	'http:'
location.host	'www.example.com:8080'
location.hostname	'www.example.com'
location.port	'8080'
location.pathname	'/tools/display.php'
location.search	'?section=435'
location.hash	'#list'

5.4.1 用 location 对象导航

利用 location 对象有两种方式可以帮助用户导航至新页面。

第一种是直接设置对象的 href 属性：

```
location.href = 'www.newpage.com';
```

用这种方法把用户转移到新页面时，原始页面还保留在浏览器的历史记录里，用户可以利用浏览器的"Back"按钮方便地返回到以前的页面。如果想用新的 URL 直接替换当前页面，即把当前页面从历史记录列表里删除，可以用 location 对象的 replace()方法：

```
location.replace('www.newpage.com');
```

这样就会在浏览器和历史记录列表里都用新的 URL 来代替旧的 URL。

5.4.2 刷新页面

如果要在浏览器里重新加载当前页面，也就是相当于用户单击"reload"按钮，可以用 reload()方法：

```
location.reload();
```

TIP **提示：避免缓存问题**

如果用没有参数的 reload()方法，当浏览器的缓存中保存了当前页面时，就会加载缓存的内容。为了避免发生这种情况，确保从服务器获得页面数据，可以在调用 reload()方法时添加参数 true:

```
document.reload(true);
```

5.4.3 获取浏览器信息：navigator 对象

location 对象保存了浏览器当前 URL 的信息，而 navigator 对象包含了浏览器程序本身的数据。

实践

利用 navigator 对象显示信息

我们将编写一段代码，展示 navigator 对象所包含的浏览器设置信息；其次，利用编辑软件创建文件 navigator.html，输入程序清单 5.1 所示的代码；最后保存文件并且在浏览器里打开它。

程序清单 5.1　使用 navigator 对象

```
<!DOCTYPE html>
<html>
<head>
    <title>window.navigator</title>
    <style>
        td {border: 1px solid gray; padding: 3px 5px;}
    </style>
</head>
<body>
    <script>
        document.write("<table>");
        document.write("<tr><td>appName</td><td>"+navigator.appName + "</td></tr>");
        document.write("<tr><td>appCodeName</td><td>"+navigator.appCodeName
        + "</td></tr>");
        document.write("<tr><td>appVersion</td><td>"+navigator.appVersion
        + "</td></tr>");
        document.write("<tr><td>language</td><td>"+navigator.language
        + "</td></tr>");
        document.write("<tr><td>cookieEnabled</td><td>"+navigator.cookieEnabled
        + "</td></tr>");
        document.write("<tr><td>cpuClass</td><td>"+navigator.cpuClass
        + "</td></tr>");
        document.write("<tr><td>onLine</td><td>"+navigator.onLine + "</td></tr>");
        document.write("<tr><td>platform</td><td>"+navigator.platform
        + "</td></tr>");
        document.write("<tr><td>No of Plugins</td><td>"+navigator.plugins.length
        + "</td></tr>");
        document.write("</table>");
    </script>
</body>
</html>
```

得到的结果如图 5.3 所示。

天哪，这是怎么了？我们用的操作系统是 Ubuntu Linux，浏览器是 Chromium，为什么报告的 appName 属性显示的是 Netscape，appCodeName 属性显示的是 Mozilla？而且 cpuClass 的数据是“未定义”，这是为什么呢？

navigator 对象向我们展示了丰富的历史背景和复杂的行业竞争。这些关于用户平台的信息虽然并不可靠，但也是它能够提供的最佳结果了。不是任何浏览器都支持全部这些属性的（比如本例中cpuClass属性就没有信息），而且浏览器类型和版本信息也不是和我们所想的匹配。

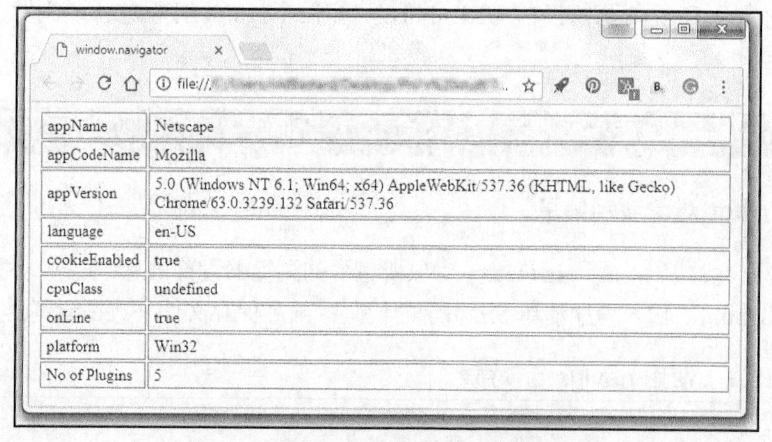

图5.3　navigator对象里的浏览器信息

虽然浏览器间的兼容性已经比前几年好多了，但有时我们还是需要了解用户浏览器的功能，而这时使用navigator对象几乎就是一个错误的选择。

NOTE **说明：功能检测**

本书稍后会介绍"功能检测"（feature detection），那是一种更精确的跨浏览器手段，用来检测用户浏览器的功能，从而决定如何进行相应的操作。

5.5 日期和时间

Date对象用于处理日期和时间。与前面介绍的对象不同的是，DOM里并没有现成的Date对象，而是要我们在需要时创建自己的Date对象。每个Date对象都表示不同的日期和时间。

5.5.1 创建具有当前日期和时间的Date对象

新建一个包含日期和时间信息的Date对象的最简单方法是：

```
var mydate = new Date();
```

变量mydate就是一个Date对象，其中包含了创建对象时的日期和时间信息。JavaScript有很多用于获取、设置和编辑Date对象中的数据的方法，下面是一些范例：

```
var year = mydate.getFullYear(); //四位数字表示的年份，比如2012
var month = mydate.getMonth(); //数字表示的月份，0～11，0表示1月，以此类推
var date = mydate.getDate();  //日期，1～31
var day = mydate.getDay();  //星期，0～6，0表示星期日，以此类推
var hours = mydate.getHours();  //时，0～23
var minutes = mydate.getMinutes();  //分，0～59
var seconds = mydate.getSeconds();   //秒，0～59
```

5.5.2 创建具有指定日期和时间的 Date 对象

给 Date()语句传递相应的参数，我们就可以创建任意指定日期和时间的 Date 对象。具体有如下几种方式：

```
new Date(milliseconds)  //自1970年1月1日起的毫秒数
new Date(dateString)
new Date(year,month,day,hours,minutes,seconds,milliseconds)
```

比如使用日期字符串：

```
var d1 = new Date("October 22, 1995 10:57:22")
```

在使用单独的各部分参数时，位置靠后的参数是可选的，任何未明确指定的参数值将用 0 替代：

```
var d2 = new Date(95,9,22)  //1995年10月22日00：00：00
var d3 = new Date(95,9,22,10,57,0)  //1995年10月22日10：57：00
```

5.5.3 设置和编辑日期与时间

Date 对象具有丰富的方法来设置或编辑日期和时间的各个组成部分。

```
var mydate = new Date();  //当前日期和时间
document.write("Object created on day number"+mydate.getDay() + "<br />");
mydate.setDate(15);  //改成当月15日
document.write("After amending date to 15th, the day number is "+ mydate.getDay());
```

在前面的代码段里，先创建了一个 mydate 对象来表示创建时的日期与时间，接着就把日子换成了 15 日。如果我们分别在这个操作前后获取相应的星期几，就会发现相应的数据已经重新计算过了。

```
Object created on day number 5
After amending date to 15th, the day number is 0
```

在这个范例里，对象创建于星期五，而当月的 15 日是星期日。

我们还可以对日期和时间进行算术运算，让 Date 对象帮我们完成这些复杂的过程。

```
var mydate=new Date();
document.write("Created: " + mydate.toDateString()+ " " + mydate.toTimeString()+" <br />");
mydate.setDate(mydate.getDate()+33);  //给日期部分增加33天
document.write("After adding 33 days: " + mydate.toDateString()+" "+
mydate.toTimeString());
```

前面的范例计算了当日之后 33 天的日期，根据需要自动调整了日、星期、月和（或）年。注意，其中的 toDateString()和 toTimeString()方法是很有用的，它们能够把日期转换为更容易理解的格式。前例的输出是如下这样的：

```
Created: Mon Jun 18 2018 14:59:24 GMT+0100 (CET)
After adding 33 days: Sat Jul 21 2018 14:59:24 GMT+0100 (CET)
```

5.5.4 利用 Math 对象简化运算

当需要进行各种常见的运算时，用 Math 对象能够简化很多工作。

与 Date 对象不同的是，Math 对象不需要创建就可以使用。它是已经存在的，可供用户直接调用它的方法。

表5.2列出了Math对象常见的一些方法。

表5.2 Math对象常见的一些方法

方法	描述
ceil(n)	返回 *n* 向上取整到最近的整数
floor(n)	返回 *n* 向下取整到最近的整数
max(a,b,c,…)	返回最大值
min(a,b,c,…)	返回最小值
round(n)	返回 *n* 四舍五入到最近的整数
random()	返回一个0和1之间的随机数

下面来看一些范例。

5.5.5 取整

ceil()、floor()和round()方法以不同方式把带小数点的数值截取为整数：

```
var myNum1 = 12.55;
var myNum2 = 12.45;
alert(Math.floor(myNum1));      //显示12
alert(Math.ceil(myNum1));       //显示13
alert(Math.round(myNum1));      //显示13
alert(Math.round(myNum2));      //显示12
```

在使用round()时，如果分数部分的值大于等于0.5，得到的结果就是向上最近的整数；反之，得到的结果就是向下最近的整数。

5.5.6 获得最大值和最小值

用min()和max()可以从一组数据中获得最小值和最大值：

```
var ageDavid = 23;
var ageMary = 27;
var ageChris = 31;
var ageSandy = 19;
document.write("The youngest person is " + Math.min(ageDavid, ageMary, ageChris,
ageSandy) + " years old<br />");
document.write("The oldest person is " + Math.max(ageDavid, ageMary, ageChris,
ageSandy) + " years old<br />");
```

输出结果如下所示：

```
The youngest person is 19 years old
The oldest person is 31 years old
```

5.5.7 生成随机数

用Math.random()方法可以生成0和1之间的一个随机数。

更常见的情况是，我们想指定随机数的范围，比如，获得0和100之间的随机数。

由于Math.random()产生的是0和1之间的随机数，要让它实现我们的要求，最好把它包装到一个小函数里。下面这个函数利用Math对象生成的随机数，乘以变量range（作为参数传递给该函数）来扩大数值的范围，然后利用round()去除数值中的小数部分。

```
function myRand(range) {
    return Math.round(Math.random() * range);
}
```

如果想得到0和100之间的随机数，只需要调用myRand(100)。

```
myRand(100);
```

注意：直接使用 Math 方法 **CAUTION**

在程序里一定要直接使用Math的方法，这些方法是属于Math的，而不是属于创建的对象。换句话说，下面的语句是错误的：

```
var myNum = 25.77;
myNum.floor();
```

这样的代码会导致JavaScript错误。

正确的用法是

```
<p>Math.floor(myNum);</p>
```

5.5.8 数学常数

很多常用的数学常数都以Math的属性的方式出现，如表5.3所示。

表5.3 数学常数

常　数	描　述
E	自然常数e，是自然对数的底，约为2.718
LN2	2的自然对数，约为0.693
LN10	10的自然对数，约为2.302
LOG2E	以2为底e的对数，约为1.442
LOG10E	以10为底e的对数，约为0.434
PI	圆周率，约为3.141 59
SQRT1_2	2的平方根的倒数，约为0.707
SQRT2	2的平方根，约为1.414

我们可以在计算中直接使用这些常数：

```
var area = Math.PI * radius * radius;   // 圆的面积
var circumference = 2 * Math.PI * radius;   //周长
```

5.5.9 关键字 with

任何对象都可以使用关键字with，但Math对象是最适合用来示范的。通过使用with，我们可以减少一些枯燥的键盘输入工作。

关键字with以对象作为参数，然后是一对花括号，其中包含着代码块。代码块里的语句在调用特定对象的方法时可以不必指定这个对象，因为 JavaScript 会假定这些方法是属于作为参数的那个对象的。

下面是一个范例：

```
with (Math) {
    var myRand = random();
    var biggest = max(3,4,5);
    var height = round(76.35);
}
```

在这个示例中，我们只使用方法的名称就调用了 Math.random()、Math.max()和 Math.round()方法，因为调用这些方法的代码块与 Math 对象实现了关联。

读取日期与时间

根据本章介绍的知识，我们来编写一段脚本，在页面加载时获取当前的日期与时间。其中还包括一个按钮，单击它可以刷新页面，从而刷新日期和时间信息。

代码如程序清单 5.2 所示。

程序清单 5.2 获取日期和时间信息

```
<!DOCTYPE html>
<html>
<head>
    <title>Current Date and Time</title>
        <style>
            p {font: 14px normal arial, verdana, helvetica;}
        </style>
        <script>
            function telltime() {
                var out = "";
                var now = new Date();
                out += "<br />Date: " + now.getDate();
                out += "<br />Month: " + now.getMonth();
                out += "<br />Year: " + now.getFullYear();
                out += "<br />Hours: " + now.getHours();
                out += "<br />Minutes: " + now.getMinutes();
                out += "<br />Seconds: " + now.getSeconds();
                document.getElementById("div1").innerHTML = out;
            }
        </script>
</head>
<body>
    The current date and time are:<br/>
    <div id="div1"></div>
    <script>
        telltime();
    </script>
    <input type="button" onclick="location.reload()" value="Refresh" />
</body>
</html>
```

函数 telltime()的第一条语句创建一个名为 now 的 Date 对象。根据前面介绍的知识，由于创建这个对象时没有向 Date()传递任何参数，它的属性里所保存的日期和时间就是对象创建时的日期和时间。

```
var now = new Date();
```

利用 getDate()、getMonth()等类似的方法，我们可以访问日期和时间的各个组成部分，然后把输出的信息组合成一个字符串，保存在变量 out 里。

```
out += "<br />Date: " + now.getDate();
out += "<br />Month: " + now.getMonth();
out += "<br />Year: " + now.getFullYear();
out += "<br />Hours: " + now.getHours();
out += "<br />Minutes: " + now.getMinutes();
out += "<br />Seconds: " + now.getSeconds();
```

最后，我们用 getElementById()方法选中 id="div1"的<div>元素（最初为空），用 innerHTML 方法把变量的内容写入其中。

```
document.getElementById("div1").innerHTML = out;
```

页面<body>区域里有一小段代码，会调用函数 telltime()。

```
<script>
    telltime();
</script>
```

为了刷新日期和时间信息，我们只需要在浏览器里重新加载页面。当脚本重新运行时，就会创建 Date 对象的一个新实例，包含当前的日期和时间。当然，我们可以单击浏览器的“Refresh”按钮来实现上述操作。但既然知道如何使用 location 对象重新加载页面，我们就从按钮的 onClick 方法里调用 location 对象的方法：

```
location.reload()
```

脚本运行的结果如图 5.4 所示。注意到其中的月份显示为 0，这是因为 JavaScript 对月份的计数是从 0（1 月）开始，到 11（12 月）结束。

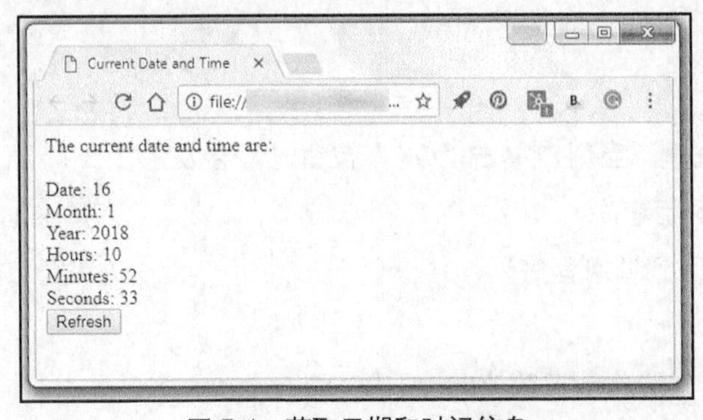

图 5.4　获取日期和时间信息

5.6　小结

本章首先介绍一些实用的对象。它们有的内建于 JavaScript，有的是通过 DOM 使用的。

这些对象的方法和属性能够让我们更轻松地编写代码。

其次介绍如何使用 window 对象的模态对话框与用户交换信息。

再次介绍如何用 document.getElementById()方法选择具有指定 id 的页面元素，如何用 innerHTML 属性读取和设置页面元素内部的 HTML。

接着介绍如何用 navigator 对象获得浏览器信息，以及如何用 location 对象处理 URL 信息。

最后介绍 Date 和 Math 对象的使用方法。

5.7 问答

问：Date()函数有没有处理时区的方法？

答：当然有。除了本章介绍的 getXXX()方法和 setXXX()方法（比如 getDate()和 setMonth()），它们还有相应的 UTC（协调世界时间，以前称为 GMT）版本，比如 getUTCDate()和 setUTCMonth()。用 getTimeZoneOffset()方法可以获得本地时间与 UTC 时间的时差。

问：为什么不将 Date() 的方法 getFullYear()和 setFullYear()直接命名为 getYear()和 setYear()呢？

答：getYear()方法和 setYear()方法也是有的，它们用两位数字表示年份，而 getFullYear()和 setFullYear()用 4 位数字表示年份。考虑到日期跨越千禧年时可能产生的问题，getYear()和 setYear()已经不再使用了，而应该使用 getFullYear()和 setFullYear()。

5.8 作业

读者可以通过测验和练习来检验自己对本章知识的理解，拓展技能。

5.8.1 测验

1．在“确认”对话框里，当用户单击“OK”按钮时，会发生什么？

a．true 值返回到调用程序

b．显示的信息返回到调用程序

c．什么也不发生

2．Math()对象的哪个方法总是把数值向上取整？

a．Math.round()

b．Math.floor()

c．Math.ceil()

3．如果加载的页面是 http://www.example.com/documents/letter.htm?page=2，location 对象的 pathname 属性会包含什么信息？

a．http

b．www.example.com

c．/documents/letter.htm

d．page=2

4．如何用当前的日期和时间来创建一个 Date 对象？

a．var mydate = new Date();

b．var mydate = new Date(now);

c．var mydate = new Date(0);

5．一个<div>元素的 innerHTML 属性可以用来

a．设置该 div 的 HTML 内容

b．获取该 div 的 HTML 内容

c．以上二者都可以

5.8.2 答案

1．选 a。当“OK”按钮被单击后，会返回一个 true 值；对话框会关闭，控制权返回到调用程序

2．选 c。Math.ceil()总是把数值向上取整到最近的整数

3．选 c。location.pathname 属性包含的内容是“/documents/letter.htm”

4．选 a。var mydate = new Date();

5．选 c。以上二者都可以

5.9 练习

修改代码清单 5.2，用一个字符串输出日期和时间，如下所示：

```
mm/dd/yyyy hh:mm:ss
```

用 Math 对象编写一个函数，计算圆柱体的体积。以圆柱体的直径和高度作为参数（单位为米），最后的结果要向上取整（单位为 m^3）。

利用 history 对象创建一些页面，这些页面包含自己的 Forward 和 Back 按钮。在遍历了这些页面之后（也就是将它们放入浏览器的历史记录），查看一下页面里的 Forward 和 Back 按钮的操作结果是否与浏览器里的相应按钮一样？

第二部分

JavaScript 编程

第6章

数字和字符串

本章主要内容

- ➢ JavaScript 支持的数值类型
- ➢ 数字类型之间的转换
- ➢ 布尔数据类型
- ➢ null（空）和 undefined（未定义）的含义
- ➢ 如何操作字符串

"数据类型"（data type）这个术语表示了变量包含数据的本质特征。字符串变量包含一个字符串，数值变量包含一个数值，等等。JavaScript 属于"宽松类型"的编程语言，意味着 JavaScript 变量在不同的场合可以解释为不同的类型。

在 JavaScript 中，不必事先声明变量的数据类型就可以使用变量，这时 JavaScript 解释器会根据情况做出它认为正确的判断。如果我们先在变量里保存了一个字符串，稍后又想把它当作数值使用，这在 JavaScript 里是完全可行的，前提是字符串里的确包含"像"数值的内容（比如"200px"或"50cents"）。之后，这个变量又可以当作字符串使用了。

本章将介绍如何用 JavaScript 处理数值，第 8 章将介绍字符串的知识，第 8 章将介绍数组数据类型。在每一章中，你都会了解到处理这些类型的值的一些内建方法。

6.1 数值

数学家们给各种数值类型都定义了不同的名称，比如自然数 1，2，3，4，…，加上 0 就组成了整数 0，1，2，3，4，…，再包括负整数-1，-2，-3，-4，…就组成了整数集。

要表示介于整数之间的数值，只需使用一个小数点，之后添加一位或多位数字：

```
3.141592654
```

这种数值称为“浮点数”，表示小数点的前后可以有任意位，好像小数点可以浮动到任何数字的任何位置一样。

JavaScript 支持整数和浮点数。

6.1.1 整数

整数可以是正整数、负整数和0。换句话说，整数就是没有小数部分的数值。

下面都是有效的整数：

- 33
- −1,000,000
- 0
- −1

6.1.2 浮点数

与整数不同的是，浮点数虽然有小数部分，但小数部分可以为 0。浮点数的表示形式可以是传统方式的，比如3.14159；也可以是指数形式的，比如35.4e5。

说明：指数表示法

在指数表示方法中，e表示“10的幂”，所以35.4e5表示“35.4乘10的5次幂”。利用指数表示法，可以很方便地表示特别大或特别小的数值。

NOTE

下面都是有效的浮点数：

- 3.0
- 0.00001
- −99.99
- 2.5e12
- 1e-12

6.1.3 十六进制数、二进制数和八进制数

除了我们熟悉的十进制数（以10为基数）以外，JavaScript 还能够处理十六进制数（以16为基数）、二进制数（以2为基数）和八进制数（以8为基数）。

十六进制数以0x前缀开头，例如，0xFF表示数字255。JavaScript之前就有处理十六进制数的功能，但是最近该语言还有了处理二进制数和八进制数的功能。

二进制数以 0b 作为前缀，例如 0b111 表示 7。

八进制数（以 8 为基数）可能并不太常见，但是，也会用在程序中。八进制数的前缀是 0o（数字 0 的后面跟着一个小写字母 o），例如，0o77 表示 63。

> **NOTE** **说明：UNIX 式的文件许可**
>
> 如果你用过 UNIX，或者与其类似的操作系统，如 Linux 或 Mac OS，就应该已经熟悉了八进制数。在这些操作系统中，分配给文件的可读、可写和可执行（rwx）许可中的每一个，都是和一个八进制数的 3 个位相关联的。最终的二进制数，通常会像下面这样表示为一个八进制的数值：

八进制数	二进制数（rwx）	许可
0	000	没有许可
1	001	只执行
2	010	只写
3	011	可写和可执行
4	100	只读
5	101	可读且可执行
6	110	可读且可写
7	111	可读、可写且可执行

6.2 全局方法

JavaScript 有一系列可用于操作数值的方法。这些都是**全局**方法（global method），也就是说，在代码中的任何位置都能够使用它们。

> **NOTE** **说明：基本类型的值可以使用方法**
>
> 所谓的最基本类型，就是像数字这样不是对象的值，因此，严格来说，它们没有自己的属性和方法。但是 JavaScript 将基础类型的值当作对象来对待，因此，它们也能够执行本节所介绍的方法。

让我们来简单介绍一下这些方法。

6.2.1 toString()

toString()方法将一个数字作为字符串返回。我们将在第 7 章中学习有关字符串类型的所有知识，现在只要了解转换是如何起作用的即可。

当应用于一个变量或者直接应用于一个数值时，这个方法都能很好地工作：

```
var num = 666;
num.toString(); // 返回字符串 "666"
```

```
(666).toString(); // 返回字符串 "666"
```

也可以对一个表达式直接使用 toString():

```
(333 * 2).toString(); // 返回字符串 "666"
```

提示：对 toString()使用基数 **TIP**

toString()方法可以可选地接受一个参数（这是 2 和 36 之间的一个整数），将其作为数制的基数值使用。随后，字符串转换过程也会基于这个基数来转换数字。如下是几个示例:

```
var x = 13;
alert(x.toString()); // 显示 13
alert(x.toString(2)); //显示 1101
alert(x.toString(16)); //显示 d
```

注意，转换不会为二进制数、八进制数或十六进制数添加前面所介绍的前缀（分别是 0b、0o 或 0x）。

6.2.2 toFixed()

toFixed()方法也返回一个字符串，但数字是按照指定的小数位数的形式出现的。在传递给该方法的参数中，我们可以指定小数的位数:

```
x.toFixed(0); // 返回"666"
x.toFixed(3); // 返回"666.000"
```

6.2.3 toExponential()

本章前面介绍了指数表示法。toExponential()方法像我们预期的那样工作，数字将会进行舍入并且用指数表示法来表示。传递给该方法的参数指定了转换之后小数点后面的字符数字:

```
var num = 666;
num.toExponential(4); // 返回"6.6600e+2"
num.toExponential(6); // 返回"6.660000e+2"
```

6.3 Number 对象

JavaScript 用 Number 对象来表示各种数值类型，包括整数和浮点数。通常，我们不需要操心自己创建 Number 对象，因为 JavaScript 会将数值转换为 Number 类的一个实例。

说明：全局方法和数值方法 **NOTE**

Number 对象的一些方法也可以作为全局对象的方法一样使用，换句话说，我们可以直接使用

```
isFinite(666)
```

并且所得到的结果和如下用法的结果相同。

```
Number.isFinite(666)
```

然而，尽管全局方法继续保持活跃，但一些对等的数值方法包含了细微的提升，因此人们更愿意使用这些方法。例如，isNaN()方法的全局版本经常给出误导性的结果，因为它试图在测试之前将参数转换为一个数值，而 Number.isNaN()不会这么做。

Number 对象有一组有用的属性和方法，我们可以用它们来分析和操作数值，下面来介绍其中的一些。

6.3.1 Number.isNaN()

当脚本试图把一些非数值数据当作数值处理，却无法得到数值时，其返回值就是 NaN。举例来说，如果尝试用一个整数乘一个字符串，得到的结果就是非数值。用 isNaN()函数能够检测非数值：

```
Number.isNaN(3);          // 返回 false
Number.isNaN(3.14159);    // 返回 false
Number.isNaN(0 / 0);      // 返回 true
Number.isNaN(3*'blah');   // 返回 true
```

6.3.2 Number.isInteger()

Number.isInteger()方法用于判断传递给它的一个值或表达式是否可以求得整数值，如果这个值是数值而且是整数，它返回 true，否则返回 false。如下是一些示例：

```
Number.isInteger(666)       // true
Number.isInteger(-666)      // true
Number.isInteger(12*7)      // true
Number.isInteger(0)         // true
Number.isInteger(3/4)       // false
Number.isInteger('666')     // false
Number.isInteger(Infinity)  // false
```

CAUTION **注意：升级你的浏览器**

在编写本书时，Number.isInteger()方法是 JavaScript 标准一个新近的添加，IE 11 以及更早版本的浏览器尚不支持它。

6.3.3 Number.parseFloat()和 Number.parseInt()

JavaScript 提供了两个可以把字符串强制转换为数值格式的函数，即 Number. parseFloat()和 Number. parseInt()。

Number. parseFloat()函数用于解析字符串并返回一个浮点数。

如果被解析的字符串的首字符是一个数字，函数会持续解析直到数字结束，然后返回一个数值而不是字符串：

```
Number.parseFloat("21.4");   //返回 21.4
Number.parseFloat("76 trombones");    //返回 76
Number.parseFloat("The magnificent 7");     //返回 NaN
```

Number. parseInt()函数的功能与 Number. parseFloat()相类似，但其返回的值是整数或 NaN。该函数还可以有第 2 个可选参数，用于指定数值的基，从而返回二进制、八进制或其他进制的数值所对应的十进制数值。

```
Number.parseInt(18.95, 10);    //返回18
Number.parseInt("12px", 10);    //返回12
Number.parseInt("1110", 2);    //返回14
Number.parseInt("Hello");    //返回NaN
```

6.3.4 无穷大

超过 JavaScript 能够表示的最大数值，就是无穷大（Infinity）。在大多数 JavaScript 版本中，最大的数值是正或负的 2^{53}，虽然它并不是真正的无穷大，但也相当大了。

还有一个表示负的无穷大的关键字字面值：-Infinity。

用 isFinite()函数可以判断一个数值是否无穷大。它会把参数转换为数值，如果得到的结果是 NaN、正无穷大（Infinity）或负无穷大（-Infinity），函数返回 false（假），其他情况返回 true（真）。（false 和 true 是布尔类型的值，本章稍后介绍。）

```
Number.isFinite(21);  //返回true
Number.isFinite("This is not a numeric value");  //返回false
Number.isFinite(Math.sqrt(-1));  //返回false
```

6.4 Number()函数

Number()函数是从其他数据类型中获取数值的“瑞士军刀”。

在给 Number()传递某个值作为一个参数时，该函数将尽全力返回一个对等的数值。如果它不能返回数值，将返回 NaN。如下是一些示例：

```
Number(true); // 返回1
Number(false); // 返回0
Number("666"); // 返回666
Number(021-555-3565); // 返回-4103
Number('horse'); // 返回NaN
```

UNIX 新纪元

UNIX 时间（有时也称为 POSIX 时间）是描述时间的一种方式，并且是用从 1970 年 1 月 1 日（星期四）00:00:00 (UTC)开始所流逝过的毫秒数来表示的。这个时间有时也称为 UNIX 新纪元，我觉得这种叫法听起来很酷。

在第 5 章中，我们学习了 Date 对象以及用它在 JavaScript 中创建日期和时间的方法。那么，把一个 Date 对象传递给 Number()函数时，会发生什么情况呢？

让我们来研究一下。

在浏览器选项中打开 JavaScript 控制台。笔者用的是 Google Chrome，所以用组合键 Ctrl+Shift+J 来打开控制台。如果在提示符窗口中输入

```
var now = new Date();
```

并且让控制台回应刚才所创建的日期，将会得到一个图 6.1 所示的回应。

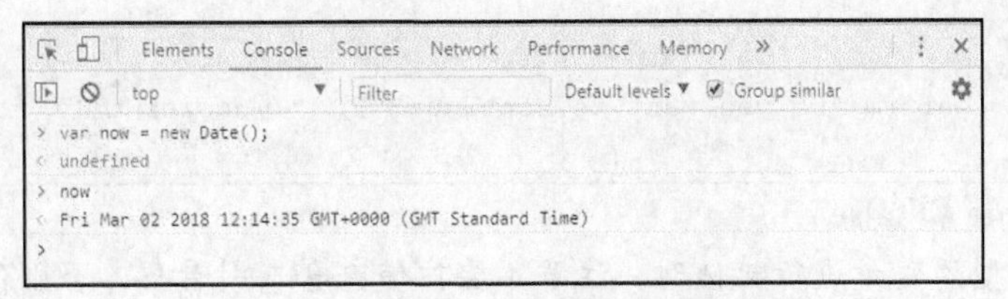

图 6.1 创建一个新的 Date 对象

现在，我们可以通过传入一个新生成的 Date 对象作为参数来测试一下 Number()，如图 6.2 所示。

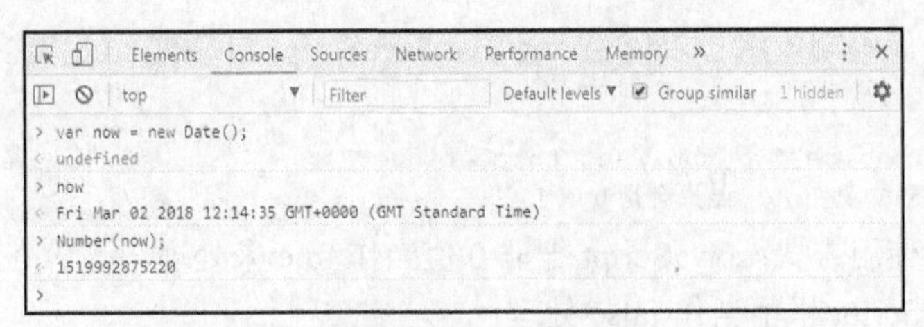

图 6.2 对一个新的 Date 对象使用 Number()

嗨，这是变戏法吗？Number()已经对 Date 对象执行了转换，并且返回了自 UNIX 新纪元开始计算的毫秒数。当然，可以给 Number()传递任何日期，并且只要其格式是可以解析的，该函数都将会返回相对应的好描述，就像图 6.3 所示的例子一样。

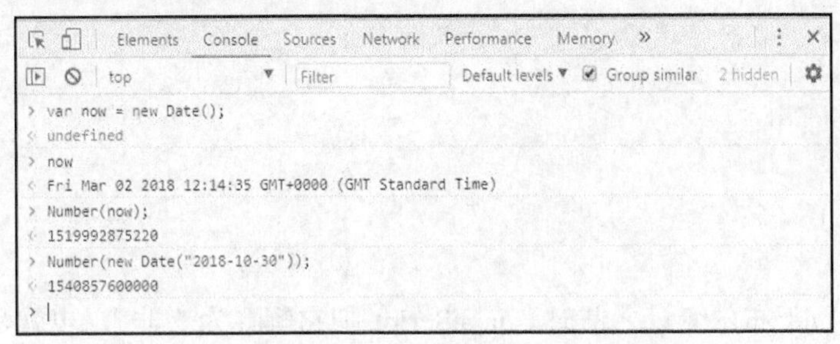

图 6.3 给 Number()传递任意一个日期

这样的一个值通常称为时间戳。

TIP 提示：将时间戳转换为日期

我们也可以直接将一个 JavaScript 时间戳作为参数传递给 Date 对象，从而将时间戳转换为一个日期。在控制台中，输入如下内容：

```
> Number(new Date("2018-10-30"));
< 1540857600000
> new Date(1540857600000)
< Tue Oct 30 2018 00:00:00 GMT+0000 (GMT Standard Time)
```

6.5 布尔值

布尔类型的数据只有两个值：true（真）或 false（假）。这类数据最常用于在代码中保存逻辑操作的结果。

```
var answer = confirm("Do you want to continue?");   //answer 的值会是 true 或 false
```

注意：布尔值 true 和 false CAUTION

在对布尔类型的变量进行赋值时，注意不要把值包含在引号里，否则值会当作字符串字面值处理：

```
var success = false;      //正确
var success = "false";    //错误
```

如果所编写的代码期望将布尔值用于计算，JavaScript 自动把 true 转换为 1，把 false 转换为 0。

```
var answer = confirm("Do you want to continue?");   //answer 的值会是 true 或 false
alert(answer * 1);   //  结果会是 0 或 1
```

还有另外一种使用方式：JavaScript 把非 0 值当作 true 来处理，把 0 值当作 false 来处理。下面这些值在 JavaScript 里都当作 false 处理：

- 布尔值 false
- 未定义（undefined）
- null
- 0
- NaN
- ""（空字符串）

非操作符（!）

当字符“!”位于布尔变量之前时，JavaScript 把它解释为“非”，也就是“相反的值”。比如下面这段代码：

```
var success = false;
alert(!success);   //  显示"true"
```

第 10 章将用“!”和其他一些操作符来检测 JavaScript 变量的值，并且让程序根据结果执行不同的操作。

6.6 null（空）和 undefined（未定义）

JavaScript 还有两个含义很直观的关键字：null（空）和 undefined（未定义）。

如果想让变量具有有效值，却又不是任何具体值，就把 null 赋给变量。对于数值来说，null 相当于 0；对于字符串来说，null 相当于空字符串""；对于布尔变量来说，null 表示 false。

与 null 不同的是，undefined 不是关键字，而是预定义的全局变量。如果某个变量已经在语句里使用了，但却没有被赋予任何值，它的值不是 0 或 null，而是 undefined，表示 JavaScript 不能识别它。

TIP **提示：真值和假值**

值 null 和 undefined 通常称为假值，意思是“并非完全是假的，但它们可以解释为假”。类似地，JavaScript 解释为真的值，称为真值。

6.7 小结

在本章中，我们学习了 JavaScript 所支持的数字数据类型。

我们介绍了 Number 对象并且通过一些示例展示了如何使用该对象来操作数值数据。我们还学习了用于将值转换为数字类型的 Number()函数。最后，我们介绍了布尔值和非操作符。

6.8 问答

问：JavaScript 能够处理的最大的整数是多少？

答：JavaScript 能够处理的数字最多可以达到 53 位，也就是说 $2^{53}-1$，或 9 007 199 254 740 991。好在你不必记住这个数字。JavaScript 的 Number 对象有一个常量属性 Number.MAX_SAFE_INTEGER，如果需要的话，可以在脚本中使用该属性。

问：Number 对象还有其他的常量作为属性吗？

答：是的，还有几个。尽管其中的大多数常量属性可能在大多数 JavaScript 程序中都不是必需的。

6.9 作业

读者可以通过测验和练习来检验自己对本章知识的理解，拓展技能。

6.9.1 测验

1．当 JavaScript 试图把非数字的某个值当作一个数字对待，但却无法将其计算为数字时，它会返回

   a．Zero

   b．Undefined

   c．NaN

2．parseFloat()函数

   a．解析一个字符串并返回一个浮点数

   b．解析一个浮点数并返回一个整数

   c．解析一个浮点数并返回一个字符串

3．表达式 isFinite(-1)将返回什么？

a．Error

b．True

c．False

4．当期待一个布尔值时，JavaScript 会把-1 值解析为

a．True

b．False

c．NaN

5．如果试图在计算中使用布尔值，则

a．JavaScript 将返回 NaN

b．JavaScript 将产生一个错误

c．JavaScript 将把 true 解释为 1 并且把 false 解释为 0

6.9.2 答案

1．选 c。NaN

2．选 a。解析一个字符串并返回一个浮点数

3．选 b。True

4．选 a。True

5．选 c。JavaScript 将把 true 解释为 1 并且把 false 解释为 0

6.10 练习

编写一个 JavaScript 函数来把数字格式化为给定的小数位数。为了进行这个练习，你可以假设要处理的数字和表示小数位数的数字都按照正确的格式来传递，并且不需要进行类型检查（在实际程序中，你可能需要检查这一点。在阅读完本书第 1 部分和第 2 部分的各章之后，读者可能想要回顾这个练习，看看能否改进自己的解决方案）。

第 7 章

操作字符串

本章主要内容

- 如何使用 string 数据类型
- 如何定义字符串
- 如何使用字符串方法操作字符串
- 如何使用转义序列
- 如何使用模板字符串

字符串是 JavaScript 中的一种基本数据类型（在很多其他编程语言中也是如此），并且是字母、数字和符号组成的一个集合。在本章中，我们将学习 JavaScript 字符串以及用来创建和处理这种类型的值的一些内建方法。我们还将学习字符串中的“转义序列”（escape sequence）。

7.1 字符串

字符串是由特定字符集（通常是 ASCII 或 Unicode 字符集）里的字符所组成的序列，通常用于保存文本内容。

> **CAUTION** **注意：字符串和数字**
>
> JavaScript 会把作为字符串存储的数据和作为数字存储的数据区分开来，即便它们的字符是相同的。因此，包含了 1 个 1 和 3 个 0 的字符串"1000"，和数值 1000 是不同的。
>
> 在第 6 章中，我们学习了在两种类型之间进行转换的一些方法。读者可以复习一下。

字符串的定义是用一对单引号或一对双引号实现的：

```
var myString = "This is a string";
```

然而，记住，如果想要在字符串中使用双引号，那么需要用单引号来表示字符串的范围：

```
var myString = 'This is a "special" string';
```

反之亦然，如果想要在字符串中使用一个单引号，那么需要确保用双引号把字符串括起来。如果忘记了，JavaScript 将在想要结束字符串之前提前结束了字符串，并且这可能会导致一个错误：

```
var myString = 'This is Phil's string'; // error: this string will terminate early
```

可以通过在字符串中转义字符来避免这个问题。稍后我们将学习转义序列。

可以用一对内容为空的引号定义空字符串：

```
var myString = "";
```

7.1.1 length 属性

在 JavaScript 中，要获取一个字符串的长度是很简单的，直接查看 length 属性就可以了。length 属性返回了字符串所包含的字符的数目：

```
var myString = "How long am I?";
alert(myString.length); // alerts 14
```

在操作字符串变量时，length 属性的值会随之自动更新。

注意，length 是一个只读的值。如果试图在代码或控制台中给它赋一个值，如下所示：

```
myString.length = 15;
```

这个值将保持不变。

7.1.2 转义序列

我们想放到字符串里的字符，有些可能没有相应的键盘按键，或是由于其他原因而成为不能在字符串中出现的特殊字符，比如制表符、换行符、定义字符串所用的单引号或双引号。为了在字符串里使用这些字符，必须用以反斜线（\）开头的字符组合来表示，让 JavaScript 把它们解释为正确的特殊字符。这种组合称为“转义序列”。

举例来说，我们想在字符串里添加一些换行符，从而让 alert()方法使用这个字符串时，使之显示为多行：

```
var message = "IMPORTANT MESSAGE:\n\nError detected!\nPlease check your data";
alert(message);
```

插入转义序列后得到的结果，如图 7.1 所示。

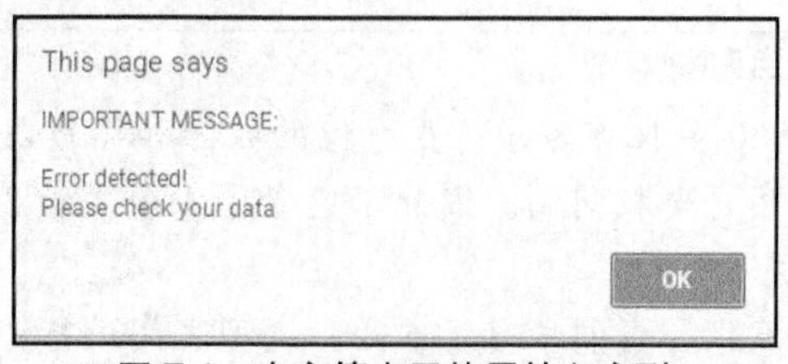

图 7.1 在字符串里使用转义序列

常用的转义序列见表 7.1。

表 7.1 常用的转义序列

转义序列	代表的字符
\t	制表符
\n	新行，在字符串里插入一个换行
\"	双引号
\'	单引号
\\	反斜线
\x99	ASCII 字符的值，以 2 位十六进制数值表示
\u9999	统一编码字符的值，以 4 位十六进制数值表示

7.1.3 字符串方法

string 对象的完整属性和方法列表超出了本书的讨论范围，但表 7.2 里列出了比较重要的一部分。

表 7.2 string 对象的一些常用方法

方 法	描 述
concat	连接字符串，返回结果字符串的一个备份
indexOf	返回指定值在字符串里出现的第一个位置
lastIndexOf	返回指定值在字符串里出现的最后一个位置
replace	在一个字符串里搜索指定的子字符串，并且新的子串进行替换
split	把字符串分解为一系列子串，保存到数组里；返回一个新数组
substr	从指定的开始位置，提取指定数量的字符组成字符串
toLowerCase	把字符串转换为小写字符
toUpperCase	把字符串转换为大写字符

concat()

前面各章的范例里曾出现了用操作符“+”来连接字符串的情况，这称为字符串连接。JavaScript 字符串的 concat()函数还有其他一些功能：

```
var string1 = "The quick brown fox ";
var string2 = "jumps over the lazy dog";
var longString = string1.concat(string2);
```

TIP **提示：通过 concat()返回一个新的字符串**

用 concat()方法连接的各个字符串，并不会被这个操作所改变。相反，JavaScript 返回了一个新的字符串，它包含了连接后的内容。在 JavaScript 中，字符串是不可变的（immutable），换句话说，不能修改它们。所做的这一切，都是基于已有字符串的副本来生成一个新的字符串。不可变性不仅适用于字符串，JavaScript 中的数字也是不可变的。

indexOf()

indexOf()函数可以查找子字符串（由一个或多个字符组成）在另一个字符串里第一次出现的位置，返回子字符串在目标字符串里的索引（位置）；如果没有找到，就返回-1。

```
var string1 = "The quick brown fox";
string1.indexOf('fox')  //返回16
string1.indexOf('dog')  //返回-1
```

> **提示：字符串是基于0索引的** TIP
> 字符串里第1个字符的索引是0，而不是1。

lastIndexOf()

从名称可以看出，lastIndexOf()的工作方式类似于 indexOf()，只是返回子字符串最后一次出现的位置，而不是第一次出现的位置。

repeat()

repeat()方法返回一个新的字符串，该字符串是将在其上调用的那个字符串的指定的那么多个副本数所组成的。所需的副本数作为参数传递给该方法：

```
var inStr = "lots and ";
var outStr = str.repeat(3); // outStr contains ' lots and lots and lots and '
```

replace()

replace()方法在一个字符串中搜索某一个字符串的匹配，并且返回一个新的字符串，其中，用一个指定的新子字符串替代搜索到的子字符串。

```
var string1 = "The quick brown fox";
var string2 = string1.replace("brown", "orange");  //string2现在是"the quick orange fox"
```

split()

split()方法把字符串分解为多个子字符串的一个数组，并且返回这个新数组。

```
var string1 = "The quick brown fox ";
var newArray = string1.split(" ")
```

> **提示：split()也是一个数组方法** TIP
> 第8章将介绍数组。学习了数组知识之后，读者能够更好地了解这个函数的用法。

substr()

substr()方法可以有一个或两个参数。

substr()从第一个参数指定的索引位置开始提取字符，返回一个新字符串。第二个参数指定了要提取的字符数量，这个参数是可选的。如果没有指定，就会提取从起始位置到字符串结束的全部字符。

```
var string1 = "The quick brown fox";
var sub1 = string1.substr(4,11);   //提取"quick brown"
var sub2 = string1.substr(4);  //提取"quick brown fox"
```

toLowerCase() and toUpperCase()

toLowerCase()和 toUpperCase()方法把字符串转换为全部小写或全部大写。

```
var string1 = "The quick brown fox";
var sub1 = string1.toLowerCase();  //sub1 的内容是"the quick brown fox"
var sub2 = string1.toUpperCase();  //sub2 的内容是"THE QUICK BROWN FOX"
```

实践

一个简单的垃圾邮件检测函数

我们将用这些方法中的两个来编写一个简单的函数，以检测一个给定的字符串中是否出现了一个特定的单词。在这个示例中，我们以单词“fake”作为目标单词。如果在作为参数传递的一个字符串中检测到单词“fake”，该函数将返回 0 或者一个正值；否则，该函数将返回一个负值。该函数的签名如下：

```
function detectSpam(input) {
}
```

我们可以用这样一个函数来检查电子邮件的标题栏，例如，检测销售“fake”（伪造）的设计师作品的垃圾邮件。在实际的应用程序中，代码可能要复杂很多，但是，这里重要的是介绍字符串的操作。

首先，我们想要把该字符串转换为全部小写的：

```
function detectSpam(input) {
    input = input.toLowerCase();
}
```

这么做是必要的，因为随后将用 indexOf()来查找单词“fake”，而 indexOf()是区分大小写的。

```
function detectSpam(input) {
    input = input.toLowerCase();
    return input.indexOf("fake");
}
```

将程序清单 7.1 中的代码输入到编辑器中，并将其保存为一个 HTML 文件。

程序清单 7.1　垃圾邮件检测函数

```
<!DOCTYPE html>
<html>
<head>
    <title>Spam Detector</title>
</head>
<body>
    <script>
        function detectSpam(input) {
            input = input.toLowerCase();
            return input.indexOf("fake");
```

```
        }

        var mystring = prompt("Enter a string");
        alert(detectSpam(mystring));
    </script>
</body>
</html>
```

在浏览器中打开该页面，并且在提示对话框中输入一个字符串，如图 7.2 所示。

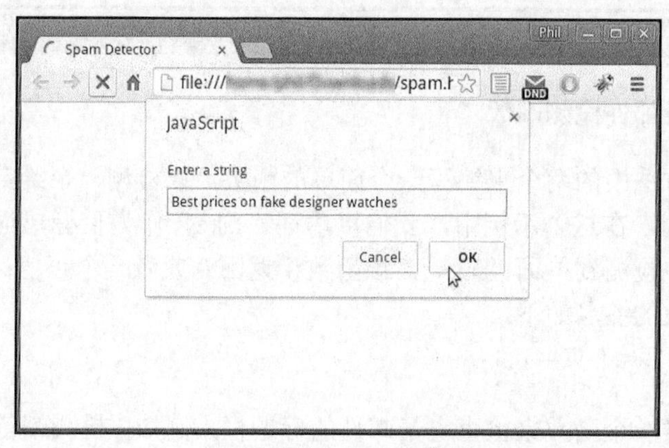

图 7.2 输入一个字符串

打开一个新的对话框，显示出在输入的字符串中的什么位置找到了单词“fake”，或者如果在其中没有找到该单词，显示“-1”。

如图 7.3 所示，在 15 的位置（也就是说，在字符串中的第 16 个字符处）找到了目标单词。

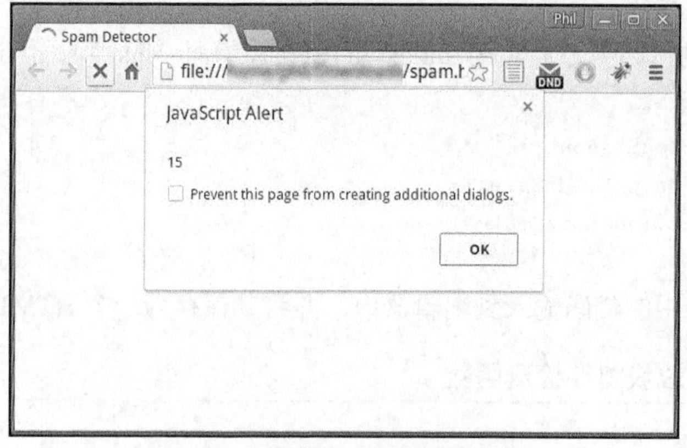

图 7.3 垃圾邮件检测脚本的输出

▲

7.2 模板字符串

模板字符串有助于构建字符串，其功能类似于 Perl 或 Python 等其他语言中的字符串插值。

```
var name = "John";
```

```
var course = "Mathematics III";
var myString = `Hello ${name}, welcome to ${course}.`;
```

如示例所示，我们通过将变量名包含在${ ... }中来构建字符串。字符串将在运行时，用相关变量的当前值来构建。

注意，模板字符串必须包含在两个反单引号（`）而不是标准的单引号之间。这一要求带来的一个方便的副作用是，可以在字符串中使用引号而不需要再进行转义。

也可以替换较为复杂一些的表达式：

```
var total = 20;
var tax = 4;
msg = `Total is ${total} dollars (or ${total + tax} dollars, including tax)`;
alert(msg); // "Total is 20 dollars (or 24 dollars, including tax)"
```

模板字符串另一个很酷的作用是，它们能够扩展到多行。例如，可以编写如下代码：

```
var condition = "pressure";
var myString = `WARNING

The maximum safe ${condition} has been exceeded!`;
```

在运行时，该字符串将会被转换为：

```
"WARNING\n\nThe maximum safe pressure has been exceeded!"
```

7.3 小结

在本章中，我们学习了 JavaScript 的 string 数据类型。在学习了如何定义字符串之后，我们介绍了如何用转义序列在字符串中包含特殊字符。然后，我们还学习了如何用 JavaScript 的字符串方法来对字符串进行各种操作。

最后，我们介绍了模板字符串以及如何通过它们用变量填充字符串，从而节省时间和精力。

7.4 问答

问：使用 replace()似乎只能修改字符串中的一个匹配的子字符串。有没有方法能够修改所有匹配的实例？

答：是的。可以用一个正则表达式作为 replace()方法的第一个参数。这超出了本章的讨论范围，读者可以通过阅读本书第 19 章来了解正则表达式。

问：一个 JavaScript 字符串所能包含的最大字符数目有限制吗？

答：最新的 ECMAScript 2016（第 7 版）JavaScript 标准确定了最大长度为 $2^{53}-1$ 个元素（这个数值非常巨大）。在此之前，没有指定字符串的最大长度。实际的数字限制，很可能取决于平台，例如内存大小或操作系统。除非用 JavaScript 做一些特别不常见的事情，否则，不会在这方面遇到问题。

7.5 作业

读者可以通过测验和练习来检验自己对本章知识的理解，提升自己的技能。

7.5.1 测验

1．用如下哪条语句可以把字符串 string2 附加到字符串 string1？

a．concat(string1) + concat(string2);

b．string1.concat(string2);

c．join(string1, string2);

2．下列哪条语句可以把变量 paid 的值设置为布尔值 true？

a．var paid = true;

b．var paid = "true";

c．var paid.true();

3．字符串 myString 的内容是“stupid is as stupid does”，下列哪条语句的返回值是-1？

a．myString.indexOf("stupid");

b．myString.lastIndexOf("stupid");

c．myString.indexOf("is stupid");

4．如果定义了如下的一个字符串：

var string1 = "Marry in haste, repent at leisure";

那么表达式 string1.lastIndexOf("re")将会返回什么值？

a．16

b．31

c．-1

5．转义序列\n 表示什么？

a．换行

b．负号

c．数值

7.5.2 答案

1．选 b。string1.concat(string2);

2．选 a。var paid = true;

3．选 c。myString.indexOf("is stupid");

4．选 b。31

5．选 a。换行

7.6 练习

编写一个 JavaScript 函数，如果一个字符串的长度超过 20，则从其末尾截断超出的部分。截断后的字符串应该以一个省略号结尾("…")。在一个简单的 HTML 页面中测试所编写的函数。

第 8 章

数组

本章主要内容

- 数组数据类型的用途
- 如何声明和填充数组
- 如何使用常用的数组方法
- 如何管理数组内容
- JavaScript 的三点表示法

有时，在单独的一个变量名中存储多个变量值是有用的。JavaScript 通过数组数据类型实现这一点。

数组采取列表的形式，因为它允许给单个的变量名分配值的一个列表。我们放置到数组中的项，不一定都要是相同的类型。数组特别有用之处，就是能够包含逻辑上存在某种相关性的数据。我们可以添加或删除项，并且进行排序或者执行其他操作，同时将所有内容都保存在单个变量名的“大伞”之下。

在本章中，我们将学习创建 JavaScript 数组的方法、将数据存储到这些数组中的方法以及操作数组的方法。

8.1 数组

数组这种数据类型可以在一个变量里保存多个值，每个值都有一个数值索引，而且能够保存任何数据类型（比如布尔值、数值、字符串、函数、对象），甚至能够保存其他数组。我们可以通过引用数组的数字索引来访问任何的项，这个索引和项在数组中的位置是对应的。

通常，我们把数组中的项称为数组的元素（element）。

8.1.1 创建新数组

创建数组的语法并不新奇，因为数组也是一个对象而已：

```
var myArray = new Array();
```

创建数组还可以使用另一种方便的形式——只要使用一对方括号即可：

```
var myArray = [];
```

8.1.2 初始化数组

在创建数组时可以同时加载数据：

```
var myArray = ['Monday', 'Tuesday', 'Wednesday'];
```

或者，在数组创建之后添加元素数据：

```
var myArray = [];
myArray[0] = 'Monday';
myArray[1] = 'Tuesday';
myArray[2] = 'Wednesday';
```

注意，不需要按照顺序来添加元素。像下面这样填充上述的数组也是合法的：

```
var myArray = [];
myArray[1] = 'Tuesday';
myArray[2] = 'Wednesday';
myArray[0] = 'Monday';
```

array.length 属性

数组都有一个 length 属性，该属性表示数组包含了多少项。在给数组添加或删除项目时，这个属性是自动更新的。对于上面那个数组，myArray.length 的值是 3。

```
myArray.length // 返回 3
```

> **注意：数组的长度** *CAUTION*
>
> 长度的值总是比最大索引的值大 1，即使数组中实际的元素数量没有这么多。举例来说，假设要给前面那个数组添加一个新元素：
>
> ```
> myArray[50] = 'Icecream day';
> ```
>
> myArray.length 现在的值就是 51，即使数组中实际只包含 4 个元素。

8.1.3 数组的方法

和到目前为止所接触到的其他 JavaScript 对象一样，数组也有自己的属性和方法。在本节中，我们来看一些常用的数组方法。

读者应在浏览器的 JavaScript 控制台中尝试示例代码片段，以确保能够得到相同的结果。

CAUTION **注意：数组和字符串的属性和方法具有相同的名称**

你可能注意到了字符串（第7章所讨论的主题）和数组都有一个length属性。你还会注意到，数组与字符串的一些方法具有相同的名称，甚至具有几乎类似的功能。使用时，请注意这些方法所处理的数据类型，否则可能得不到预想的结果。

数组最常用的一些方法见表8.1。

表8.1 数组的常用方法

方 法	描 述
concat	合并多个数组
join	把多个数组元素合并为一个字符串
toString	以字符串形式返回数组
indexOf	在数组搜索指定元素
lastIndexOf	返回与搜索规则匹配的最后一个元素
slice	根据指定的索引和长度返回一个新数组
sort	根据字母顺序或提供的函数对数组进行排序
splice	在数组指定索引处添加或删除一个或多个元素

concat()

前文已经介绍过字符串的连接，JavaScript的数组也有一个concat()方法：

```
var myOtherArray = ['Thursday','Friday'];
var myWeek = myArray.concat(myOtherArray);
//数组myWeek包含的元素是'Monday'、'Tuesday'、'Wednesday'、'Thursday'和'Friday'
```

join()

这个方法可以把数组的全部元素连接在一起形成一个字符串：

```
var longDay = myArray.join(); // returns MondayTuesdayWednesday
```

使用这个方法时还可以有一个字符串参数，它会作为分隔符插入最终的字符串里：

```
var longDay = myArray.join("-"); // returns Monday-Tuesday-Wednesday
```

toString()

这个方法可以说是join()方法的一个特例。它返回由数组元素组成的字符串，用逗号分隔每个元素：

```
var longDay = myArray.toString(); // returns Monday,Tuesday,Wednesday
```

indexOf()

这个方法找到指定元素在数组里第一次出现的位置，返回指定元素的索引值；如果没有找到，就返回-1。

```
myArray.indexOf('Tuesday');  //返回1（记住：数组索引从0开始）
myArray.indexOf('Sunday'); //返回-1
```

lastIndexOf()

从名称中可以看出，这个方法的工作方式与 indexOf()一样，但它返回指定元素在数组里最后一次出现的位置，而不是第一次出现的位置。

slice()

如果想从当前数组中提取一个子集，可以使用这个方法，在参数中指定开始的索引值和要提取的元素的数量就可以了。注意，在新的数组中，并不包含结束索引处的那个数组元素。

```
var myWeek = ['Monday', 'Tuesday', 'Wednesday', 'Thursday', 'Friday'];
var myShortWeek = myWeek.slice(1, 3);
// myShortWeek 包含的内容是 ['Tuesday', 'Wednesday']
```

可以给 slice()传入负值作为开始的索引或结束的索引。JavaScript 将把负值解释为从序列的末尾开始的偏移位置。

```
var myWeek = ['Monday', 'Tuesday', 'Wednesday', 'Thursday', 'Friday'];
var myShortWeek = myWeek.slice(-3, 4);
// myShortWeek contains ["Wednesday", "Thursday"]

var myShortWeek = myWeek.slice(1, -2);
// myShortWeek contains ["Tuesday", "Wednesday"]
```

还要注意，两个参数都是可选的。如果没有指定开始索引，slice()将从索引 0 开始。如果没有提供结束索引，slice()将提取直到序列末尾的所有元素。

sort()

这个方法可以把数组元素按照字母顺序排列。

```
myWeek.sort()//返回'Friday'、'Monday'、'Thursday'、'Tuesday'、'Wednesday'
```

注意：排序数字 **CAUTION**

在包含了数值的一个数组上使用 sort()时，要小心，它将会按照字母顺序来排序数字（也就是说，按照第一个数字来排序）：

```
var myArray = [14, 9, 31, 22, 5];
alert(myArray.sort()); // 警告框显示 14,22,31,5,9
```

这可能并不是想要的结果。

splice()

这个方法可以在数组里添加或删除指定的一个或多个元素。

与前面的其他方法相比，它的语法有点复杂：

```
array.splice(index, howmany, [new elements]);
```

第 1 个参数指定在数组的什么位置进行操作；第 2 个参数说明要删除多少个元素（设置为 0 表示不删除元素）；第 3 个参数是可选的，是要插入的新元素列表。

```
myWeek.splice(2,1,"holiday")
```

这行代码指向索引为 2 的元素（'Wednesday'），删除 1 个元素（'Wednesday'），插入 1 个新元素（'holiday'；现在数组 myWeek 包含的元素是'Monday' 'Tuesday' 'holiday' 'Thursday'和'Friday'。这个方法的返回值是被删除的元素。

CAUTION **注意：小心 splice()方法**

splice()方法会改变原数组。如果代码的其他部分仍需使用最初的数组，需要在使用 splice()方法之前把它复制到新的变量里。

实践

数组操作

现在来实际使用一下前面介绍的方法。打开文本编辑软件，输入程序清单 8.1 所示的代码，并将其保存为 array.html 文件。

程序清单 8.1　数组操作

```
<!DOCTYPE html>
<html>
<head>
    <title>Strings and Arrays</title>
    <script>
        function wrangleArray() {
            var sentence = "JavaScript is a really cool language";
            var newSentence = "";
            //写出它
            document.getElementById("div1").innerHTML = "<p>" + sentence + "</p>";
            //转换为一个数组
            var words = sentence.split(" ");
            // 删除'really'和'cool'，并且添加'powerful'
            var message = words.splice(3,2,"powerful");
            // use an alert to say what words were removed
            alert('Removed words: ' + message);
            // 将数组转换为一个字符串，并写出它
            document.getElementById("div2").innerHTML = "<p>" + words.join(" ") + "</p>";
        }
    </script>
</head>
<body>
    <div id="div1"></div>
    <div id="div2"></div>
    <script>wrangleArray();</script>
</body>
</html>
```

在查看上述代码时，可以参考前面对于这些方法的定义以及第 5 章对于 getElementById()和 innerHTML()方法的介绍。

在 wrangleArray()函数里，首先定义了一个字符串：

```
var sentence = "JavaScript is a really cool language";
```

在利用 innerHTML 方法把它写到一个空的<div>元素之后，对字符串使用 split()方法，以一个空格作为参数，从而得到一个数组，数组的每个元素都是字符串根据空格进行分隔的子串（也就是单个的单词）。这个数组保存到变量 words 里。

接着对 words 数组使用 splice()方法，在索引位置 3 删除两个单词"really"和"cool"。因为 splice()方法把删除的元素作为返回值，所以可以把它们显示在 alert()对话框里：

```
var message = words.splice(3,2,"powerful");
alert('Removed words: ' + message);
```

最后，对数组使用 join()方法，再次把它组合成字符串。由于用空格作为 join()的参数，字符串里的每个单词都会以一个空格隔开。最后，利用 innerHTML 把修改过的句子输出到第二个<div>元素。

wrangleArray()函数被文档的 body 部分的一小段代码调用：

```
<script>wrangleArray();</script>
```

这段脚本的运行结果如图 8.1 所示。

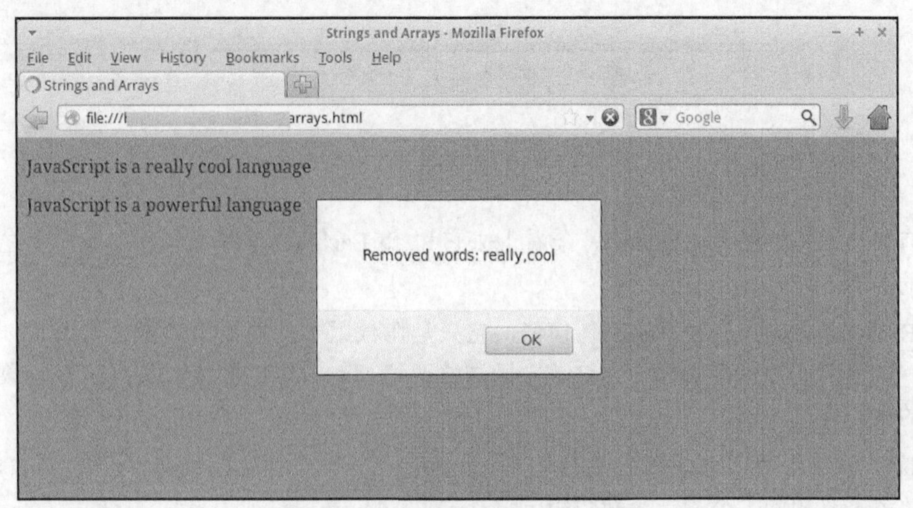

图 8.1 数组操作脚本的输出结果

8.2 如何遍历数组

很多时候，我们需要遍历数组中的所有项，依次在每一个元素上执行相同的过程。

在第 10 章中，我们将学习如何使用各种类型的循环。

很多的循环也可以用来遍历数组内容，但是这里仅限于讨论那些更特定于数组的一些技术。

8.2.1 使用 forEach()

数组方法 forEach()接受一个函数作为参数，并且将该函数依次应用于数组中的每一个元素。如下是一个示例：

```
var myArray = [2, 3, 4, 5, 6];
function cube(x) {
    console.log(x*x*x);
}
myArray.forEach(cube);
```

执行数组的 forEach()方法，将把 cube()函数依次应用于每一个元素，把结果显示到 JavaScript 控制台。结果如图 8.2 所示。

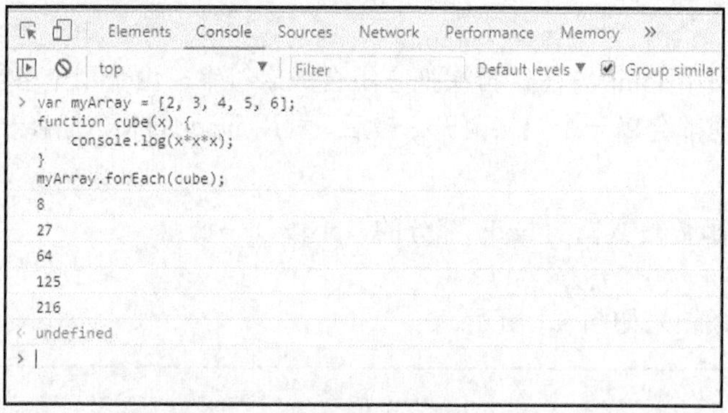

图 8.2 使用数组方法 forEach()

8.2.2 使用 map()

还有另一个方便的方法 map()，乍看上去它和 forEach()方法很相似，但是二者之间有一个显著的区别。

forEach()方法实际上并不返回任何值，它只是在数组中的每一个元素之上调用一个特定的函数，就像前面的示例那样。允许这个函数修改最初的数组中的值，如果这个函数就是这么编写的话。

map()方法也会类似地在数组中的每一个元素上调用一个指定的函数，但是 map()返回和最初的数组具有相同大小的一个新数组。

```
var myArray = [2, 3, 4, 5, 6];
function cube(x) {
    return (x*x*x);
}
var newArray = myArray.map(cube); // newArray = [8, 27, 64, 125, 216]
```

map()将总是返回一个新的数组。意识到这一点很重要，在想要让最初的数组保持不变时，这一点通常很有用。

8.2.3 使用 for-of 访问数组

除了我们在稍后各章所学习的循环之外，JavaScript 还有一个名为 for-of 的结构，专门用来遍历诸如数组这样的结构。其语法非常简单：

```
for (var y of arr1) {
    ... do something ...
}
```

在这个示例中，数组 arr1 中存储的值依次赋值给变量 y，然后由花括号中的语句处理变量 y。让我们来看一个示例，它使用和前面相同的数组和函数：

```
var myArray = [2, 3, 4, 5, 6];
function cube(x) {
    console.log(x*x*x);
```

```
}
for (var y of myArray) {
    cube(y);
}
```

继续前进，并且在 JavaScript 控制台中尝试它，应该会得到和图 8.2 所示相似的结果。

8.3 三点表示法

JavaScript 新增加的一个功能，是在变量名前面使用三个句点形式的一个操作符，如下所示：

```
...myvar
```

有人称之为展开操作符（spread operator），还有人称之为剩余参数（rest parameters）。具体怎么称呼，实际上和使用它的目的有关，而它的作用就是展开一个数组的内容（例如，展开为参数的一个列表，以传递给一个函数）或者把值的列表压缩到一个数组中。

这听起来可能有点令人费解，让我们来看几个示例。

8.3.1 组合多个数组

假设有如下的一个数组：

```
var array1 = ['apple', 'banana', 'pear'];
```

想要声明另一个包含了 array1 但是又扩展了它的数组。比较简单的方法是，像下面这样声明一个新的数组：

```
var array2 = ['orange', 'cherry', 'fig'];
```

然后，用诸如 concat()这样的一个方法将两个数组组合起来。这个方法我们已经学习过了。但是，如果想要把第二个数组放入第一个数组中的一个指定的位置，还需要做更多的工作。可以直接用下面的方法来做到这一点：

```
var array2 = ['orange', ...array1, 'cherry', 'fig'];
```

查看 array2 的时候，将发现它包含如下内容：

```
['orange', 'apple', 'banana', 'pear', 'cherry', 'fig'];
```

8.3.2 用参数的数组来调用函数

可以用相同的表示法，将一个数组划分为参数的列表，以传递给函数或方法。

假设想要从一个数值的数组中找出最小值（在这个例子中，用了 JavaScript 的 Math 对象的 min()方法，也可使用其他的方法，或者自己编写一个方法，但其工作原理是相同的）。

```
var myArray = [91, 35, 17, 101, 29, 77];
alert(Math.min(...myArray)); // 显示 17
```

8.3.3 收集数据

最后，来看看如何用三点表示法将值收集到一个数组之中。

假设声明了如下的一个数组：

```
var [a, b, ...c] = [1, 2, 3, 4, 5, 6, 7, 8, 9];
```

在这个例子中，JavaScript 将会收集从 a 到 b 的值，并用变量 c 来组成其他剩余值的一个数组，从而使得 a=1、b=2 而 c=[3, 4, 5, 6, 7, 8, 9]。

8.4 小结

数组是在单个的变量中存储多个值的一种便捷方法。

本章介绍了创建 JavaScript 数组对象的一些方法，以及用 JavaScript 的数组方法来操作数组的方法。最后，还介绍了三点表示法，以及如何使用它把数据收集到数组中，以及把数据从数组中扩展出来。

8.5 问答

问：JavaScript 允许关联数组吗？

答：JavaScript 并不直接支持关联数组（带有命名的索引的数组）。但是，有一些方法用对象来模拟关联数组的行为。本书后续章节将给出这样的例子。

问：在 JavaScript 中，可以创建一个多维数组吗？

答：可以创建数组的数组，这相当于多维数组。

```
var myArray = [[1,2], [3,4], [5,6]];

alert(myArray[1][0]); // alerts '3'
```

8.6 作业

读者可以通过测验和练习来检验自己对本章知识的理解，提升自己的技能。

8.6.1 测验

1．如果数组 Foo 中具有最高索引的元素是 Foo[8]，那么 Foo.length 返回的值是多少？

a．7

b．8

c．9

2．有一个名为 monthNames 的数组，其中包含了一年中所有月份的名称。如何用 join()来创建一个字符串名称，使其包含这些月份的名称，且每个名称用一个单个的空格隔开？

a．var names = monthNames.join();

b．var names = monthNames.join(" ");

c．var names = monthNames.join(\s);

3．如果给 indexOf()传递一个值，而该值并没有出现在函数所应用的数组之中，indexOf()函数会返回什么值？

a．null

b．undefined

c．-1

4．用下列哪个数组方法来从一个数组中删除特定的索引？

a．indexOf()

b．slice()

c．splice()

5．在一个数组上使用 toString()方法时，它返回什么？

a．将数组中的元素用逗号隔开并组合成的单个的字符串

b．将数组中的元素用空格隔开并组合成的单个的字符串

c．将数组中的元素组合成单个的字符串而不使用分隔符

8.6.2 答案

1．选 c。Foo.length 将返回 9

2．选 b。var names = monthNames.join(" ");

3．选 c。它将返回-1

4．选 c。splice()

5．选 a。将数组中的元素用逗号隔开并组合成的单个的字符串

8.7 练习

请复习具有相同名称的字符串和数组方法，熟悉这些方法在应用于字符串或数组时如何具有不同的语法和操作。

用三点表示法编写一个函数，它接受包含任意多个数值的一个数组作为参数，并且返回数组中所有元素的和（为了完成这个练习，可以假设不需要对输入的数据进行类型检查）。请在 JavaScript 控制台中测试所编写的函数。

第 9 章

用 JavaScript 处理事件

本章主要内容

- 什么是事件
- 事件处理器是什么，以及它们的用途
- 添加事件处理器的不同方法
- 如何使用 event 对象
- 事件冒泡和捕获

一些 JavaScript 程序是从第一行代码开始执行的，然后一行一行地执行，在此过程中并不会留意可能发生的任何事情，直到程序完成。然而，我们往往想要让程序对于在环境中发生的事情做出响应，例如，这些事情可能是用户点击页面元素，也可能是一幅图像完成了载入。我们将这些情况称为事件（event）。JavaScript 能够检测众多的事件并对它们做出响应。

9.1 事件的类型

我们可以很容易地将事件分为组。最可能处理的常规事件就是鼠标事件、键盘事件、DOM 对象事件和表单事件。表 9.1~表 9.4 列出了每一个分类中较为常用的事件。

NOTE

说明：其他类型的事件

JavaScript 中还有很多其他类型的事件，它们和拖放、剪贴板使用、打印、动画等活动相关。即便本章没有介绍这些事件，读者也可能在其他各章中见到过一些这样的事件。当然，其基本的原理是相同的。

表 9.1　鼠标事件

事　件	当……时发生
onclick	用户单击一个元素
oncontextmenu	用户在一个元素上单击鼠标右键以打开一个弹出菜单
ondblclick	用户在一个元素上双击
onmousedown	用户在一个元素上按下鼠标按键
onmouseenter	鼠标指针移动到一个元素之上
onmouseleave	鼠标指针移动到一个元素之外
onmousemove	鼠标指针位于一个元素之上时移动
onmouseover	鼠标指针移动到一个元素或者其子元素之上

表 9.2　键盘事件

事　件	当……时发生
onkeydown	用户正在按下一个按键
onkeypress	用户按下并放开了一个按键
onkeyup	用户释放了一个按键

表 9.3　DOM 对象事件

事　件	当……时发生
onerror	当加载一个外部文件的时候，发生一个错误
onload	已经加载了一个对象
onresize	重新调整文档视图的大小
onscroll	滚动了元素的滚动条

表 9.4　表单事件

事　件	当……时发生
onblur	一个元素失去焦点
onchange	内容、选取或选中的状态发生了变化
onfocus	一个元素获得焦点
onreset	重置一个表单
onselect	用户选择了一些文本
onsubmit	提交了一个表单

提示：获取事件的完整列表　***TIP***

JavaScript 所能处理的事件的完整列表是很长的，此处不打算介绍所有事件。如果感兴趣，请访问 w3schools 官方网站以获得一个较为完整的列表。

9.2 事件处理器

说到事件处理器（event handler），意味着什么呢？事件处理器是当 JavaScript 检测到一个特定的事件时所执行的一段代码。如下是一些例子：

- 当用户的鼠标悬停在输入按钮上时，该按钮的颜色改变了。
- 当用户按下 P 键时，程序的执行暂停了。
- 当页面完成加载时，菜单元素变得可见了。

还有几种不同的方式来给程序添加事件处理器。我们从最早的和最简单的开始，依次介绍这些方法。

9.2.1 内联事件处理器

当 JavaScript 初次引入 Web 页面时，事件处理器通常会内联地添加给页面元素，内联事件处理器（Inline event handler）通常是如下的形式：

```
handlername = "JavaScript code"
```

它们通常还会插入到一个 HTML 元素的开始标签中，如下所示：

```
<a href="https://www.w3.org/" onclick="alert('hello W3C!')">World Wide Web
Consortium (W3C)</a>
```

> **TIP 提示：不同的方法**
>
> 不同的事件处理器对于各种 HTML 标签有效。尽管 onclick 可以插入到很多的 HTML 标签中，但诸如 onload 这样的事件处理器则只能用于<body>和<img>元素。

9.2.2 作为 DOM 对象的属性的事件处理器

这种分配事件处理器的方法对于较小的示例也有效，但是它也有一些重要的缺点。最主要的一个缺点是，它将事物的外观（通常称为其表现层）和事物所做的事情混合到一起。这可能使得 Web 页面成为一个难以维护和更新的梦魇。更多有关分配事件处理器的内容参见第 22 章。

还有一种较好的方法来分配事件处理器。每个 DOM 对象都将它能够接受的事件存储为对象自身的属性。可以通过编程来把事件处理器分配给这些对象属性，而不是在 HTML 标签中直接将事件处理器编写到代码中。

这里来看一个简单的例子，首先，是在 HTML 页面中：

```
<a href="https://www.w3.org/" id="a1">World Wide Web Consortium (W3C)</a>
```

如下是它在 JavaScript 代码中的样子：

```
var myLink = document.getElementById('a1');
myLink.onclick = function() {
    alert('hello W3C!');
}
```

在前面的示例中，我们通过元素的 id 值来选择元素，然后用一个匿名函数把事件处理器代码添加给该元素。实际上，通过一个具名函数来添加该事件处理器也应该是同样有效的（只是更加烦琐一些）：

```
var myLink = document.getElementById('a1');
function sayHello() {
    alert('hello W3C!');
}
myLink.onclick = sayHello;
```

通过这种方式添加事件处理器，把事件处理器的所有代码都移入页面的 JavaScript 中，保持了 HTML 页面的干净和整洁。但是，还有一种新的、更加灵活的方式来添加事件处理器，那就是使用 addEventListener()。

9.2.3 使用 addEventListener()

前文介绍的两种方法都工作得很好，几乎每一种现代的浏览器都支持它们，并且几乎在整个 Web 中都在使用这两种方法。即便如此，有些方面还是可以做些改进。

在想要给一个元素添加多个事件处理器时，这些改进中最重要的一个就特别突出了。例如，可能想要提醒用户并且在每次点击一个按钮时都增加一个计数器。可以通过编写一个简单的事件处理器做到这一点，这个处理器两个函数都调用，但是这样会使代码快速变得很不整齐且难以维护。

现代浏览器支持一个名为 addEventListener 新的、更加灵活的方法。可以在所指定的任何 DOM 节点上调用 addEventListener 方法（而不只是页面元素上），并且当一个指定的事件发生时，触发所要执行的代码。通过添加多个这种类型的事件监听器，可以指定任意多个不同的事件。用 addEventListener 重新编写前面的示例，如下所示：

```
var myLink = document.getElementById('a1');
function sayHello() {
    alert('hello W3C!');
}
myLink.addEventListener('click', sayHello);
```

在 addEventListener()函数内部，指定了第一个参数，这是我们想要注册这个处理器的事件的名称；第二个参数则指定了事件处理函数，我们想要运行该函数以响应被检测到的事件。

提示：回调函数 ***TIP***

作为参数传递给另一个函数，以便随后在其他函数之中调用，像这样的一个函数，通常称为回调函数（callback function）。

说明：removeEventListener() ***NOTE***

还有另一个函数 removeEventListener()，它将删除之前添加的一个监听器。例如，要删除前面示例中设置的监听器，可以使用

```
myLink.removeEventListener('click', sayHello);
```

使用和任何当前注册的监听器都不匹配的参数来调用 removeEventListener()，并不会产生一个错误，但是这没有任何效果。

9.2.4 添加多个监听器

让我们回头来看看前面的示例：

```
var myLink = document.getElementById('a1');
function sayHello() {
    alert('hello W3C!');
}
myLink.onclick = sayHello;
```

现在，假设想要在每次点击该链接时都提醒用户并且增加一个计时器。假设曾经尝试通过以下方式来添加两个事件监听器：

```
myLink.onclick = sayHello;
myLink.onclick = updateCounter;
```

第二条语句将会有效地覆盖前一行代码，使得在点击该链接时，updateCounter()作为唯一会触发的函数。然而，也可以使用 addEventListener()：

```
myLink.addEventListener('click', sayHello);
myLink.addEventListener('click', updateCounter);
```

通过这种方式，这两个事件处理器都将会执行。

> **TIP 提示：针对较旧的浏览器编写代码**
>
> 如果需要支持较旧的浏览器（Internet Explorer 8之前的那些浏览器），你可能会遇到问题。这些较旧的浏览器使用与当前的浏览器不同的事件模式。如果必须支持这些浏览器的话，处理它们的一种最容易的方法是使用诸如jQuery这样的库，这个库设计用来消除掉跨浏览器的差异。我们将会在第24章介绍这个问题。

9.3 event对象

有时，如果事件处理代码能够获知与检测到的事件相关的更多详细的信息，这真的会很有用。例如，如果按下了一个键，那么按下的是哪一个键呢?

DOM提供了一个event对象，其中包含了这种类型的信息。在一个事件处理函数中，可能会看到表示这个event的一个参数（通常用一个诸如event的名字来指定，或者直接用e来指定，尽管可以选择任何名称）。这个event对象将会自动传递给事件处理器。

假设有一个表单，并且已经告诉用户在某个字段中按下Escape键以打开帮助信息：

```
myInputField = document.getElementById("form_input_1");
function myFunction(e) {
    var kc = e.keyCode;
    if (kc == 27) {
        alert ("Possible values for this field are: .... ");
    }
}
myInputField.addEventListener('onkeydown', myFunction);
```

在这个示例中，event对象有一个keyCode属性，它表示按下了哪个键（keyCode值为27表示Escape键）。

9.3.1 阻止默认行为

event 对象也有很多的方法。其中一个方法是 preventDefault()方法，正如其名称所示，它阻止事件做其通常所做的事情。

考虑之前的一个示例：

```
var myLink = document.getElementById('a1');
function sayHello() {
    alert('hello W3C!');
}
myLink.addEventListener('click', sayHello);
```

假设想要修改一条消息以通知用户——不允许他们打开点击过的链接，则可以像这样提供一个可替换的函数：

```
function refuseAccess() {
    alert('Sorry, but you are not yet authorized to follow this link.');
}
myLink.addEventListener('click', refuseAccess);
```

遗憾的是，只要一个用户清除了警告消息，该链接的默认操作还是会出现。一旦点击了，就会打开该链接。

然而，可以通过调用该事件对象的 preventDefault()方法来阻止这种结果：

```
var myLink = document.getElementById('a1');
function refuseAccess(e) {
    alert('Sorry, but you are not yet authorized to follow this link.');
    e.preventDefault();
}
myLink.addEventListener('click', refuseAccess);
```

实践

使用 preventDefault()

程序清单 9.1 所示的简单 HTML，包含了两个基本相同的、到 Google 搜索页面的链接。使用 preventDefault()，前面小节中介绍的技术将只应用于这两个链接中的一个。

程序清单 9.1 使用 preventDefault()阻止默认动作

```
<!DOCTYPE html>
<html>
<head>
    <title>Preventing Default Action</title>
    <script>
        window.onload = function() {
            var Go = document.getElementById('a1');
            var NoGo = document.getElementById('a2');
            function permitAccess() {
                alert('Go right ahead - have fun!');
            }
            function refuseAccess(e) {
                alert('Sorry, but you are not yet authorized to follow this link.');
                e.preventDefault();
            }
```

```
            Go.addEventListener('click', permitAccess);
            NoGo.addEventListener('click', refuseAccess);
        }
    </script>
</head>
<body>
    <a href="https://www.google.com" target=_blank id="a1">Go to Google</a><br/>
    <a href="https://www.google.com" target=_blank id="a2">DO NOT go to Google</a>
</body>
</html>
```

将程序清单 9.1 中的代码保存到一个名为 prevent.html 的文件中，并且将其加载到浏览器中。页面应为图 9.1 所示的样子。

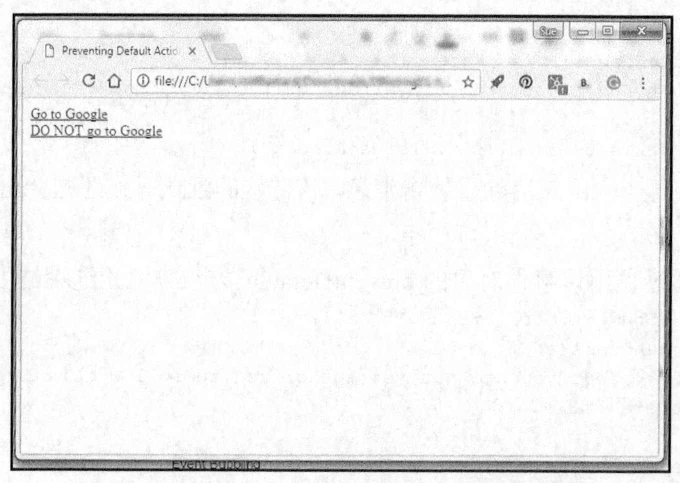

图 9.1 测试 preventDefault()用途的一个简单页面

点击 Go to Google 链接。注意，点击这个链接并不会立即转到 Google 的页面。相反，事件监听器检测到点击事件，并且执行 permitAccess()函数。页面中将显示图 9.2 所示的消息。

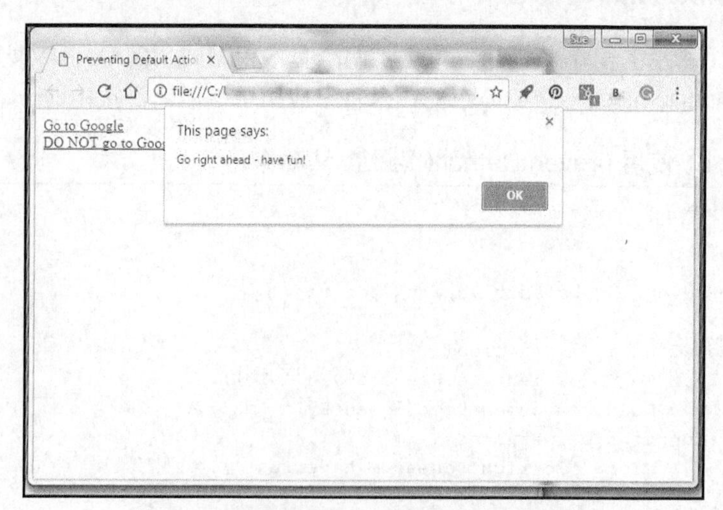

图 9.2 permitAccess()所产生的消息警告框

通过点击 OK 按钮关闭该警告框。现在，应该会发生点击链接的默认动作，Google 的页面应该打开了（由于该链接指定了 target=_blank，将会在一个新的标签页中打开它）。显示的页面如图 9.3 所示。

图 9.3　现在，执行了链接的默认动作

好了，现在可以关闭该标签页以返回到最初的标签页。如果现在点击第 2 个链接，也就是 DO NOT go to Google，该链接的事件监听器应该会执行 refuseAccess()函数，在警告框中显示一条不同的消息，如图 9.4 所示。

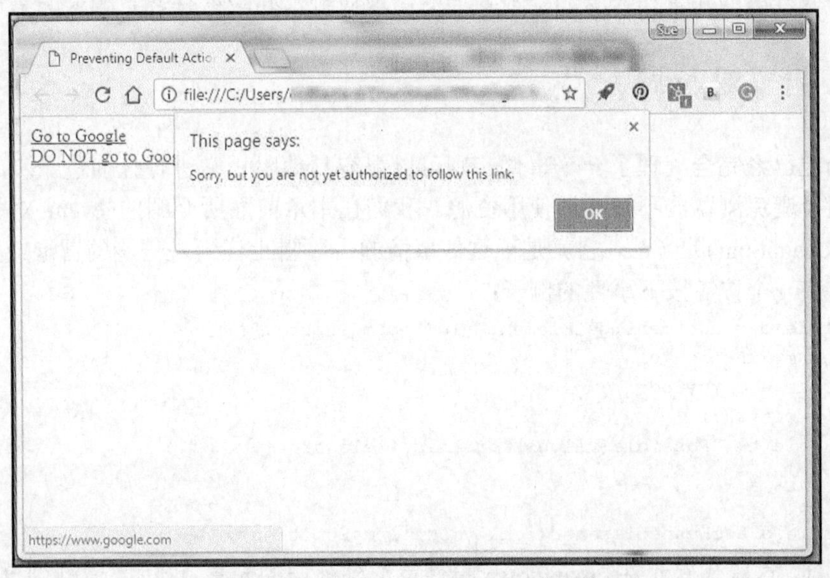

图 9.4　执行了 refuseAccess()函数

然而这一次，通过点击 OK 清除警告框时，会执行 preventDefault()方法，从而拒绝了点击链接的默认行为。这一次，第 2 个标签页包含了未打开的 Google 页面。

▲

9.3.2 事件冒泡和捕获

嵌套在另一个页面元素中的页面元素是很常见的，有时还会嵌套很多层。

试考虑这样一种情况，一个链接位于一个<span>元素中，而该<span>元素位于一个<div>元素中：

```
<div id="d1">
    <span id="sp1">
        <a href="https://www.google.com" id="a1">Google</a>
    </span>
</div>
```

给链接的点击事件以及它们的包含元素<span>和<div>元素都添加事件监听器，这也是很有可能的。当点击该链接时，应该按照什么样的顺序来触发事件处理器呢？

在这样一种情况下，处理事件的通常的方式称为冒泡（bubbling）。假设内部元素上的事件先发生，然后“向上冒泡”到外围的元素，在这个例子中，就是通过<span>元素，然后是<div>元素。那么，应该按照这个顺序来触发事件处理器。

然而，可以对addEventListener()使用一个可选的第三个参数，来改变这种安排。这个第三个参数可以接受布尔值true或false。如果没有提供第三个参数，就像当前这个示例的样子，JavaScript将会假设它拥有默认值false，并且冒泡将会先从最内层的元素开始发生，直到最后一个最外层的元素。

```
document.getElementById("a1").addEventListener('click', myFunction(), false);
```

然而，通过将第三个参数设置为true，可以使用所谓的捕获（capture）方法。使用捕获，将先触发和最外层的元素相关联的事件处理器，最后触发和最内存元素相关的事件处理器。

9.3.3 关闭冒泡和捕获

如果确定已经完全处理了一个事件，则可以很容易地阻止它进行任何进一步的冒泡或捕获，这可能会避免浏览器不必要地使用资源。我们在本章前面所介绍的event对象，有一个名为stopPropagation()的方法，它就是干这件事情的——阻止任何进一步的冒泡或捕获。如下是前面的捕获一个按键按下事件的例子：

```
myInputField = document.getElementById("form_input_1");
function myFunction(e) {
    var kc = e.keyCode;
    if (kc == 27) {
        alert ("Possible values for this field are: .... ");
    }
}
myInputField.addEventListener('onkeydown', myFunction);
```

可以看到，这段代码允许onkeydown事件冒泡到外层的元素，例如，冒泡到<form>元素，它可能包含myInputField。可以添加额外的一行代码来阻止这种行为发生：

```
myInputField = document.getElementById("form_input_1");
function myFunction(e) {
    var kc = e.keyCode;
    e.stopPropagation(); // 阻止进一步冒泡
    if (kc == 27) {
```

```
        alert ("Possible values for this field are: .... ");
    }
}
myInputField.addEventListener('onkeydown', myFunction);
```

在如下这行代码

```
e.stopPropagation(); // 阻止进一步冒泡
```

执行以后，对于事件 e 来说，就不会有进一步的冒泡发生。

> **提示：了解事件从哪里开始** *TIP*
>
> 有时，对于包围元素中的某个事件处理器来说，它可能需要知道一个事件最初是在哪一个嵌套的元素中检测到的。event 对象的一个名为 target 的属性包含了这一信息，并且它在冒泡的过程中是不会改变的。

9.4 小结

在本章中，我们学习了 JavaScript 事件和事件处理器；

还学习了创建事件监听器的来检测特定事件的发生并执行相关事件处理器代码的各种方法；最后介绍了通过冒泡和捕获来实现事件传播的概念，以及用 JavaScript 代码来处理这些行为的方法。

9.5 问答

问：如何才能在鼠标事件发生的时候捕获屏幕位置？

答：使用 event 对象的类似但略有差异的不同属性，有多种方法来找到一个鼠标事件发生时的位置。对于事件 e 来说，e.screenX 和 e.screenY（分别）返回了鼠标相对于屏幕的左边和上边的像素数目。在 e.clientX 和 e.clientY 中，可以得到鼠标相对于浏览器窗口的左边和上边的像素数目，而 e.pageX 和 e.pageY 保存了鼠标相对于文档的左边和上边的像素数。

问：点击鼠标似乎会产生 mousedown、mouseup 和 click 事件。这些事件按照什么顺序触发？

答：mousedown 和 mouseup 事件都在 click 事件之前触发。

问：如何能够检测当另一个键按下时用户同时按下了 Alt、Shift 或 Control 键？

答：当另一个键按下且所谓的修饰符键也按下时，有几个布尔属性会返回 true。它们是

```
ctrlKey      Control 键被按下
shiftKey     Shift 键被按下
altKey       Alt 键被按下
metaKey      Meta 键被按下
```

问：如何删除用匿名函数添加的一个事件？

答：这一点很难做到。如果想要随后删除监听器，在 addEventListener()中，就不应该以匿名函数作为参数，因为 removeEventListener()需要对该函数名的一个引用。应使用一个具名

函数。

9.6 作业

读者可以通过测验和练习来检验自己对本章知识的理解，提升技能。

9.6.1 测验

1．如下哪一个是检测一个链接上的一次鼠标点击的正确事件处理器？

a．onmouseup

b．onlink

c．onclick

2．在冒泡的过程中，嵌套的元素如何触发一个事件？

a．全部一起

b．从最内层到最外层

c．从最外层到最内层

3．要打开捕获模式而不是冒泡模式，给 addEventListener 的第三个参数应该是？

a．true

b．capture

c．stopPropagation

4．给相同的 DOM 对象添加多个事件监听器，使用如下哪种方式是最容易而有效的？

a．内联事件监听器

b．event 对象

c．addEventListener()函数

5．addEventListener()函数可以给如下哪种添加事件监听器？

a．只有 HTML 页面元素

b．能够接收事件的任何 DOM 对象

c．只有 event 对象

9.6.2 答案

1．选 c。onclick

2．选 b。从最内层到最外层

3．选 a。true

4．选 c。addEventListener()函数

5．选 b。能够接收事件的任何 DOM 对象

9.7 练习

设计一个简单的、带有一些嵌套的元素 HTML 页面，并且编写一个相关的脚本，在最内层的嵌套元素中检测到的一个初始 click 事件之后，按照事件触发的顺序给 JavaScript 控制台添加日志语句，从而演示冒泡。

修改脚本以演示捕获。

第 10 章

程序控制

本章主要内容

- 使用条件语句
- 使用比较操作符比较值
- 使用逻辑操作符
- 编写循环和控制结构
- 在 JavaScript 中设置定时器

在前面各章中，我们简要介绍了 JavaScript 变量能够包含的数据类型。然而为了实现更复杂的功能，我们还需要脚本能够根据这些数据进行判断。本章将介绍如何对特定条件进行判断，让程序按照预定的方式执行。

10.1 条件语句

正如其名称所表示的，条件语句用于检测脚本中变量所保存的值是否满足指定的条件。JavaScript 支持各种这样的条件语句，详述如下。

10.1.1 if()语句

第 9 章介绍了布尔变量，它具有两个可能的取值：真（true）或假（false）。

JavaScript 有多种方式可以检测这样的值，最简单的是 if 语句，其基本形式如下：

```
if (条件为真)执行操作
```

下面来看一个小例子：

```
var message = "";
var bool = true;
if(bool) message = "The test condition evaluated to TRUE";
```

第 1 条语句声明一个变量 message，给它赋一个空字符串值；第 2 条语句声明了一个布尔变量 bool，把它的值设置为布尔值 true；第 3 条语句检测变量 bool 的值是否为 true。如果结果是肯定的（如本例的情况），变量 message 的值就设置为新的字符串。如果第 2 条语句把变量 bool 的值设置为 false，那么第 3 条语句里的检测结果就是否定的，给 message 变量设置新字符串的指令就会被忽略，从而让它的值仍然是空字符串。

记住，if 语句的基本形式是这样的：

```
if ( 条件为真 ) 执行操作
```

在使用布尔变量的情况下（如本例所示），我们用变量代替了条件。因为布尔变量的值只能是 true 或 false，所以括号里内容的结果传递给 if 语句时，只会是 true 或 false。

如果需要检测 false 条件，可以使用表示“非”的字符“!”（参见第 9 章）：

```
if(!bool) message = "The value of bool is FALSE";
```

显然，为了让!bool 的结果为 true，bool 的值必须为 false。

10.1.2 比较操作符

if()语句并不是只能检测布尔变量的值，也可以在 if 语句的括号里输入表达式作为条件。JavaScript 会计算表达式的值，判断其结果是真还是假：

```
var message = "";
var temperature = 60;
if(temperature < 64) message = "Turn on the heating!";
```

小于号（<）是 JavaScript 支持的多种比较操作符之一。JavaScript 一些常用的比较操作符见表 10.1。

表 10.1 JavaScript 一些常用的比较操作符

操作符	含 义
==	等于
===	值和类型都相等
!=	不等于
>	大于
<	小于
>=	大于等于
<=	小于等于

实践

扩展垃圾邮件检测程序

在第 7 章中，我们编写了一个简单的函数，在给定的输入字符串中检测单词“fake”。现在，我们用 if()语句来进一步扩展这个函数。

如下是第 7 章中的函数：

```
function detectSpam(input) {
    input = input.toLowerCase();
    return input.indexOf("fake");
}
```

还记得吧，这个函数目前返回与输入字符串中单词“fake”出现的位置相对应的一个数字。

让我们修改这个函数，使其根据是否找到了目标单词返回 true 或 false：

```
if(input.indexOf("fake") < 0) {
    return false;
}
return true;
```

现在，可以看到，如果条件

```
input.indexOf("fake") < 0
```

满足，该函数将终止，返回 false；否则，执行将从 if()语句块之后的下一行代码开始继续，并且函数将会终止，返回 true。

程序清单 10.1 在一个完成的 HTML 文件中给出了修改后的代码。请在编辑器中创建该文件。

程序清单 10.1　垃圾邮件检测函数

```
<!DOCTYPE html>
<html>
<head>
    <title>Spam Detector</title>
</head>
<body>
    <script>
        function detectSpam(input) {
            input = input.toLowerCase();
            if(input.indexOf("fake") < 0) {
            return false;
        }
        return true;
        }

        var mystring = prompt("Enter a string");
        alert(detectSpam(mystring));
    </script>
</body>
</html>
```

现在，我们来看看当给定和第 5 章中相同的字符串时，程序是如何运行的，如图 10.1 所示。

从图 10.2 中可以看到，警告对话框现在只是报告 true，而不是显示出在字符串中找到目标单词的位置。在浏览器中重新加载该文件，并且尝试输入一个不包含单词“fake”的字符串，以确保该检测程序会返回 false。

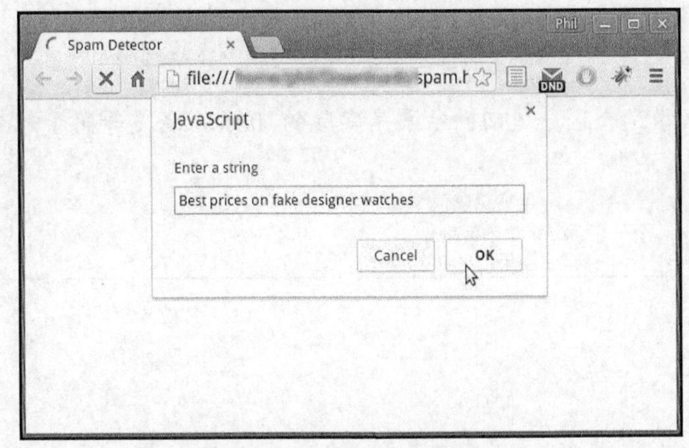

图 10.1 输入一个字符串

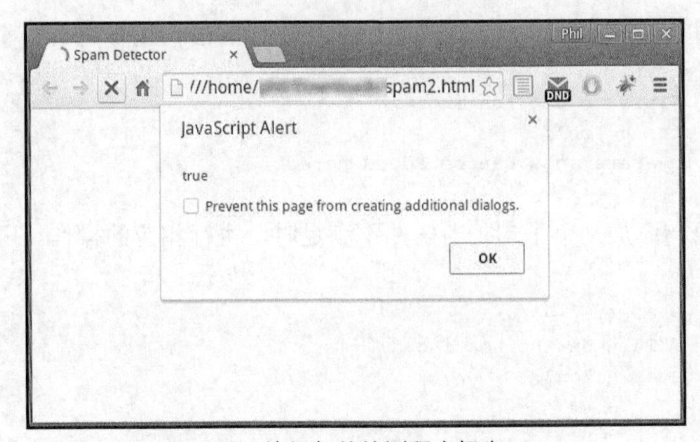

图 10.2 垃圾邮件检测程序报告 true

▲

10.1.3 测试相等性

仍以前面的代码为例，如何判断温度正好等于 64℃呢？JavaScript 利用等号（=）给变量赋值，所以判断相等时不能这样编写代码：

```
if(temperature = 64) ....
```

JavaScript 会计算表达式的值，如果像上面这样书写代码，变量 temperature 会被赋值 64。若赋值操作成功完成（没有什么不成功的理由），会给 if()语句返回一个 true，这样 if 后面的语句就会被执行。显然，这不是我们想要的结果。

要测试值是否相等，需要使用双等号（==）：

```
if(temperature == 64) message = "64 degrees and holding!";
```

注意：测试两个项 *CAUTION*

如果想要判断两项在值和类型上都相同，JavaScript 使用三等号（===）操作符。举例来说：

```
var x = 2;              //给变量赋值
if(x == "2")...         //结果为true，因为字符串"2"会被解释为数值2
if(x === "2")...        //结果为false，因为字符串与数值类型不同
```

这种判断方式很适合区分返回的结果是实际的 false，还是等同于 false 的值，比如：

```
var x = 0;               //给变量赋值0
if(!x) ...              //结果为true
if(x === false) ...      //结果为false
```

10.1.4 if进阶

在前面的范例里，当条件满足时，只能执行一条语句。如果想要执行多行语句，怎么办？

这时可以使用一对花括号，把条件满足时需要执行的语句包含进去：

```
if(temperature < 64) {
    message = "Turn on the heating!";
    heatingStatus = "on";
    // ... more statements can be added here
}
```

还可以给if语句添加一个子句，当条件不满足时，执行相应的操作。可以用else子句实现这一点：

```
if (temperature < 64) {
    message = "Turn on the heating!";
    heatingStatus = "on";
    // 其他语句
} else {
    message = "Temperature is high enough";
    heatingStatus = "off";
    // 其他语句
}
```

TIP 提示：一种简便语法

if()语句有一种简便语法：

```
(条件为真)? [条件为真执行的语句] : [条件为假执行的语句];
```

范例如下：

```
errorMessage = count +((count == 1)? "error":"errors") + "found.";
```

在这个例子中，如果变量count里保存的错误数量的确是1，errorMessage变量保存的内容就是“1 error found”。

如果count变量的值是0或大于1的，errorMessage变量保存的内容就类似于“3 errors found”。

10.1.5 测试多个条件

利用“嵌套”的多个if和else语句可以检测多个条件，分别执行不同的操作。继续前面的调温范例，添加功能：如果温度过高，就打开冷却系统。

```
if(temperature < 64) {
    message = "Turn on the heating!";
    heatingStatus = "on";
    fanStatus = "off";
} else if(temperature > 72){
    message = "Turn on the fan!";
    heatingStatus = "off";
    fanStatus = "on";
} else {
    message = "Temperature is OK";
    heatingStatus = "off";
    fanStatus = "off";
}
```

10.1.6 switch 语句

如果需要对同一个条件语句的多种不同可能进行判断，更简洁的语法是使用 JavaScript 的 switch 语句。

```
switch(color) {
    case "red" :
        message = "Stop!";
        break;
    case "yellow" :
        message = "Pass with caution";
        break;
    case "green" :
        message = "Come on through";
        break;
    default :
        message = "Traffic light out of service. Pass only with great care";
}
```

在关键字 switch 之后，用圆括号来包含要判断的变量。

实际的判断操作位于一对花括号中。每个 case 语句对应的值都包含在引号里，然后是一个冒号，接着是满足当前条件时要执行的语句，语句的数量没有限制。

注意每个 case 里的 break 语句，它会在 case 部分的语句执行完成之后把程序跳转 switch 语句的末尾。如果没有这个 break 语句，就可能有多个 case 区域的语句被执行。

default 部分是可选的，它可以在任何 case 都不匹配的情况下执行一些操作。

10.1.7 逻辑操作符

有时需要判断组合条件来决定进行什么操作，这时使用 if...else 或 switch 语句都会显得很烦琐。

还是以调温代码为例。JavaScript 支持使用逻辑“与”（&&）和逻辑“或”（||）来组合条件，如下所示：

```
if(temperature >= 64 && temperature <= 72) {
    message = "The temperature is OK";
} else {
```

```
    message = "The temperature is out of range!";
}
```

这个条件就是：如果温度大于等于64而且小于或等于72。

利用逻辑“或”（OR）同样可以实现上述条件：

```
if(temperature < 64 || temperature > 72) {
    message = "The temperature is out of range!";
} else {
    message = "The temperature is OK";
}
```

我们颠倒了进行判断的方式，将条件设置为“如果温度小于64或大于72”，这表示超过了温度范围。

10.2 循环和控制结构

if语句可以看作程序执行的交叉路口。根据对数据的判断结果，程序将沿着不同的路径执行语句。

在很多情况下，我们需要反复进行某个操作。如果这种操作的次数是固定的，我们当然可以利用多个if语句，并且利用一个变量进行计数，但代码会变得很乱，而且不易阅读。而且，如果代码段所要重复的次数是不确定的，例如，要重复执行的次数取决于变量中的一个变化的值，那该怎么办呢？

JavaScript提供了多种内置的循环结构可以实现上述目标。

10.2.1 while

while语句的语法与if语句十分类似：

```
while(this condition is true) {
    carry out these statements ...
}
```

while语句的工作方式也类似于if，唯一的区别在于，在完成一次判断执行之后，while会回到语句的开始，再对条件进行判断。只要条件判断结果为true，while语句就反复执行相应的代码。示例如下：

```
var count = 10;
var sum = 0;
while(count > 0) {
    sum = sum + count;
    count--;
}
alert(sum);
```

只要while判断条件的结果是true，花括号里的语句就会反复执行，也就是不断把count的当前值累加到变量sum中。

当count减少为0时，就不满足条件了，循环就会停止，程序继续执行花括号“}”后面的语句。这时，变量sum的值为：

```
10 + 9 + 8 + 7 + 6 + 5 + 4 + 3 + 2 + 1 = 55
```

10.2.2 do…while

do…while 结构在操作上与 while 很相似，但有一个重要的区别。它的语法如下：

```
do {
    ... these statements ...
} while(this condition is true)
```

真正的区别在于，由于 while 语句出现在花括号“}”之后，在进行条件判断之前，代码块会执行一次，因此，do…while 语句里的代码块至少会执行一次。

10.2.3 for

for 循环的操作也类似于 while，但其语法更复杂一点。在使用 for 循环时，可以指定初始条件、判断条件（用于结束循环）以及在每次循环后修改计数变量的方式，这些都在一个语句里完成，具体语法如下：

```
for (x=0; x<10; x++) {
    ... execute these statements ...
}
```

这条语句的含义是：“x 的初始值设置为 0，当 x 小于 10 时，每次循环之后把 x 的值加 1，执行相应的代码块”。

现在利用 for 语句重新编写前面使用 while 的范例：

```
var count;
var sum = 0;
for(count = 10; count > 0; count--) {
    sum = sum + count;
}
```

如果没有提前声明计数变量，我们可以在 for 语句里使用关键字 var 进行声明。这是一种很简便的方式：

```
var sum = 0;
for(var count = 10; count > 0; count--) {
    sum = sum + count;
}
alert(sum);
```

与前面使用 while 的范例一样，当循环结束时，变量 sum 的值为：

```
10 + 9 + 8 + 7 + 6 + 5 + 4 + 3 + 2 + 1 = 55
```

10.2.4 用 break 跳出循环

break 语句在循环里的作用与其在 switch 语句里差不多，即中断循环，把程序导向右花括号后面的第一条语句。

范例如下：

```
var count = 10;
var sum = 0;
while(count > 0) {
    sum = sum + count;
    if(sum > 42) break;
```

```
    count--;
}
alert(sum);
```

在前面没有 break 语句的范例里，变量 sum 的值为：

```
10 + 9 + 8 + 7 + 6 + 5 + 4 + 3 + 2 + 1 = 55
```

而现在，当 sum 的值达到

```
10 + 9 + 8 + 7 + 6 + 5 = 45
```

时，if(sum>42)的条件就满足了，就会执行 break 语句而中断循环。

CAUTION

注意：小心无限循环

小心造成无限循环。前面使用的循环是这样的：

```
while(count > 0) {
    sum = sum + count;
    count--;
}
```

假设去掉 count--;这一行，那么每次 while 判断变量 count 时，都会发现它的值大于 0，因此循环永远不会停止。无限循环会导致浏览器停止响应，产生 JavaScript 错误，或是导致浏览器崩溃。

10.2.5 用 for...in 在对象集里循环

for...in 是一种特殊的循环，用于在对象的属性里进行循环。我们用程序清单 10.2 中的代码来展示它是如何工作的。

程序清单 10.2 for...in 循环

```
<!DOCTYPE html>
<html>
<head>
    <title>Loops and Control</title>
</head>
<body>
    <script>
        var days = ['Sun','Mon','Tue','Wed','Thu','Fri','Sat'];
        var message = "";
        for (i in days) {
            message += 'Day ' + i + ' is ' + days[i] + '\n';
        }
        alert(message);
    </script>
</body>
</html>
```

在这种循环中，我们不必考虑使用循环计数器，或是判断循环结束的条件。循环会对集合中的每个对象（本例中是数组元素）执行一次，然后结束。

上述范例代码的执行结果如图 10.3 所示。

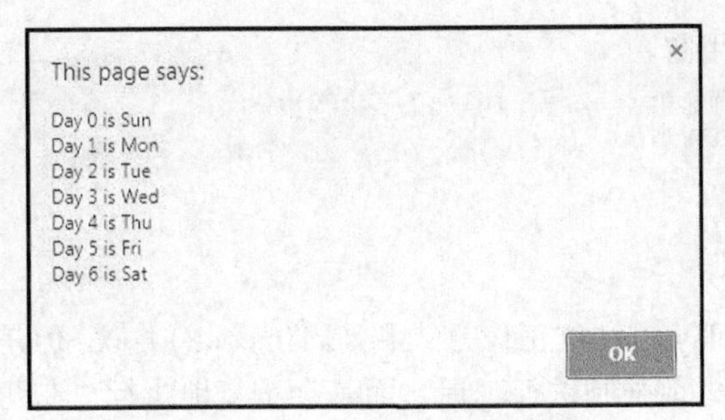

图 10.3 for...in 循环的执行结果

说明： **NOTE**

在 JavaScript 中，数组是一种对象。利用 for...in 循环可以操作任何对象的属性，无论是 DOM 对象、JavaScript 内建对象还是我们创建的对象（我们将在第 8 章中介绍如何自己创建对象）。

10.3 设置和使用定时器

在很多情况下，我们想要让程序延迟特定一段时间再执行 JavaScript 代码。在编写用户交互例程时，这种情况特别常见，例如，你想要让一条消息显示一会儿，然后再将其删除。

为了做到这一点，JavaScript 提供了两个有用的方法，它们分别是 setTimeout()和 setInterval()。

注意：定时器方法 **CAUTION**

setTimeout()和 setInterval()都是 HTML DOM window 对象的方法。

10.3.1 setTimeout()

setTimeout(action, delay)方法在第 2 个参数所指定的那么多毫秒之后，调用作为第 1 个参数传入的函数（或者计算该表达式）。例如，可以用它在一个给定的配置中显示一个元素，达到一段固定的时间段：

```
<div id="id1">I'm about to disappear!</div>
```

假设页面包含了前面的<div>元素。如果把如下的代码放入该页面的<head>部分的一个<script>元素中，hide()函数将在页面完成加载后执行 3 秒，以使得<div>元素不可见：

```
function hide(elementId) {
    document.getElementById(elementId).style.display = 'none';
}
window.onload = function() {
    setTimeout("hide('id1')", 3000);
}
```

setTimeout()方法返回一个值。如果稍后想要取消定时器函数，可以通过将该返回值传入

clearTimeout()方法来引用它。

```
var timer1 = setTimeout("hide('id1')", 3000);
clearTimeout(timer1);
```

10.3.2　setInterval()

setInterval(action, delay)方法的工作方式和 setTimeout()类似，但是，它并不是在执行作为第 1 个参数传递的语句之前强制进行延迟，而是会重复地执行，在两次执行之间，延迟第 2 个参数所指定的毫秒数。

和 setTimeout()一样，setInterval()返回一个值，随后可以将其传递给 clearInterval()方法以停止该定时器。

```
var timer1 = setInterval("updateClock()", 1000);
clearInterval(timer1);
```

10.4　小结

本章介绍了如何根据变量值判断条件并控制程序流，介绍了如何编写多种由条件控制的循环结构，还简要介绍了如何在程序中使用定时器。

10.5　问答

问：使用一种循环而非另一种循环，有什么特殊的理由吗？

答：对于任何特定的编程任务，确实通常都有多种循环类型可以实现。当然可以使用自己最为熟悉的一种循环，但最好的做法还是根据代码的整体情况挑选最合理的循环方式。

问：能否停止当前循环，直接进入下一次循环？

答：可以，方法是使用 continue 命令。它的使用方法与 break 很相似，但它不是停止循环并转到循环体后面的语句，而是只中断当前循环，然后进入下一次循环。

10.6　作业

读者可以通过测验和练习来检验自己对本章知识的理解，拓展技能。

10.6.1　测验

1．JavaScript 里如何表示“大于等于”？

a．>

b．>=

c．>==

2．下列哪个命令会终止当前循环，把程序流转到循环体后面的语句？

a．break;

b．loop;

c．close;

3．下面哪种情况可能导致无限循环？

a．使用错误的循环类型

b．终止循环的条件永远不能达到

c．循环里有太多的语句

4．如果在一条 switch 语句中没有特定的情况匹配，则

a．将会产生一个错误

b．执行可选的默认情况，如果有默认情况的话

c．执行强制的默认情况

5．在一个 do ... while 子句中的语句

a．将总是至少执行一次

b．可能会执行 0 次或多次

c．将会继续执行，直至遇到一套 break 语句

10.6.2 答案

1．选 b。JavaScript 以“>=”表示“大于等于”

2．选 a。break 语句终止循环

3．选 b。如果终止循环的条件始终不能达到，就会造成无限循环

4．选 b。执行可选的默认情况，如果有默认情况的话

5．选 a。一个 do ... while 子句中的语句将总是至少执行一次

10.7 练习

在第 5 章中，我们学习了如何获取当天是星期几。请编写一个程序，用一条 switch 语句根据今天是星期几，向用户输出一条不同的消息。

请修改程序清单 10.2，列出每年中的月份，而不是每周的星期几。如何修改代码，才能使得列出的月份用 Month 1 而不是 Month 0 表示 1 月？

第三部分

理解 JavaScript 对象

第 11 章

面向对象编程

本章主要内容

- ➢ 什么是面向对象编程
- ➢ 创建对象的两种方式
- ➢ 对象实例化
- ➢ 利用 prototype 扩展和继承对象
- ➢ 访问对象的方法与属性

随着程序越来越复杂，需要用一些编码技术帮助我们保持对代码的掌控，并且确保代码的有效性、易读性和可维护性。面向对象编程（Object-Oriented Programming，OOP）是一种很重要的技术，有助于编写清晰可靠的、可以重复使用的代码。本章将介绍这方面的基本知识。

11.1 什么是面向对象编程

本书前面部分展示的代码范例都属于“过程式”编程（procedural programming）的类型。这种编程方式的特点是把数据保存到变量里，然后由一系列指令操作变量。每个指令（或一系列指令，比如函数）都能够创建、删除或修改数据，显得数据与程序代码在某种程度上是“分离”的。

在面向对象编程（OOP）方式中，程序指令与其操作的数据密切关联。换句话说，OOP 把程序的数据包含在叫作“对象”的独立体里，每个对象都有自己的属性（数据）和方法（指令）。

举例来说，如果要编写一个用于汽车租赁的脚本，就可以设计一个通用功能的对象 Car，它具有一些属性（比如 color、year、odometerReading 和 make），还可能有一些方法（比如 setOdometer(newMiles)可以把属性 odometerReading 的值设置为 newMiles）。

对于租赁清单里的每一辆汽车，我们都会创建 Car 对象的一个“实例”。

NOTE

说明：对象和实例

对象的实例就是对象“模块”的特定实现，是基于特定数据的能够工作的对象。举例来说，通用的对象模板 Car 可以创建一个实例，其特定数据是“blue 1998 Ford”；还可以创建另外一个实例，其特定数据是“yellow 2004 Nissan”。在面向对象编程中，这种对象模板一般被称为“类”（class）。但本书不准备使用这个术语，因为 JavaScript 实际上并不使用类。但它的“构造函数”概念与之类似，具体介绍请见本章后面的内容。

与过程编程方式相比，面向对象编程有如下诸多优点。

- **代码复用**。面向对象编程能够以多种方式复用代码。利用普通的函数也能实现代码复用，但跟踪全部需要传递的变量、它们的作用域和含义是很困难的。与之相比，如果使用对象来实现，只需要标明每个对象的属性和方法，保证它们遵守规则，其他程序（甚至其他程序员）都可以轻松地使用这些对象。
- **封装**。通过仔细地设置属性和方法对于程序其他部分的“可见性”，我们可以定义对象如何与脚本的其他部分相互作用。对象的“内部”内容对外是隐蔽的，这迫使对象外部代码只能通过对象标明的接口来访问对象的数据。
- **继承**。在编写代码时，经常会遇到这样的情况：需要编写的代码与编写过的代码几乎是相同的，但不完全相同。利用“继承”这种方式，我们可以基于已经定义的对象来创建新对象（新对象会“继承”老对象的属性和方法），还可以根据需要添加或调整属性和方法。

本书中前面的范例里也经常使用对象，包括 JavaScript 的内置对象和 DOM 里的对象。不仅如此，我们还可以创建自己的对象，设置它们的属性和方法，在自己的程序中使用。

NOTE

说明：面向对象语言

有些编程语句（比如 C++和 Smalltalk）非常偏重于使用面向对象方法，它们被称为面向对象语言。JavaScript 并不属于这种类型，但它也提供了足够的支持，让我们可以编写非常实用的面向对象代码。面向对象编程具有很丰富的内容，但本书在此只讨论一些基本知识。

11.2 创建对象

JavaScript 提供了多种创建对象的方式，首先来介绍如何声明对象的“直接实例”，稍后会介绍使用“构造函数”创建对象的方法。

11.2.1 创建直接实例

JavaScript 有一个内置对象 Object，利用它可以创建一个空白的对象：

```
myNewObject = new Object();
```

这样就得到了一个崭新的对象 myNewObject，此时它还没有任何属性和方法，因此没有任何实际功能。我们可以像下面这样添加属性：

```
myNewObject.info = 'I am a shiny new object';
```

现在对象有了一个属性，它是文本字符串，包含了一些关于对象的信息，其名称是 info。给对象添加方法也很简单，只需先定义一个函数，然后把它附加到 myNewObject 作为方法：

```
function myFunc() {
    alert(this.info);
}
myNewObject.showInfo = myFunc;
```

CAUTION **注意：函数名称**

在把函数关联到对象时，只用了函数名称，并不包含括号。这是因为我们是要把函数 myFunc()的定义赋予 mynewObject.showInfo 方法。

如果使用像下面这样的代码：

```
myNewObject.showInfo = myFunc();
```

其作用是让 JavaScript 执行函数 myFunc()，然后把它的返回值赋予 mynewObject.showInfo。

使用熟悉的句点表示法，就可以调用这个方法：

```
myNewObject.showInfo();
```

11.2.2 使用关键字 this

前面的函数定义用到了关键字 this。在第 2 章和第 3 章的范例里，我们在内嵌的事件处理器里也用过 this。

```
<img src="tick.gif" alt="tick" onmouseover="this.src='tick2.gif';" />
```

在以这种方式使用时，this 是指 HTML 元素本身（前例中就是 img 元素）。而在函数（或方法）里使用 this 时，this 指向函数的“父对象”。

在函数最初声明时，它的父对象是全局对象 window。window 对象并没有名为 info 的属性，如果直接调用 myFunc()函数，会发生错误。

我们接着给 myNewObject 对象创建了一个方法 showInfo，并且把 myFunc()赋予这个方法：

```
myNewObject.showInfo = myFunc;
```

对于 showInfo()方法来说，它的父对象是 myNewObject，所以 this.info 就表示 myNewObject.info。

现在来看程序清单 11.1，进一步说明上述概念。

程序清单 11.1 创建对象

```
<!DOCTYPE html>
<html>
```

```
<head>
    <title>Object Oriented Programming</title>
    <script>
        myNewObject = new Object();
        myNewObject.info = 'I am a shiny new object';
        function myFunc(){
            alert(this.info);
        }
        myNewObject.showInfo = myFunc;
    </script>
</head>
<body>

<input type="button" value="Good showInfo Call" onclick="myNewObject.showInfo()" />
    <input type="button" value="myFunc Call" onclick="myFunc()" />
    <input type="button" value="Bad showInfo Call" onclick="showInfo()" />
</body>
</html>
```

在页面的<head>区域，我们像前面一样创建了一个对象，设置了一个属性 info 和一个方法 showInfo。

在浏览器里加载页面，我们可以看到 3 个按钮。

单击第一个按钮会调用新建对象的 showInfo 方法：

```
<input type="button" value="Good showInfo Call" onclick="myNewObject.showInfo()" />
```

与预想的一样，info 属性的值传递给 alert()对话框，如图 11.1 所示。

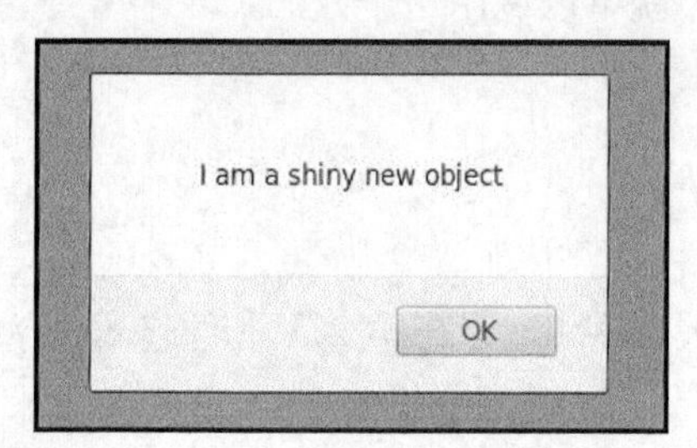

图 11.1 正确地调用 info 属性

第二个按钮试图直接调用函数 myFunc()。

```
<input type="button" value="myFunc Call" onclick="myFunc()" />
```

由于 myFunc 是全局对象的一个方法（因为定义它时没有指定任何对象作为父对象），它会试图给 alert()对话框传递一个并不存在的属性 window.info 的值，其结果如图 11.2 所示。

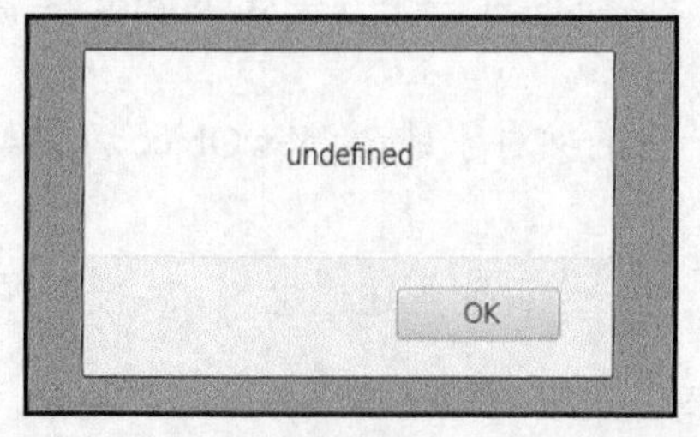

图 11.2 全局变量没有名为 info 的属性

最后，第三个按钮尝试在没有指定父对象的情况下调用 showInfo 方法：

```
<input type="button" value="Bad showInfo Call" onclick="showInfo()" />
```

由于这个方法在对象 myNewObject 之外是不存在的，JavaScript 会报告一个错误，如图 11.3 所示。

> **NOTE 说明：JavaScript 控制台**
>
> 在第 23 章中，我们将介绍如何使用浏览器的 JavaScript 控制台或错误控制台了解 JavaScript 错误。

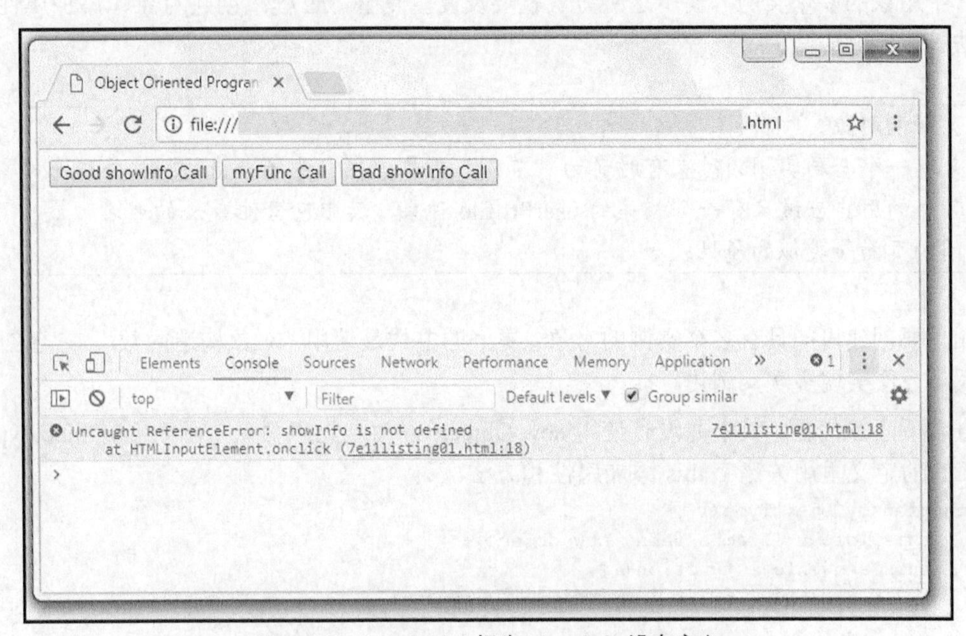

图 11.3 JavaScript 报告 showInfo 没有定义

11.2.3 匿名函数

前面介绍了一种设置对象方法的方式，即创建一个单独的函数，然后把它的名称赋予某个方法。现在来介绍一种更简单方便的方式。

前面的代码是这样的：

```
function myFunc() {
    alert(this.info);
};
myNewObject.showInfo = myFunc;;
```

同样的功能可以这样实现：

```
myNewObject.showInfo = function() {
    alert(this.info);
}
```

由于这种方式并不需要给函数命名，因此称之为“匿名函数”（anonymous function）。

使用类似的语句，我们可以给实例化的对象添加任意多的属性和方法。

TIP

提示：稍后还会遇到 JSON

JavaScript 还可以使用 JSON（JavaScript 对象标签）技术直接创建对象的实例，具体介绍请见第 14 章。

11.2.4 使用构造函数

如果只需要某个对象的一个实例，使用直接创建对象实例的方法还算不错。但如果要创建同一个对象的多个实例，使用这种方式就要反复重复整个过程：创建对象、添加属性、定义方法等。

提示：单例对象

TIP

只有一个全局实例的对象有时称为“单例”对象，在有些场合很适用。举例来说，程序的用户应该只有一个相关的 userProfile 对象，其中包含他或她的姓名、最后访问的页面等类似的属性。

如果要创建可能具有多个实例的对象，更好的方式是使用“对象构造函数”。它会创建某种模板，方便实现多次实例化。

查看下面的代码，其中并没有使用 new Object()，而是先声明一个函数 myObjectType()，然后在它的定义里用关键字 this 添加属性和方法。

```
function myObjectType(){
    this.info = 'I am a shiny new object';
    this.showInfo = function(){
        alert(this.info); //显示 info 属性的值
    }
    this.setInfo = function (newInfo) {
        this.info = newInfo; //覆盖 info 属性的值
    }
}
```

这段代码添加了一个属性 info，以及两个方法 showInfo 和 setInfo。前一个方法显示 info 属性当前保存的值；后一个方法接收一个参数 newInfo，用它的值覆盖 info 属性的值。

对象实例化

现在可以创建这种对象的多个实例，它们都具有 myObjectType()函数里定义的属性和方法。创建对象实例也叫作“实例化”一个对象。

在定义了构造函数之后，就可以方便地创建对象的实例：

```
var myNewObject = new myObjectType();
```

说明：

NOTE

这里使用的语法与 new Object()相同，只是用预先定义的对象类型代替了 JavaScript 通用的 Object，这样实例化的对象具有构造函数里定义的全部属性和方法。

现在可以调用它的方法并查看它的属性：

```
var x = myNewObject.info // x现在包含了 'I am a shiny new object'
myNewObject.showInfo(); // 显示 'I am a shiny new object'
myNewObject.setInfo("Here is some new information"); //覆盖info属性
```

如果要创建多个实例，只需要多次调用构造函数即可：

```
var myNewObject1 = new myObjectType();
var myNewObject2 = new myObjectType();
```

接下来看一些实际的例子。程序清单 11.2 首先定义了一个构造函数。

程序清单 11.2 用构造函数创建对象

```
<!DOCTYPE html>
<html>
<head>
    <title>Object Oriented Programming</title>
    <script>
        function myObjectType(){
            this.info = 'I am a shiny new object';
            this.showInfo = function(){
                alert(this.info);
            }
            this.setInfo = function (newInfo) {
                this.info = newInfo;
            }
        }
        var myNewObject1 = new myObjectType();
        var myNewObject2 = new myObjectType();
    </script>
</head>
<body>
    <input type="button" value="Show Info 1" onclick="myNewObject1.showInfo()" />
    <input type="button" value="Show Info 2" onclick="myNewObject2.showInfo()" />
    <input type="button" value="Change info of object2" onclick="myNewObject2.
setInfo('New Information!')" />
</body>
</html>
```

然后生成对象的两个实例，显然，两个实例是完全相同的。单击标签为“Show Info 1”和“Show Info 2”的两个按钮，可以查看 info 属性里保存的值。

第三个按钮调用 myNewObject2 对象的 setInfo 方法，把一个新字符串传递给它，这样就修改了 myNewObject2 对象里 info 属性保存的值，再次单击前两个按钮可以观察属性值的改变。当然，上述操作并不会影响 myNewObject 的定义。

构造函数参数

在把对象实例化时，还可以通过给构造函数传递一个或多个参数来定制对象。在下面的代码里，构造函数的定义包含了一个参数 personName，它的值会赋予构造函数的 name 属性。之后在实例化两个对象时，我们给每个实例都传递了一个姓名作为参数。

```
function Person(personName){
```

```
    this.name = personName;
    this.info = 'I am called ' + this.name;
    this.showInfo = function(){
        alert(this.info);
    }
}
var person1 = new Person('Adam');
var person2 = new Person('Eve');
```

提示：多个参数 ***TIP***

定义构造函数时可以设置多个参数：

```
function Car(Color, Year, Make, Miles) {
    this.color = Color;
    this.year = Year;
    this.make = Make;
    this.odometerReading = Miles;
    this.setOdometer = function(newMiles) {
        this.odometerReading = newMiles;
    }
}
var car1 = new Car("blue", "1998", "Ford", 79500);
var car2 = new Car("yellow", "2004", "Nissan", 56350);
car1.setOdometer(82450);
```

11.3 用 prototype 扩展和继承对象

使用对象的主要优点之一是能够在崭新的环境中重复使用编写好的代码。JavaScript 提供的机制能够基于已有的对象修改对象，使其拥有新的方法或属性，甚至可以创建完全崭新的对象。

这些技术分别叫作“扩展”和“继承”。

11.3.1 扩展对象

当一个对象已经实例化之后，如果想使其具有新的方法和属性，怎么办呢？这时可以使用关键字 prototype。prototype 对象允许迅速地添加属性和方法，然后就可以用于对象的全部实例。

▼ 实践

用 prototype 扩展对象

我们来扩展前面范例里的对象 Person，给它添加一个新方法 sayHello。

```
Person.prototype.sayHello = function() {
    alert(this.name + " says hello");
}
```

在编辑器中新建一个 HTML 文档，输入程序清单 11.3 所示的内容。

程序清单 11.3 用 prototype 添加新方法

```
<!DOCTYPE html>
<html>
<head>
<title>Object Oriented Programming</title>
    <script>
        function Person(personName){
            this.name = personName;
            this.info = 'This person is called ' + this.name;
            this.showInfo = function(){
                alert(this.info);
            }
        }
        var person1 = new Person('Adam');
        var person2 = new Person('Eve');
        Person.prototype.sayHello = function() {
            alert(this.name + " says hello");
        }
    </script>
</head>
<body>
    <input type="button" value="Show Info on Adam" onclick="person1.showInfo()" />
    <input type="button" value="Show Info on Eve" onclick="person2.showInfo()" />
    <input type="button" value="Say Hello Adam" onclick="person1.sayHello()" />
    <input type="button" value="Say Hello Eve" onclick="person2.sayHello()" />
</body>
</html>
```

现在来看看代码里都发生了什么。

首先，定义了一个构造函数。该构造函数有一个参数 personName，定义了两个属性 name 和 info 以及一个方法 showInfo。

接着创建了两个对象，每个对象在实例化时给 name 属性设置了不同的值。在创建了这两个对象之后，用关键字 prototype 给 Person 对象定义添加了一个方法 sayHello。

在浏览器里加载上述代码，单击页面上显示的四个按钮，可以发现最初定义的 showInfo 方法没有任何变化，而且新方法 sayHello 对于两个已有的实例也能正常操作。

▲

11.3.2 继承对象

继承是指从一种对象类型创建另一种对象类型，新对象类型不仅可以继承旧对象类型的属性和方法，还可以可选地添加自己的属性和方法。通过这种方式，可以先设计出“通用”的对象类型，然后通过继承来不断细化它们以得到更特定的类型，这样可以节省很多工作。

JavaScript 模拟实现继承的方式也是使用关键字 prototype。

因为 object.prototype 可以添加新方法和属性，所以可以用它把已有的构造函数里的全部方法和属性都添加到新的对象。

现在来定义另一个简单的对象：

```
function Pet() {
    this.animal = "";
    this.name = "";
    this.setAnimal = function(newAnimal) {
        this.animal = newAnimal;
    }
    this.setName = function(newName) {
        this.name = newName;
    }
}
```

Pet 对象具有表示动物类型和宠物名称的属性，以及设置这些属性的方法：

```
var myCat = new Pet();
myCat.setAnimal = "cat";
myCat.setName = "Sylvester";
```

假设现在要为狗类专门创建一个对象，但不是从头开始创建，而是让 Dog 对象继承 Pet，并且添加属性 breed 和方法 setBreed。

首先，要创建 Dog 构造函数，定义新的属性和方法：

```
function Dog() {
    this.breed = "";
    this.setBreed = function(newBreed) {
        this.breed = newBreed;
    }
}
```

这样添加了新的属性 breed 和新的方法 setBreed。接下来就是从 Pet 继承属性和方法，这需要使用关键字 prototype。

```
Dog.prototype = new Pet();
```

现在不仅可以访问 Dog 里的属性和方法，还可以访问 Pet 里的属性和方法：

```
var myDog = new Dog();
myDog.setName("Alan");
myDog.setBreed("Greyhound");
alert(myDog.name + " is a " + myDog.breed);
```

▼ 实践

扩展 JavaScript 内置的对象

关键字 prototype 还能够扩展 JavaScript 内置的对象。举例来说，可以实现 String.prototype.backwards 方法，让它返回字符串的逆序结果，代码如程序清单 11.4 所示。

程序清单 11.4 扩展 String 对象

```
<!DOCTYPE html>
<html>
<head>
    <title>Object Oriented Programming</title>
    <script>
```

```
        String.prototype.backwards = function(){
            var out = '';
            for(var i = this.length-1; i >= 0; i--){
                out += this.substr(i, 1);
            }
            return out;
        }
    </script>
</head>
<body>
    <script>
        var inString = prompt("Enter your test string:");
        document.write(inString.backwards());
    </script>
</body>
</html>
```

把上述代码保存为 HTML 文件，在浏览器里打开它。脚本使用 prompt()对话框让用户输入一个字符串，然后在页面上显示它的逆序结果。

我们来看看代码是如何实现这个功能的。

```
String.prototype.backwards = function(){
    var out = '';
    for(var i = this.length-1; i >= 0; i--){
        out += this.substr(i, 1);
    }
    return out;
}
```

首先，在创建的匿名函数里声明了一个新变量 out，用于保存逆序后的字符串。

然后开始一个循环，从输入字符串的末尾开始，每次前移一个字符（请记住 JavaScript 字符串的索引是从 0 而不是 1 开始的，所以末尾的位置是 this.length -1）。随着循环从后向前遍历字符串，每次都向变量 out 添加一个字符。

当循环到达输入字符串的起始位置时，循环结束，函数返回逆序的字符串，如图 11.4 所示。

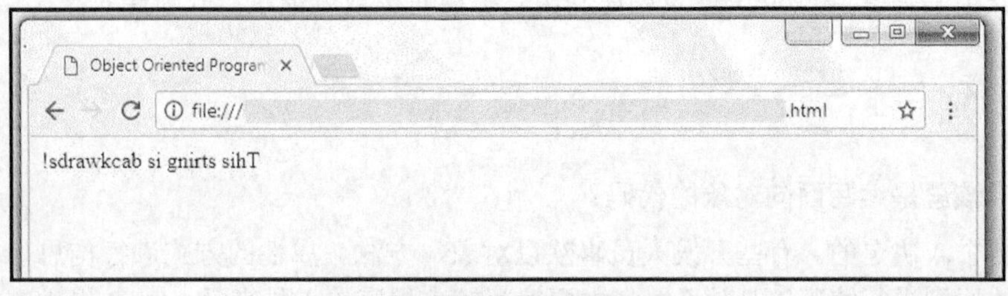

图 11.4　颠倒字符串顺序的方法

▲

11.4　封装

封装是面向对象编程的一种能力，表示把数据和指令隐藏到对象内部。其具体实现方法在不同的语言里有所区别。对于 JavaScript 来说，在构造函数内部声明的变量只能在对象内部使用，对于外部来说是不可见的。构造函数内部声明的函数也是这样的。

如果想从外部访问这些变量和函数，需要在赋值时使用关键字 this，这时它们就成了对象的属性和方法。

我们来看一个示例：

```
function Box(width, length, height) {
    function volume(a,b,c) {
        return a*b*c;
    }
    this.boxVolume = volume(width, length, height);
}
var crate = new Box(5,4,3);
alert("Volume = " + crate.boxVolume); // 正确地工作
alert(volume(5,4,3)); // 由于 volume()不可见而失败了
```

在前例中，从构造函数外部不能调用函数 function volume(a, b, c)，因为并没有用关键字 this 把它设置为对象的方法。与之不同的是，属性 crate.boxVolume 是可以从构造函数外部访问的。虽然它使用了函数 volume()来计算，但这些操作是在构造函数内部进行的。

如果没有用关键字 this 把变量和函数“注册”为属性和方法，它们就不能从函数外部调用，则被称为“私有的”。

11.5　小结

本章介绍了 JavaScript 里的面向对象编程技术，首先是 OOP 的基本概念及其如何帮助我们开发复杂的程序。

其次介绍了如何直接实例化对象、添加对象和方法；如何使用构造函数创建对象，从而便于实例化多个对象。

最后介绍了关键字 prototype 及如何利用它扩展对象或以继承方式新建对象。

11.6　问答

问：是否应该总是编写面向对象的代码？

答：这是由个人决定的。有些开发人员喜欢以对象、方法、属性的方式进行构思，并且按照相应的原则进行编程。但对于很多主要编写较小程序的人员来说，OOP 提供的抽象层级有些过于强大和复杂了，而面向过程编程就足够了。

问：如何在其他程序里使用我的对象？

答：对象的构造函数是可移植的实体。如果页面链接的 JavaScript 文件里包含对象构造函数，我们就可以在自己的代码里创建这些对象，使用它们的属性与方法。

11.7 作业

读者可以通过测验和练习来检验自己对本章知识的理解，拓展技能。

11.7.1 测验

1．用构造函数创建的新对象称为：

a．对象的实例

b．对象的方法

c．原型

2．从已有对象派生出新对象的方式称为：

a．封装

b．继承

c．实例化

3．直接实例化一个对象的方式是哪一种？

a．myObject.create();

b．myObject = new Object;

c．myObject = new Object();

4．限制外围访问一个对象的某些属性和方法的 OOP 机制是

a．封装

b．继承

c．实例化

5．没有使用一个具名的标识符来声明的函数称为

a．方法

b．构造函数

c．匿名函数

11.7.2 答案

1．选 a。使用构造函数创建的新对象称为实例

2．选 b。通过继承的方法可以从已有对象派生出新对象

3．选 c。myObject=new Object();

4．选 a。封装

5．选 c。匿名函数

11.8 练习

编写 Card 对象的构造函数，添加 suit 属性（方块、红心、黑桃、梅花）和 face 属性（A，2，3，…，王），添加方法来设置 suit 和 face。试添加一个 shuffle 方法来设置 suit 和 face 属性，表示洗牌之后的状态。（提示：使用第 5 章介绍的 Math.random()方法。）

用关键字 prototype 扩展 JavaScript 的 Date 对象，添加一个方法 getYesterday()，返回 Date 对象所表示的日期的前一天的名称。

第 12 章

对象进阶

本章主要内容

- JavaScript 最新引入的 class 语法
- 用 get 和 set 的用法
- symbol 数据类型
- 用 extends 和 super 继承
- 用对象和 typeof 进行功能检测

在第 11 章中，我们了解到面向对象编程是一种编程风格，它将代码组织到对象中，且每个对象都有属性和方法。

JavaScript 并不是一开始就设计成面向对象语言的。然而，正如前面各章中所述，JavaScript 确实具备面向对象编程语言的能力，尽管直到最近，其必需的语法都已经和大多数其他语言中使用的方法大不相同了。JavaScript 新增的特性缩短了这一差距。现在从其他语言转向 JavaScript 的程序员将会发现，这种转换更加简单。

在本章中，我们将学习 JavaScript 和 OOP 相关的一些新功能。我们还将介绍如何用对象来确定一个用户平台的能力，并且相应地编写代码。

12.1 类

大多数支持 OOP 的编程语言都采用和 JavaScript 不同的方法来创建对象。

使用此类编程语言的程序员，通常都习惯于处理类的概念。类充当创建对象的一个模板或蓝图。新创建的类，可以从其他类继承功能，并且充当根据这种继承关系而创建的对象的蓝图，从而在继承系统中创建一种子类关系。

相反，JavaScript 拥有一个继承的原型系统，其中，原型是对象的一个功能化的实例，并且对象直接从这样的父对象来继承。为了在这些概念之间构建起桥梁，JavaScript 最近引入了一个 class 关键字。让我们通过第 11 章的 Pet 对象来看看它是如何工作的。如下是第 11 章使用的部分代码：

```
function Pet() {
    this.animal = "";
    this.name = "";
    this.setAnimal = function(newAnimal) {
        this.animal = newAnimal;
    }
    this.setName = function(newName) {
        this.name = newName;
    }
}
var myCat = new Pet();
myCat.setAnimal = "cat";
myCat.setName = "Sylvester";
```

现在，我们来看看如何用 class 关键字创建一个类似的对象。如下是用了新语法的对等代码：

```
class Pet {
    constructor(animal, name) {
        this.animal = animal,
        this.name = name
    }
    setAnimal(newAnimal) {
        this.animal = newAnimal;
    }
    setName(newName) {
        this.name = newName;
    }
}
var myCat = new Pet();
myCat.setAnimal("cat");
myCat.setName("Sylvester");
```

新的版本看上去更加简练而易于阅读。特别是，不需要使用那么多的 function 关键字。

NOTE

说明：语法糖

这种新的语法并没有给 JavaScript 添加之前所无法实现的任何内容。它只是一种所谓的语法糖（syntactic sugar）——一种更加清晰、方便，易于理解和使用的语法，对于那些刚刚接触 OOP 环境的人，尤其如此。

这个版本还有一个叫作构造函数（constructor）的函数，该函数是在用 new 关键字创建对象时所运行的函数。在前面的例子中，通过构造函数，我们可以很容易地在对象定义中为 name 和 animal 设置值。

```
var myCat = new Pet("cat", "Sylvester");
```

构造函数的有用之处在于，可以编写一个新对象的设置和初始化过程所需的任何代码。

说明：构造函数需要 new ***NOTE***

和一个常规的函数不同，不使用关键字 new 的话，是无法调用类的构造函数的。如果不使用 new 的话，将会产生一个错误：

```
> var MyCat = Pet(); //未捕获 TypeError: 无法调用构造函数 Pet
                     // 没有使用'new'
```

换言之，要像前面的例子中的代码一样，总是通过 new 来使用构造函数。

和新的 class 语法一起引入的，还有一项来自其他 OOP 环境的功能——getter 和 setter。

12.1.1 使用 getter 和 setter

通过使用 get 和 set，我们可以在读取对象的属性（在 get 的情况下）或写入对象的属性（在 set 的情况下）时，运行特定代码。例如，可以用 set 来检查将要用来设置一个属性值的某些数据的有效性，或者用 get 返回一个计算的或特定格式的值。

如果为一个对象定义了 get 和 set，在通过常规的点表示法来访问对象的属性和方法时，就会显式地调用它们。例如，假设在对象 obj 之上定义了如下的 getter：

```
get name() {
    return this.name.toUpperCase();
}
```

那么，当访问 name 的值时，这个 getter 将执行如下的代码：

```
obj.name = "Sandy";
console.log(obj.name); // 向控制台输出"SANDY"
```

当设置属性的值时，同样的原则也是适用的：如果已经用 set 关键字创建了一个 setter，任何时候，一旦试图修改一个对象属性的这个值，将会在后台调用这个 setter。

为了展示这一点，让我们回到 Pet 类。假设以任何新的值来作为一个宠物的名字时，想要通过代码将其名称的首字母大写，就可以用一个 setter 来做到这一点：

```
class Pet {
    constructor(animal, name) {
        this.animal = animal,
        this.name = name
    }
    setAnimal(newAnimal) {
        this.animal = newAnimal;
    }
    setName(newName) {
        this.name = newName;
    }
    get name() {
        return this._name;
    }
    set name(n) {
        // 将第一个字母设置为大写，其他的字母保持小写
        n = n.charAt(0).toUpperCase() + n.slice(1).toLowerCase();
        this._name = n;
    }
}
```

注意，在 getter 和 setter 中，name 属性现在以一个下画线字符作为前缀，成了_name。使用这个下画线是必需的，为了防止 JavaScript 解释器中的一种情况，即由于没有这一预防措施而导致 get 被重复调用，由此形成一个无限循环，并且最终导致程序因栈溢出而停止运行。实际上，要隐藏私有的、内部的属性值_name，而允许外界访问 name 属性。

现在让我们来看看，在用如下这行代码创建并修改 Pet 类的一个实例时，将会发生什么：

```
var myCat = new Pet("cat", "sylvester");
```

控制台的输出如图 12.1 所示。

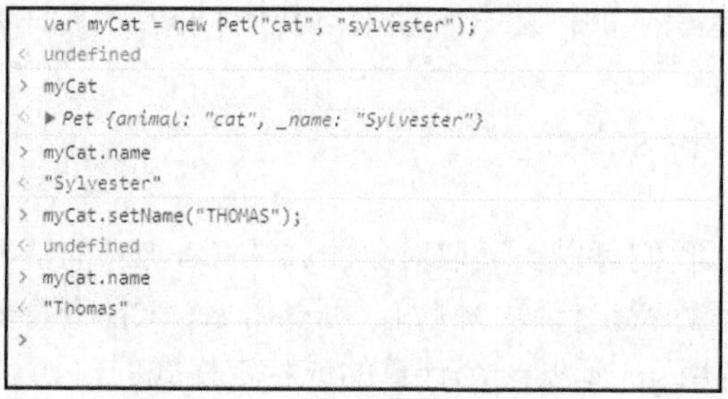

```
  var myCat = new Pet("cat", "sylvester");
< undefined
> myCat
< ▶ Pet {animal: "cat", _name: "Sylvester"}
> myCat.name
< "Sylvester"
> myCat.setName("THOMAS");
< undefined
> myCat.name
< "Thomas"
>
```

图 12.1　使用 getter 和 setter

getter 和 setter 是在读取和写入一个对象的属性时自动运行代码的一种方便方法。使用它们，可以不允许直接给对象的属性赋值，而是通过一个 setter 方法来控制所有赋值，从而保证实际的对象属性是私有的。

> **CAUTION　注意：私有性是相对的**
>
> 记住，这样的对象属性并不真正是私有的。代码（或者其他某人的代码）仍然能够直接访问 myCat._name 的值。如果需要一个更加安全的私有属性，一种更好的方法是使用 Symbol 数据类型（见 12.1.2 节）。

12.1.2　Symbol

JavaScript 是在 20 世纪 90 年代实现的，那时候，它只有 6 种基本的数据类型。JavaScript 程序中的每个值，都是 undefined、null、布尔值、数字、字符串或者一个对象。

现在，又有了一种新的类型，其形式就是最新引入的 symbol 数据类型。symbol 类型和任何其他的数据类型都不同。一旦创建了，symbol 一定是唯一的，这有助于很方便地命名那些随后不能被覆盖以及有可能被其他某些人的代码所毁坏的对象属性。

创建一个 Symbol

创建一个 Symbol 的语法要用到 Symbol()函数：

```
var mySymbol = Symbol();
```

可以在括号之间可选地指定一个字符串：

```
var mySymbol = Symbol('A description of mySymbol');
```

该字符串直接充当一个说明，有助于进行调试。在用 console.log()写 symbol 或者用.toString()将其转换为一个字符串时，这将是所看到的返回的说明（因为 symbol 自身没有字面值形式）。

以 Symbol 作为属性的键

由于 Symbol 具有唯一性，它是创建那种需要避免命名冲突的对象属性的好办法。

```
var myname = Symbol('nickname of pet');
myCat[myname] = 'Sylvester';
```

字符串和整数并不是唯一的值，因此，以一个字符串作为属性名称会冒着这样一种风险，即相同的名称也可能会在程序中的其他地方出现。使用一个 symbol 则意味着，你可以对所提供的值更有信心。

> **说明：用方括号表示用作属性的键的 symbol**　　**NOTE**
>
> 就像数组元素一样，不能用点语法来访问作为属性的键的 symbol。必须用方括号语法来访问它们，就像前面的示例中一样。

12.2　对象继承

我们在第 11 章中学习了如何用原型来实现继承。为了加深印象，这里给出一个示例：

```
function Dog() {
    this.breed = "";
    this.setBreed = function(newBreed) {
        this.breed = newBreed;
    }
}

Dog.prototype = new Pet();

var myDog = new Dog();
myDog.setName("Alan");
myDog.setBreed("Greyhound");
alert(myDog.name + " is a " + myDog.breed);
```

通过 class 语法，我们现在可以用一种来自其他语言的 OOP 程序员更加熟悉的方式执行继承——使用 extends 和 super。

使用 extends 和 super

下面介绍如何用 extends 和 super 创建带有继承的一个新对象：

```
class Dog extends Pet {
    constructor(name, breed) {
        super(name);
        this.breed = breed;
    }
}
var myDog = new Dog("Alan", "greyhound");
```

```
alert(myDog.name + " is a " + myDog.breed);
```

可以看到，extends关键字用来创建一个类以使其作为另一个类的一个子类，而super关键字使得你能够调用所继承的父对象的功能，并使用父对象所包含的任何的逻辑、getter或setter。注意，如果没有在一个子类上定义一个构造函数，将会默认地调用super类的构造函数。

这里在构造函数中用了super关键字，这使得你能够调用一个父类的构造函数并继承其所有属性。

实际上，这只是语法糖：就像前面各章所述的，使用类的任何内容，都可以在函数和原型中重新编写。然而，这一机制和其他流行编程语言更加一致，并且在某种程度上更容易阅读。

12.3 使用功能检测

让我们暂时离开对对象的讨论，来看看功能检测如何帮助我们编写健壮而优雅的代码。

在W3C DOM没有发展到当前状态时，JavaScript开发人员不得不对代码进行各种调整来匹配不同浏览器的DOM实现。因此，编写两个甚至更多单独的程序是很常见的，而具体执行哪个版本的程序，是在尝试检测用户在使用哪个浏览器之后才决定的。

从前面第5章介绍的关于navigator对象的内容来看，浏览器检测是很复杂的。navigator对象包含的信息可能是有偏差的，甚至是完全错误的。另外，如果出现了新浏览器或是新版本包含了新的功能和特性，已有的浏览器检测代码可能又会崩溃。

好在，基于对象，可以用更好的方式编写跨浏览器代码。与检测浏览器相比，更好的做法是让JavaScript查看浏览器是否支持代码所需的功能。方式是检测特定对象、方法或属性是否可用，一般也就是尝试使用对象、方法或属性，然后检测JavaScript返回的值。

下面这个范例检测浏览器是否支持document.getElementById()方法。虽然当今的新浏览器都支持这个方法，但有些特别早期的浏览器并不支持它。

用if()语句来检测getElementById()方法是否可用：

```
if(document.getElementById){
    myElement = document.getElementById(id);
} else {
    // 执行其他操作
}
```

如果document.getElementById不可用，if()条件语句会把代码转到其他部分，避免使用这个方法。

与之相关的方法是用typeof操作符检测某个JavaScript函数是否存在：

```
if(typeof document.getElementById == 'function'){
    // 这里可以使用getElementById()方法
} else {
    // 执行其他操作
}
```

typeof可能返回的值如表12.1所示。

表 12.1 typeof 的返回值

值	含 义
"number"	操作数是个数值
"string"	操作数是个字符串
"boolean"	操作数是布尔类型
"object"	操作数是个对象
null	操作数是 null
undefined	操作数未定义

用这种技术不仅可以检测 DOM 和内置对象、方法和属性的存在，还可以检测脚本中创建的对象、方法和属性。

在这个练习里，检测用户所使用的浏览器是没有什么太大意义的，只是想知道它是否支持所要使用的对象、属性或方法。这种"功能检测"方法不仅比"浏览器检测"(尝试通过解释 navigator 对象的属性来推断所使用的浏览器)更准确和简洁，而且对未来的兼容性更有利，用户使用新浏览器或新版本不会导致代码操作的崩溃。

实践

使用功能检测

让我们用功能检测来查看浏览器对 symbol 数据类型的支持。这个数据类型几乎在每种浏览器的最近版本中都是支持的，因此，如果用户将自己所喜爱的浏览器升级到了最近的稳定版本，应该会发现它是支持该类型的。

最常见的异常情况是，Microsoft 的 Internet Explorer（当前的先行者且更加符合标准的是 Edge 浏览器）不支持 symbol。

知道如何处理 symbol 的浏览器，都会提供 Symbol()函数以用来创建 symbol，因此，在该函数上执行 typeof 测试，将会返回一个 function 值。任何其他的结果都表明浏览器不支持 symbol。

来看看程序清单 12.1 中的代码。分配给 window.onload 处理器的匿名函数负责执行这一测试：

```
if(typeof Symbol == 'function') {
    out = 'Your browser supports Symbols';
} else {
    out = 'Your browser has no Symbol support - upgrade!! (returned ' + typeof
    Symbol + ')';
}
```

注意，在失败的情况中，typeof 返回的实际值会显示给用户，从而增加一些信息。

程序清单 12.1 使用功能检测

```
<!DOCTYPE html>
<html>
<head>
  <title>Feature Detection</title>
```

```
    <script>
      window.onload = function () {
        if(typeof Symbol == 'function') {
          out = 'Your browser supports Symbols';
        } else {
          out = 'Your browser has no Symbol support - upgrade!! (returned ' + typeof
          Symbol + ')';
        }
        document.getElementById('div1').innerHTML = out;
      }
    </script>
  </head>
  <body>
    <div id="div1"></div>
  </body>
  </html>
```

从 Google Chrome 中得到的结果如图 12.2 所示。显然，这款浏览器是支持 Symbol()函数的。

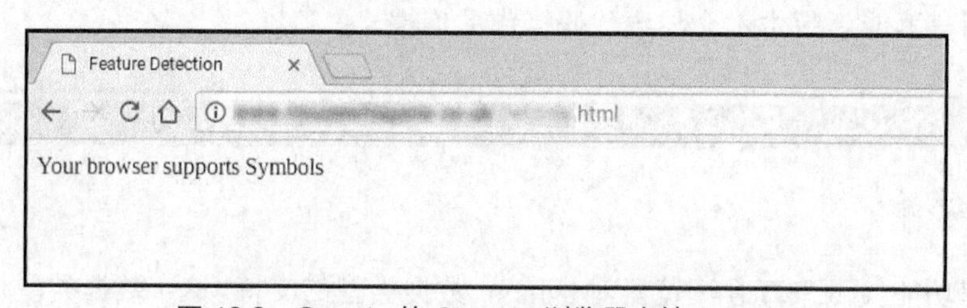

图 12.2 Google 的 Chrome 浏览器支持 Symbol

正如我们所预料的，Microsoft Internet Explorer 给出了略有不同的结果，如图 12.3 所示。这里，typeof 测试返回了一个 undefined 值，表明该浏览器没有 Symbol()函数可用。

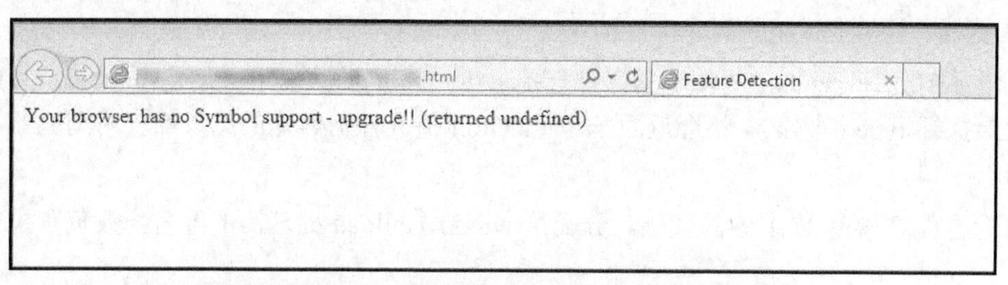

图 12.3 Windows 下的 Microsoft IE11 不支持 Symbol

读者可以将程序清单 12.1 中的代码保存到一个名为 detection.html 的文件中，并且在自己的浏览器中加载它，以检验自己的浏览器是否支持 symbol。

▲

12.4 小结

在本章中，我们学习了最新引入的 class 关键字，以及可以用它作为在 JavaScript 中定义对象的一种可替代方法。

接着，我们学习了 JavaScript 最新引入的 symbol 数据类型。

我们还介绍了如何用 extends 和 super 关键字来实现继承。最后，我们介绍了 typeof 操作符的用法，以及如何用它来检查浏览器对给定的 JavaScript 对象、属性和方法的支持。

12.5 问答

问：在代码中的什么位置声明一个类定义很重要吗？

答：是的，很重要。首先需要声明类，然后才能访问它；否则的话，如下的代码将会抛出一个引用错误。

```
var p = new Pet(); // 抛出引用错误
class Pet { … }
```

相反，需要先声明类：

```
class Pet { … }
var p = new Pet();
```

这段代码将能够工作。

问：可以在一个类中定义多个构造函数吗？

答：不能。一个类中只能有一个方法叫作“构造函数”。如果一个类中多次出现一个构造函数，将抛出语法错误。

12.6 作业

读者可以通过测验和练习来检验自己对本章知识的理解，并拓展技能。

12.6.1 测验

1．用一个名为 Person 的类来创建一个新的 myObject 对象，下列哪一种是错误的语法？

a．var myObject = Person();

b．var myObject.Person();

c．var myObject = new Person();

2．关于 symbol 的说法，下列哪一种是错误的？

a．symbol 是一种 JavaScript 基本数据类型

b．Symbol()函数不能接收一个参数

c．所创建的每一个 symbol 都拥有一个唯一的值

3．关键字 super 引用什么？

a．所定义的类的父类

b．所定义的类的子类

c．以上都不是

4．表达式 typeof window.alert 将返回什么？

a．"object"

b．undefined

c．"Function"

5．如下哪一项是 typeof 不会返回的内容？

a．"float"

b．"boolean"

c．"string"

12.6.2　答案

1．选 c。var myObject = new Person();

2．选 b。Symbol()函数不能接收一个参数

3．选 a。所定义的类的父类

4．选 c。"Function"

5．选 a。"float"

12.7　练习

回顾第 11 章并浏览程序清单 11.3。请用本章介绍的 class 语法重新编写该程序清单中的程序并尝试运行该程序（提示：在定义了 Person 类之后，用 extends 和 super 定义一个子类，其中包含一个额外的 sayHello()方法）。能得到和第 11 章中相同的结果吗？

第 13 章

DOM 脚本编程

本章主要内容

- 什么是“节点”
- 不同类型的节点
- 使用 nodeName、nodeType 和 nodeValue
- 使用 childNodes 集合
- 使用 getElementsByTagName()选择元素
- 使用 Mozilla 的 DOM 查看器
- 如何创建新元素
- 添加、编辑和删除子节点的方法
- 动态加载 JavaScript 文件
- 修改元素的属性

前面介绍过 W3C DOM 的基本知识，也在范例里用了多种 DOM 对象、属性和方法。

本章将介绍 JavaScript 如何与 DOM 直接交互，特别是介绍一些新方法来遍历 DOM，选择代表页面 HTML 内容的特定 DOM 对象。本章还将介绍如何创建新的元素，如何从 DOM 树添加、编辑和删除节点，以及如何操作元素的属性。

13.1 DOM节点

正如本书第一部分所介绍的，W3C“文档对象模型”（DOM）是一种由父子关系组成的层次树形结构，构成当前Web页面的模型。通过适当的方法，我们可以遍历DOM的任意部分并且获取关于它的数据。

DOM层级结构中最顶端的对象是window对象，而document对象是它的子对象之一。本章及第14章将主要介绍document对象和它的属性与方法。

先来看看程序清单13.1所示的一个简单Web页面。

程序清单13.1 一个简单Web页面

```
<!DOCTYPE html>
<html>
<head>
    <title>To-Do List</title>
</head>
<body>
    <h1>Things To Do</h1>
    <ol id="toDoList">
        <li>Mow the lawn</li>
        <li>Clean the windows</li>
        <li>Answer your email</li>
    </ol>


    <p id="toDoNotes">Make sure all these are completed by 8pm so you can watch the
game on TV!</p>
</body>
</html>
```

这个页面的内容，如图13.1所示。

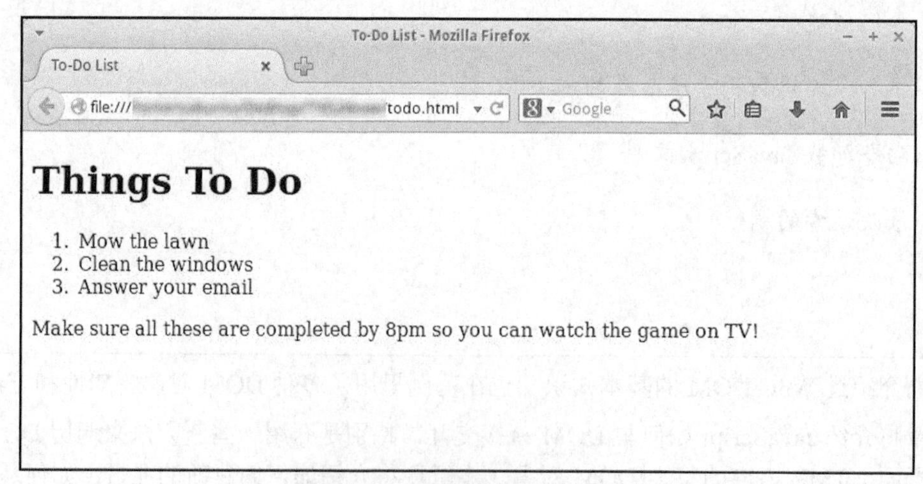

图13.1 一个简单的Web页面

当页面完成加载之后，浏览器就具有了完整的层次化的DOM来表示页面内容。图13.2所示的是这种结构的一个简化版本。

> **注意：DOM 和页面显示** *CAUTION*
>
> 只有当页面完成加载之后，DOM 才是可用的。在这之前不要执行关于 DOM 的语句，否则很可能导致错误。

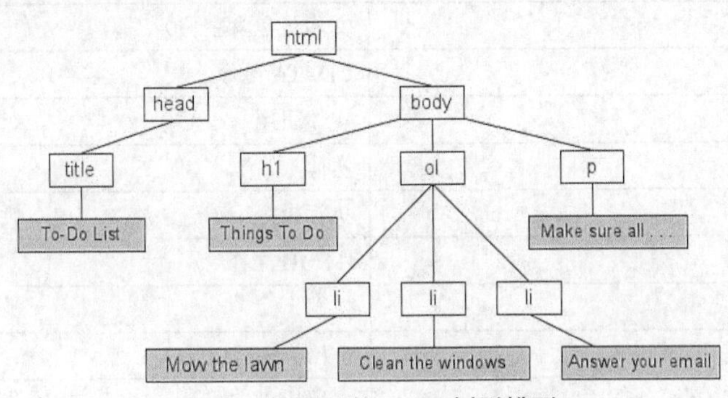

图 13.2 页面的 DOM 树形模型

现在来看看图 13.2 所示的树形图与程序清单 13.1 的代码有何关联。

<html>元素包含页面上的其他全部标签。它作为父元素，有两个直接子元素，分别是<head>和<body>。这两个元素的关系是**兄弟**，因为它们具有同一个父元素。它们本身也是父元素，<head>有一个子元素<title>，而<body>有 3 个子元素，分别是<h1>、<ol>和<p>。在这 3 个兄弟元素里，只有<ol>有子元素：<li>。在图 13.2 里，灰色格子表示这些元素是包含文本的。

DOM 就是以这种关系形成层次结构的，其中的交叉点和末端点称为“节点”。

13.1.1 节点类型

图 13.2 展示了多个“元素节点”，分别表示一个 HTML 元素，比如段落元素<p>；还展示了“文本节点”——表示页面元素里包含文本内容。

> **提示：文本节点和元素节点** *TIP*
>
> 从存在方式来看，文本节点总是包含在元素节点中，但不是每个元素节点都包含文本节点。

还有其他一些类型的节点，分别代表元素属性、HTML 注释及其他一些与页面相关的信息。很多类型的节点都能够包含其他节点作为子节点。

每种节点类型都有一个关联的数值，保存在属性 nodeType 里。其值的含义如表 13.1 所示。

> **提示：节点类型 1、2 和 3** *TIP*
>
> 最常用的节点类型是 1、2 和 3，也就是页面元素、它们的属性和包含的文本。

表 13.1 nodeType 值

nodeType 值	节点类型
1	元素
2	属性
3	文本（包含空白）
4	CDATA 区域
5	实体引用
6	实体
7	执行指令
8	HTML 注释
9	文档
10	文档类型（DTD）
11	文档片段
12	标签

childNodes 属性

每个节点都有一个 childNodes 属性。这个类似数组的属性包含了当前节点全部直接子节点的集合，可供用户访问这些子节点的信息。

childNodes 集合称为“节点列表”(NodeList)，其中的项目以数值进行索引。集合（在大多数情况下）的表现类似于数组。我们可以像访问数组元素一样访问集合里的项目，还可以像对待数组一样遍历集合的内容，但有些数组方法是不能用的，比如 push()和 pop()。对于本章的全部示例，我们可以像对待数组那样处理集合。

节点列表是一个动态集合，这表示集合的任何改变都会立即反映到列表。

实践

使用 childNodes 属性

利用 childNodes 属性返回的集合，我们可以查看程序清单 13.1 里<ol>元素的内容。编写一个简单的函数，读取<ol>元素的子节点，并且返回列表里的总数。

首先，利用<ol>的 id 获取它：

```
var olElement = document.getElementById("toDoList");
```

现在，<ol>元素的子节点就包含在这个对象里了：

```
olElement.childNodes
```

由于只想操作子节点里的<li>元素，因此在遍历 childNodes 集合时，只统计 nodeType==1（也就是 HTML 元素）的节点，忽略其他元素（比如注释和空白）。处理集合的方式与数组很相似，比如这里使用 length 属性（就像对数组使用该属性一样）：

```
var count = 0;
for (var i=0; i < olElement.childNodes.length; i++) {
 if(olElement.childNodes[i].nodeType == 1) count++;
```

```
}
```

注意：小心空白 ***CAUTION***

当浏览器加载页面时，HTML 代码里的空白（比如空格和制表符）一般是被忽略的。但是，对于页面元素里存在的空白，比如有序列表<ol>里的空白，大多数浏览器都会创建文本类型的子节点（nodeType==3）。这样一来，仅使用 childNodes.length 未必能得到期望的结果。

现在把上述操作放到一个函数里，并且用 alert 对话框来输出结果。

```
function countListItems() {
    var olElement = document.getElementById("toDoList");
    var count = 0;
    for (var i=0; i < olElement.childNodes.length; i++) {
        if(olElement.childNodes[i].nodeType == 1) count++;
    }
    alert("The ordered list contains " + count + " items");
}
window.onload = countListItems;
```

在文本编辑器里新建一个 HTML 页面，输入程序清单 13.1 的代码，在页面的<head>部分输入上述 JavaScript 代码，然后在浏览器里加载页面。

浏览器加载页面后的结果，如图 13.3 所示。

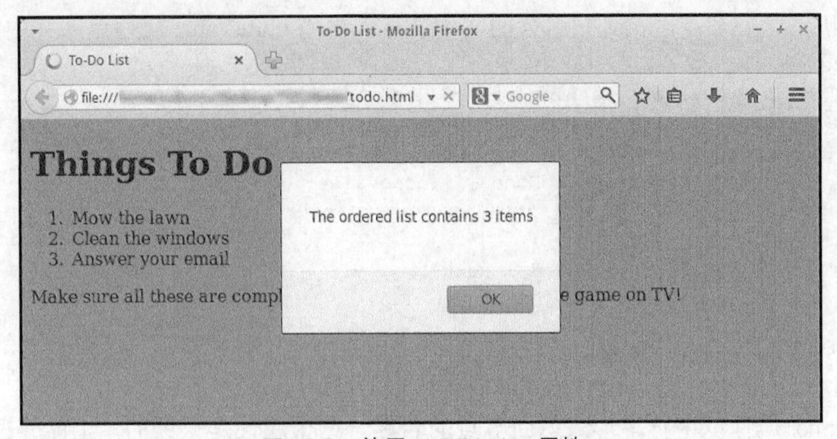

图 13.3 使用 childNodes 属性

▲

firstChild 和 lastChild

在 childNodes 数组里选择第一个和最后一个元素是有快捷方式的。

firstChild 显然就是 childNodes 数组里的第一个元素，相当于 childNodes[0]。

用 lastChild 可以访问集合的最后一个元素，这是很方便的，不然就只能像下面这样了：

```
var lastChildNode = myElement.childNodes[myElement.childNodes.length - 1];
```

这显然有些复杂，用 lastChild 就很简单了：

```
var lastChildNode = myElement.lastChild;
```

parentNode 属性

显然，parentNode 属性保存节点的父节点。在前例中，我们使用了

```
var lastChildNode = myElement.lastChild;
```

而使用 parentNode 可以在树形结构中向上一级，比如：

```
var parentElement = lastChildNode.parentNode;
```

将返回 lastChildNode 的父节点，当然就是对象 myElement。

nextSibling 和 previousSibling

兄弟节点是指具有相同父节点的那些节点。previousSibling 和 nextSibling 属性分别返回节点的前一个和后一个兄弟节点，如果不存在相应的节点，就返回 null。

```
var olElement = document.getElementById("toDoList");
var firstOne = olElement.firstChild;
var nextOne = firstOne.nextSibling;
```

13.1.2 使用 nodeValue

DOM 节点的 nodeValue 属性返回保存在节点里的值，常用于返回文本节点里的内容。

从前面统计列表项目数量的范例出发，获取页面的<p>元素里包含的文本。为此，我们需要访问相应的<p>节点，找到它包含的文本节点，再用 nodeValue 属性返回其中的信息：

```
var text = '';
var pElement = document.getElementById("toDoNotes");
for (var i=0; i < pElement.childNodes.length; i++) {
    if(pElement.childNodes[i].nodeType == 3) {
        text += pElement.childNodes[i].nodeValue;
    }
}
alert("The paragraph says:\n\n" + text );
```

13.1.3 使用 nodeName

nodeName 属性以字符串形式返回节点的名称。这个属性是只读的，不能修改它的值。表 13.2 列出了 nodeName 属性可能返回的值。

当 nodeName 返回元素名称时，并不包括 HTML 源代码里使用的尖括号< >。

```
var pElement=document.getElementById("toDoNotes");
alert(pElement.nodeName);  //显示"P"
```

表 13.2 nodeName 属性的返回值

nodeType 值	节点类型	nodeName 值
1	元素	元素（标签）名称
2	属性	属性名称
3	文本	字符串“#text”

13.2 用 getElementsByTagName()选择元素

前文介绍过如何用 document 对象的 getElementById()方法访问页面里的元素。document 的另一个方法 getElementsByTagName 可以获取特定的全部标签，将其保存在一个数组里。

和 getElementById()一样，getElementsByTagName()方法也接收一个参数，但它需要的参数并不是元素的 ID，而是标签的名称。

> **注意：Element 和 Elements** **CAUTION**
>
> 请注意方法名称的拼写。GetElementsByTagName()里是复数的 Elements，而 getElementById()里是单数的 Element。

举例来说，假设要访问特定文档里的全部<div>元素，可以像下面这样获得它们的集合 myDivs：

```
var myDivs = document.getElementsByTagName("div");
```

> **提示：返回单个的元素** **TIP**
>
> 即使具有特定标签名称的元素只有一个，getElementsByTagName()仍然返回一个集合，其中只包含一个元素。

getElementsByTagName()这个方法不是必须用于整个文档的，而是可以用于任何对象，并会返回该对象包含的指定标签的全部集合。

▼ 实践

使用 getElementsByTagName()

前面写过一个函数，用来统计<ol>元素里的<li>元素：

```
function countListItems() {
    var olElement = document.getElementById("toDoList");
    var count = 0;
    for (var i=0; i < olElement.childNodes.length; i++) {
        if(olElement.childNodes[i].nodeType == 1) count++;
    }
    alert("The ordered list contains " + count + " items");
}
```

这个函数用 childNodes 数组获得全部的子节点，然后选择“nodeType == 1”的元素。

用 getElementsByTagName 也可以轻松地实现上述功能。

首先用相同的方式根据 id 选择<ol>元素：

```
var olElement = document.getElementById("toDoList");
```

然后创建一个数组 listItems，并把 olElement 里的全部<li>元素赋予它：

```
var listItems = olElement.getElementsByTagName("li");
```

剩下的工作就是显示数组里有多少个元素了：

```
alert("The ordered list contains " + listItems.length + " items");
```

程序清单 13.2 是这个页面的完全代码，包括修改过的函数 countListItems()。

程序清单 13.2 使用 getElementsByTagName()

```
<!DOCTYPE html>
<html>
<head>
    <title>To-Do List</title>
    <script>
        function countListItems() {
            var olElement = document.getElementById("toDoList");
            var listItems = olElement.getElementsByTagName("li");
            alert("The ordered list contains " + listItems.length + " items");
        }
        window.onload = countListItems;
    </script>
</head>
<body>
    <h1>Things To Do</h1>
    <ol id="toDoList">
        <li>Mow the lawn</li>
        <li>Clean the windows</li>
        <li>Answer your email</li>
    </ol>

    <p id="toDoNotes">Make sure all these are completed by 8pm so you can watch the
game on TV!</p>
</body>
</html>
```

把这段代码保存为 HTML 文档，用浏览器加载，其结果与图 13.3 所示的一样。

NOTE **说明：根据类名获取元素**

另外一个获得元素集合的常用方法是：document.getElementsByClassName()。从这个方法的名称就可以看出，它返回的元素集合具有特定的 class 属性值。但是，IE 13 之前的版本不支持这个方法。

13.3 读取元素的属性

HTML 元素通常会具有一些属性，保存着相关的信息：

```
<div id="id1" title="report">Here is some text.</div>
```

属性通常放置在标签的前半部分，其形式是“attribute=value”。属性本身是所在元素的子节点，如图 13.4 所示。

在获得了目标元素之后，就可以用 getAttribute()方法读取它的属性值：

```
var myNode = document.getElementById("id1");
alert(myNode.getAttribute("title"));
```

这两行代码会在 alert 对话框里显示“report”。如果尝试访问不存在的属性，getAttribute()会返回 null。利用这个特性可以检测一个元素节点是否定义了特定的属性：

```
if (myNode.getAttribute("title")){
    ... do something ...
}
```

由于 JavaScript 把 null 解释为相当于 false 的值，因此只有当 getAttribute()返回非 null 值时，才满足 if 语句的条件。

图 13.4 属性节点

注意：attributes 属性 *CAUTION*

还有一个 attributes 属性，它以数组形式包含节点的全部属性。从理论上讲，按照属性在 HTML 代码里出现的次序就可以访问以“name=value”形式表示的属性了，比如 attributes[0].name 应该就是 id，attributes[1].value 就是“report”。然而，这种做法在 IE 和某些版本的 Firefox 里是有问题的，所以使用 getAttribute()是更稳妥的方式。

13.4 Mozilla 的 DOM 查看器

查看节点信息最简便的方法之一是使用 Mozilla Firefox 的“DOM 查看器”。从 Firefox 3 开始，它就作为一个单独的插件可以下载和安装了。

在 Firefox 里按 Ctrl+Shift+I 组合键就可以打开 DOM 查看器。图 13.5 就显示了程序清单 13.1 生成的 Web 页面的 DOM 结构。

在左侧窗格里选择一个 DOM 节点，它的详细情况就会显示在右侧窗格中。除了查看 DOM 树的工具外，还有其他一些视图用于查看 CSS 规则、层叠样式表、计算样式、JavaScript 对象等。

这些内容初次看上去有些令人费解，但的确值得深入研究一下。

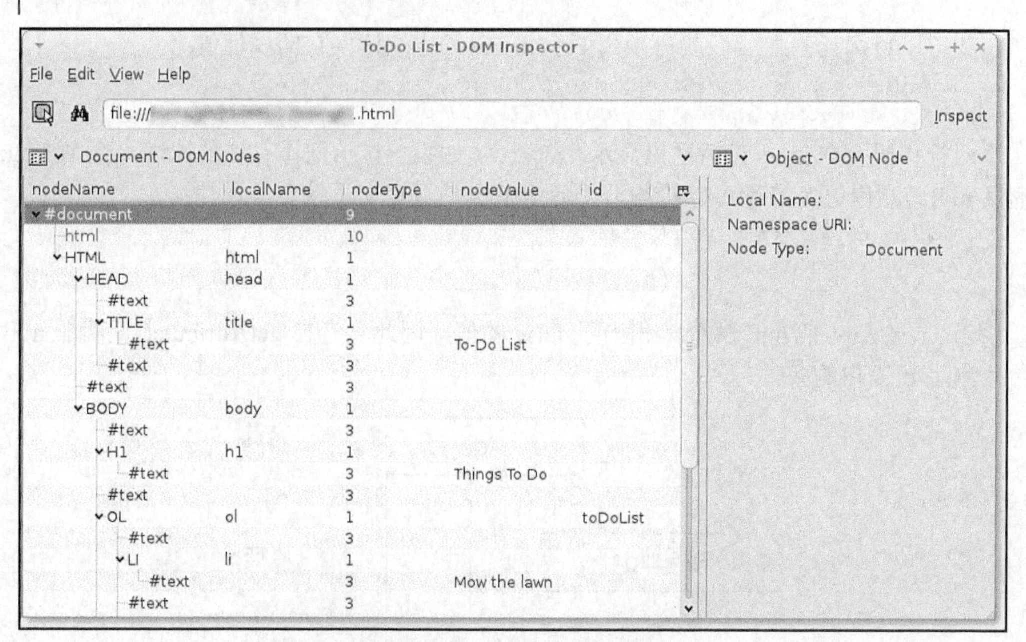

图 13.5 Mozilla 的 DOM 查看器

> **TIP** **提示：修改的是 DOM，而不是源代码**
>
> 在使用本章介绍的方法修改 DOM 时，也就修改了页面在浏览器里的显示。但要记住的是，这样并不会修改文档本身。如果让浏览器显示页面的源代码，就会发现没有任何的改变。
>
> 这是因为浏览器显示的是文档当前的 DOM 表现，修改 DOM 只是修改屏幕上的显示。

13.4.1 创建新节点

给 DOM 树添加新节点需要如下两个步骤。

①首先是创建一个新节点。节点创建之后处于某种“不确定状态”，它的确存在，但不属于 DOM 树的任何位置，也就不会出现在浏览器窗口里。

②接下来把节点添加到 DOM 树的指定位置，它就成为页面的组成部分了。

下面来介绍 document 对象用于创建节点的一些方法。

createElement ()

createElement()方法可以新建任何类型的标准 HTML 元素，比如段落、区间、表格、列表等。

假设要新建一个<div>元素，为此，只需要把相关的 nodeName 的值（也就是“div”）传递给 createElement()方法：

```
var newDiv = document.createElement("div");
```

新的<div>元素就存在了，但目前还没有内容，没有属性，在 DOM 树里也没有位置。稍后就会介绍如何解决这些问题。

createTextNode()

页面里有很多 HTML 元素需要文本形式的内容，这就需要使用 createTextNode()方法。它的工作方式类似于 createElement()，但它的参数不是 nodeName，而是元素需要的文本内容：

```
var newTextNode = document.createTextNode("Here is some text content.");
```

与 createElement()的结果一样，新建节点还没有放置到 DOM 树。JavaScript 将其存储到了 newTextNode 变量中，等待用户将其放置到想要的位置。

cloneNode()

重复劳动是最没有意义的，如果文档中已有的节点与需要新建的节点很相像，就可以用 cloneNode()来新建节点。

和 createElement()和 createTextNode()方法不同，cloneNode()接受单个的参数——这是一个为 true 或 false 的布尔值。

当参数为 true 时，表示不仅要复制节点，还要复制它的全部子节点：

```
var myDiv = document.getElementById("id1");
var newDiv = myDiv.cloneNode(true);
```

上述代码让 JavaScript 复制了元素及其子节点，这样 myDiv 里的文本（保存在元素的文本子节点里）就会完整地复制到新的<div>元素。

如果是下面这样的代码：

```
var newDiv = myDiv.cloneNode(false);
```

新建的<div>元素与原始元素相同，但是没有子节点。它会具有一样的属性（当然，前提是原始节点的类型是元素节点）。

> **注意：留意 id 属性** **CAUTION**
>
> 记住，元素的 id 是其属性之一。当复制一个节点时，记住要修改新的元素的 id，因为一个文档中的 id 值应该是唯一的。

和 createElement()以及 createTextNode()所创建的新节点一样，cloneNode()所创建的节点也是没有放置到 DOM 树的。接下来就介绍如何把新建节点添加到 DOM 树。

13.4.2 操作子节点

前面新建的节点不在 DOM 树的任何位置，因此并没有什么实际意义。document 对象具有一些特定的方法，专门用于在 DOM 树里放置节点，接下来介绍它们。

appendChild()

把新节点添加到 DOM 树的最简单方法也许就是把它作为文档中已有节点的一个子节

点。这只需要获取父节点，然后调用 appendChild()方法：

```
var newText = document.createTextNode("Here is some text content.");
var myDiv = document.getElementById("id1");
myDiv.appendChild(newText);
```

这段代码新建一个文本节点，并且把它添加为现有<div>元素（id 为 id1）的子节点。

> **TIP　提示：添加的节点变成了最后一个子节点**
>
> appendChild()方法总是在已有的最后一个子节点之后添加子节点，所以新添加的节点会成为父节点的 lastChild。

appendChild()方法不仅可以用于文本节点，还可以用于各种类型的节点。比如可以在父<div>元素里新添一个<div>元素：

```
var newDiv = document.createElement("div");
var myDiv = document.getElementById("id1");
myDiv.appendChild(newDiv);
```

上述代码执行后，现有<div>元素就包含了一个作为其子节点的<div>元素。如果父<div>元素已经具有文本子节点形式的文本内容，那么父<div>元素的形式会是如下这样的（在修改过后的 DOM 里，而不是在源代码里）：

```
<div id="id1">
    Original text contained in text node
    <div></div>
</div>
```

insertBefore()

appendChild()总是把新的子节点添加到子节点列表的末尾，而 insertBefore()方法可以指定一个子节点，然后把新节点插入到它前面。

这个方法有两个参数：要插入的新节点、指示插入位置的节点（插入到这个节点前面）。假设页面包含如下 HTML 代码：

```
<div id="id1">
    <p id="para1">This paragraph contains some text.</p>
    <p id="para2">Here's some more text.</p>
</div>
```

如果要在现有两个段落之间插入一个新段落，首先要新建一个段落：

```
var newPara = document.createElement("p");
```

指明父节点，以及想要在哪个子节点之前插入：

```
var myDiv = document.getElementById("id1");
var para2 = document.getElementById("para2");
```

然后把两个参数传递给 insertBefore()方法：

```
myDiv.insertBefore(newPara, para2);
```

replaceChild()

replaceChild()方法可以把父元素现有的一个子节点替换为另一个节点。它有两个参数，一个是新的子节点，另一个是现有子节点。

实践

替换子节点

下面来看程序清单 13.3 的代码。

程序清单 13.3 替换子节点

```
<!DOCTYPE html>
<html>
<head>
    <title>Replace Page Element</title>
</head>
<body>
    <div id="id1">
        <p id="para1">Welcome to my web page.</p>
        <p id="para2">Please take a look around.</p>
        <input id="btn" value="Replace Element" type="button" />
    </div>
</body>
</html
```

现在，用 DOM 把<div>里的第一段替换为<h2>标题，如下所示：

```
<h2>Welcome!</h2>
```

首先创建表示<h2>标题的新节点：

```
var newH2 = document.createElement("h2");
```

这个新的元素节点需要一个文本子节点来保存标题文本。既可以现在就创建并添加这个文本节点，也可以在把<h2>元素添加到 DOM 之后再进行。代码如下：

```
var newH2Text = document.createTextNode("Welcome!");
newH2.appendChild(newH2Text);
```

接下来用新节点替换不需要的子节点：

```
var myDiv = document.getElementById("id1");
var oldP = document.getElementById("para1");
myDiv.replaceChild(newH2, oldP);
```

最后，给按钮元素添加一个 onClick 事件处理器，从而在单击按钮时运行函数以实现节点替换。通过为 window.onload 方法指定一个匿名函数可以做到这一点：

```
window.onload = function() {
    document.getElementById("btn").onclick = replaceHeading;
}
```

程序清单 13.4 展示了添加 JavaScript 代码之后的页面文件。

程序清单 13.4 替换子元素的完整代码

```
<!DOCTYPE html>
<html>
<head>
    <title>Replace Page Element</title>
    <script>
        function replaceHeading() {
            var newH2 = document.createElement("h2");
            var newH2Text = document.createTextNode("Welcome!");
```

```
            newH2.appendChild(newH2Text);
            var myDiv = document.getElementById("id1");
            var oldP = document.getElementById("para1");
            myDiv.replaceChild(newH2, oldP);
        }
        window.onload = function() {
            document.getElementById("btn").onclick = replaceHeading;
        }
    </script>
</head>
<body>
    <div id="id1">
        <p id="para1">Welcome to my web page.</p>
        <p id="para2">Please take a look around.</p>
        <input id="btn" value="Replace Element" type="button" />
    </div>
</body>
</html>
```

新建一个 HTML 文档，输入程序清单 13.4 的代码，在浏览器里加载页面，就会看到两行文本和一个按钮。如果一切运行正常，单击按钮就会把第一个<p>元素替换为<h2>标题，如图 13.6 所示。

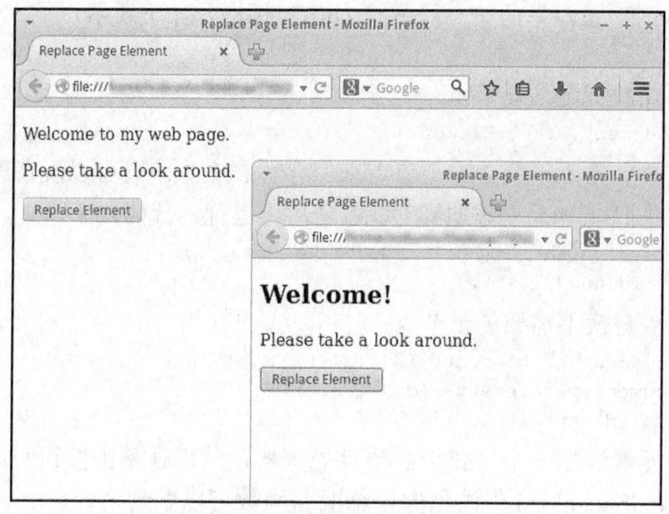

图 13.6　元素替换脚本的执行结果

▲

removeChild()

removeChild()方法专门用于从 DOM 树里删除子节点。

仍然以程序清单 13.3 为例，如果想删除 id 为 para2 的<p>元素，只需要这样做：

```
var myDiv = document.getElementById("id1");
var myPara = document.getElementById("para2");
myDiv.removeChild(myPara);
```

提示： **TIP**

如果不方便引用父元素，可以利用元素的 parentNode 属性：

```
myPara.paraentNode.removeChild(myPara);
```

removeChild()方法的返回值是对删除节点的一个引用，在需要时，可以利用它对已经删除的节点实现进一步操作：

```
var removedItem = myDiv.removeChild(myPara);
alert('Item with id ' + removedItem.getAttribute("id") + ' has been removed.');
```

13.4.3 编辑元素属性

第 12 章介绍过用 getAttribute()方法读取元素属性的相关内容。还有一个相应的 setAttribute()方法可以为元素节点创建属性并赋值。它有两个参数，一个是要添加的属性，另一个是属性值。

下面的代码给<p>元素添加 title 属性，并给它赋值“Opening paragraph”：

```
var myPara = document.getElementById("para1");
myPara.setAttribute("title", "Opening paragraph");
```

设置现有属性的值就会改变该属性的值。也可以用这一方法有效地编辑已有的属性的值：

```
var myPara = document.getElementById("para1");
myPara.setAttribute("title","Opening paragraph");  //设置 title 属性
myPara.setAttribute("title","New title");  //覆盖 title 属性
```

13.4.4 动态加载 JavaScript 文件

在有些情况下，我们需要给已经在浏览器中加载的页面随时加载 JavaScript 代码，为此可以利用 createElement()动态新建<script>元素，其中包含需要的代码，然后把这个元素添加到页面的 DOM。

```
var scr = document.createElement("script");
scr.setAttribute("src", "newScript.js");
document.head.appendChild(scr);
```

由于 appendChild()方法把新节点添加到最后一个子节点之后，因此新的<script>元素会位于页面的<head>部分的末尾。

注意，如果以这种方式动态加载 JavaScript 源文件，在文件完成加载之前，页面不能使用其中包含的代码。

在使用这些额外代码之前，最好先进行检测。

几乎所有现代浏览器在脚本完成下载之后都会触发一个 onload 事件，它与 window.onload 事件的工作方式类似，只不过后者是在页面完成加载时触发，而前者是在外部资源（本例是 JavaScript 源文件）完整下载并可以使用时触发：

```
scr.onload = function(){
    ... things to do when new source code is downloaded ...
}
```

实践

动态创建的菜单

利用本章及前面介绍的知识，我们来创建一个动态页面菜单。

示例中的 HTML 页面有一个顶端<h1>标题，之后是一系列短文，每篇短文由一个<h2>标题和一些文本段落组成。这种形式在博客、新闻页面、RSS 阅读器等上面是很常见的。

我们要利用 DOM 方法在页面<head>部分自动生成一个菜单，包含指向页面上任意一篇短文的链接。相应的 HTML 文件如程序清单 13.5 所示。实际上，可以使用任意的内容和标题，只要每个区间的标题包含在<h2>元素里即可。

程序清单 13.5　动态创建菜单范例的 HTML 文件

```
<!DOCTYPE html>
<html>
<head>
    <meta charset="utf-8" />
    <title>Scripting the DOM</title>
    <script src="menu.js"></script>
    <script>window.onload = makeMenu;</script>
</head>
<body>
    <h1>The Extremadura Region of Western Spain</h1>
    <h2>Geography Of The Region</h2>
    <p>The autonomous community of Extremadura is in western Spain alongside the
Portuguese border. It borders the Spanish regions of Castilla y Leon, Castilla La
Mancha and Andalucía as well as Portugal (to the West). Covering over 40,000 square
kilometers it has two provinces: Cáceres in the North and Badajoz in the South.</p>
    <h2>Where To Stay</h2>
    <p>There is a wide range of accommodation throughout Extremadura including
small inns and guest houses ('Hostals') or think about renting a 'casa rural'
(country house)if you are traveling in a group.</p>
    <h2>Climate</h2>
    <p>Generally Mediterranean, except for the north, where it is continental.
Generally known for its extremes, including very hot and dry summers with frequent
droughts, and its long and mild winters.</p>
    <h2>What To See</h2>
    <p>Extremadura hosts major events all year round including theater, music,
cinema, literature and folklore. Spectacular venues include castles, medieval town
squares and historic centers. There are special summer theater festivals in the
Mérida, Cáceres, Alcántara and Alburquerque.</p>
    <h2>Gastronomy</h2>
    <p>The quality of Extremaduran food arises from the fine quality of the local
ingredients. In addition to free-range lamb and beef, fabulous cheeses, red and
white wines, olive oil, honey and paprika, Extremadura is particularly renowned for
Iberian ham. The 'pata negra' (blackfoot) pigs are fed on acorns in the cork-oak
forests, the key to producing the world's best ham and cured sausages.</p>
</body>
</html>
```

这个页面如图 13.7 所示。

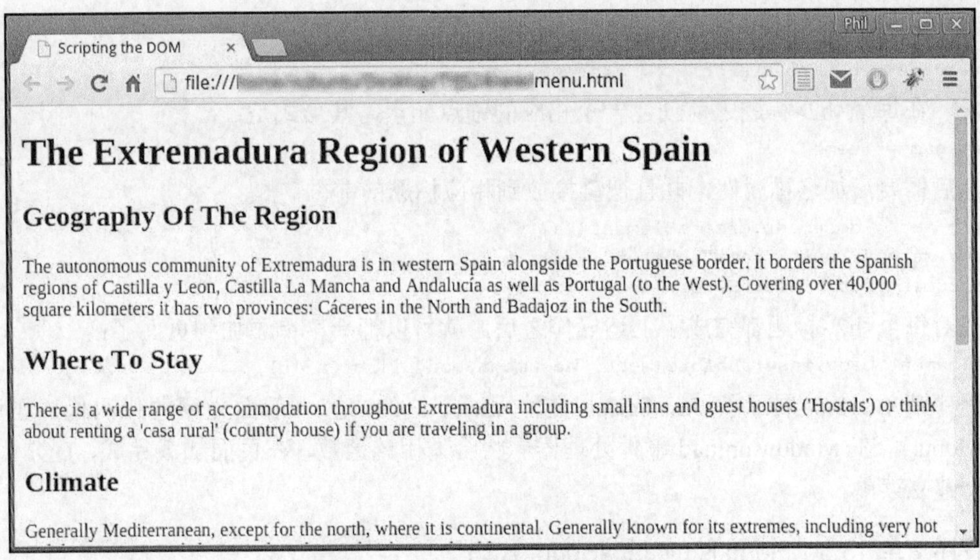

图 13.7 准备创建动态菜单的页面

为了创建动态菜单，首先要获得包含全部<h2>元素的集合。它们将作为菜单里的项目，再链接到每个相应<h2>元素旁边的 anchor 元素。

菜单里的链接采用无序列表形式（<ul>元素），它会被放到页面<head>部分的一个<div>容器里。

首先，获得<h2>元素的集合：

```
var h2s = document.getElementsByTagName("h2");
```

接着创建<div>容器来放置菜单，该<div>中的<ul>元素用于保存菜单项：

```
var menu = document.createElement("div");
var menuUl = document.createElement("ul");
menu.appendChild(menuUl);
```

然后是遍历<h2>标题的集合：

```
for(var i = 0; i < h2s.length; i++) {
    ...对每个标题的操作...
}
```

对于从文档中找到的每个标题，需要执行这样一些操作：

➢ 获取标题文本子节点的内容，该内容构成标题的文本：

```
var itemText = h2s[i].childNodes[0].nodeValue;
```

➢ 为菜单新建一个列表项<li>：

```
var menuLi = document.createElement("li");
```

➢ 把这个<li>元素添加到菜单：

```
menuUl.appendChild(menuLi);
```

➢ 每个列表项必须包含一个链接，指向相应标题旁边的锚点：

```
var menuLiA = document.createElement("a");
menuLiA = menuLi.appendChild(menuLiA);
```

➢ 给链接设置适当的 href（注意在遍历数组的过程中，变量 *i* 的值是不断增加的），这些链接的形式是：

```
<a href="#itemX">[Title Text]</a>
```

其中的 X 是菜单项的索引值：

```
menuLiA.setAttribute("href", "#item" + i);
```

➢ 在每个<h2>标题之前创建一个相应的锚点元素，其形式是：

```
<a name="itemX">
```

然后需要添加名称属性，并且把链接放到相应标题的前方：

```
var anc = document.createElement("a");
anc.setAttribute("name", "item" + i);
document.body.insertBefore(anc, h2s[i]);
```

在对每个<h2>标题都完成了上述操作之后，就可以把新菜单添加到页面了：

```
document.body.insertBefore(menu, document.body.firstChild);
```

程序清单 13.6 展示了 JavaScript 文件 menu.js 的内容。前面介绍的代码构成了函数 makeMenu()，在 window.onload 事件处理器中将会调用该函数，在页面加载完成、DOM 可用时就会建立菜单。

程序清单 13.6 menu.js 的 JavaScript 代码

```
function makeMenu() {
    // 获取所有 H2 标题元素
    var h2s = document.getElementsByTagName("h2");
    // 为菜单创建一个新的页面元素
    var menu = document.createElement("div");
    //创建一个 UL 元素，并将其添加到菜单 div
    var menuUl = document.createElement("ul");
    menu.appendChild(menuUl);
    //遍历 H2 元素
    for(var i = 0; i < h2s.length; i++) {
        //获取 h2 元素的文本节点
        var itemText = h2s[i].childNodes[0].nodeValue;
        //添加一个列表项
        var menuLi = document.createElement("li");
        //将其添加到菜单列表
        menuUl.appendChild(menuLi);
        //该列表项包含一个链接
        var menuLiA = document.createElement("a");
        menuLiA = menuLi.appendChild(menuLiA);
        //设置链接的 href
        menuLiA.setAttribute("href", "#item" + i);
        //设置链接的文本
        var menuText = document.createTextNode(itemText);
        menuLiA.appendChild(menuText);
        //创建相应的锚点元素
        var anc = document.createElement("a");
        anc.setAttribute("name", "item" + i);
        //将锚点元素添加到标题列
        document.body.insertBefore(anc, h2s[i]);
    }
    //将菜单添加到页面顶部
    document.body.insertBefore(menu, document.body.firstChild);
}
```

脚本运行的结果如图 13.8 所示。

利用浏览器的 DOM 查看器可以看到，添加到页面里额外的 DOM 元素构成了菜单和锚点。图 13.9 展示了 Google Chromium 的开发者工具，其中突出显示了添加的元素。

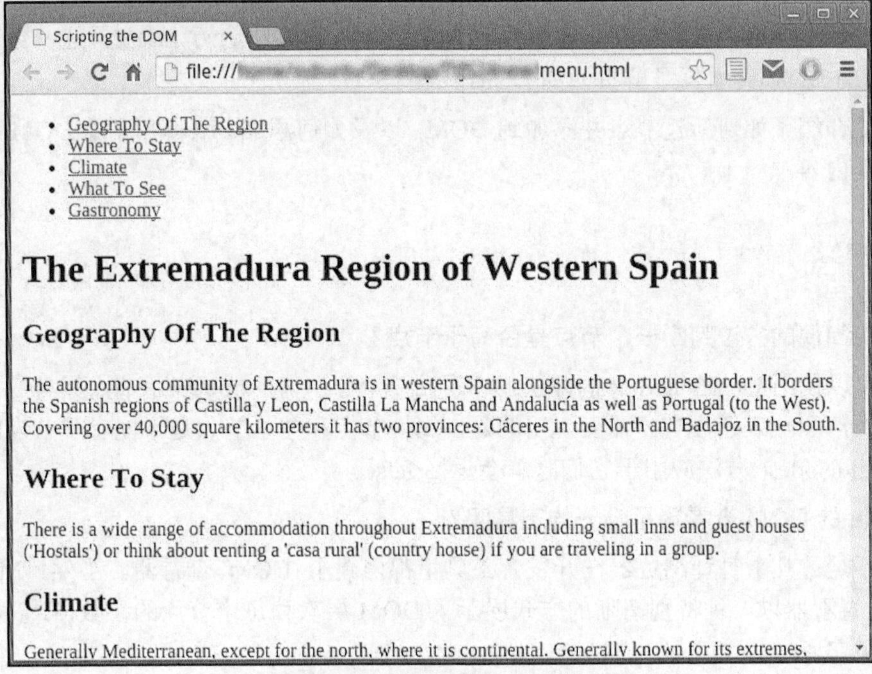

图 13.8　自动菜单脚本的运行结果

```
▼<html>
 ▶<head>…</head>
 ▼<body>
  ▼<div>
   ▼<ul>
    ▼<li>
       <a href="#item0">Geography Of The Region</a>
     </li>
    ▼<li>
       <a href="#item1">Where To Stay</a>
     </li>
    ▼<li>
       <a href="#item2">Climate</a>
     </li>
    ▼<li>
       <a href="#item3">What To See</a>
     </li>
    ▼<li>
       <a href="#item4">Gastronomy</a>
     </li>
    </ul>
   </div>
   <h1>The Extremadura Region of Western Spain</h1>
   <a name="item0"></a>
   <h2>Geography Of The Region</h2>
  ▼<p>
     "The autonomous community of Extremadura is in western S
     border. It borders the Spanish regions of Castilla y Le
     as well as Portugal (to the West). Covering over 40,000
     provinces: Cáceres in the North and Badajoz in the Sout
   </p>
   <a name="item1"></a>
   <h2>Where To Stay</h2>
  ▼<p>
```

图 13.9　添加的 DOM 元素

13.5 小结

本章介绍了什么是节点，以及如何使用与节点相关的方法遍历 DOM，还介绍了如何使用 Mozilla 的 DOM 查看器了解页面的 DOM 结构。

本章还介绍了如何新建节点并添加到 DOM，以及如何添加、编辑和删除 DOM 节点来动态修改页面内容。

13.6 问答

问：是否有简便的方法判断一个节点是否有子节点？

答：有，可以使用 hasChildNodes()方法。它返回一个布尔值，true 表示节点具有一个或多个子节点，false 表示没有。需要说明的是，属性节点和文本节点是不能有子节点的，所以 hasChildNodes()方法应用于它们时总会返回 false。

问：Mozilla 的 DOM 查看器是唯一的工具吗？

答：当然不是，几乎每种浏览器在开发者工具里都内建了 DOM 查看器。当然，Mozilla 的 DOM 查看器以一种特别清晰的方式展示了 DOM 层次和每个节点的参数，所以本书特别介绍了它。

问：在需要插入和获取 HTML 时，使用 DOM 是否比 innerHTML 更好呢？

答：每种方法都有其优点和缺点。在向文档插入 HTML 代码时，使用 innerHTML 是更方便快捷的方法，但它不会返回对插入内容的引用，所以不便对这部分内容继续进行操作。与之相比，DOM 方法对所操作的页面元素有更精细的控制。

在任何能够使用 innerHTML 的地方，都可以使用 DOM 方法得到相同的结果，但通常需要更多的编码。

还需要注意的是，innerHTML 不是 W3C 标准，虽然它目前得到了不错的支持，但不能保证将来也是这样。

问：我曾在 Web 上看到关于 DOM Core 和 HTML DOM 的介绍，它们究竟是什么？有什么区别？

答：DOM Core 描述了 DOM 方法的核心基础部分，这些方法不仅能够适用于 HTML 页面，还适用于其他标签语言（比如 XML）构成的页面。HTML DOM 包含更多只适用于 HTML 页面的方法，这些方法的确提供了完成某些任务的简便方法，但牺牲了代码对于非 HTML 应用的可移植性。

本书的范例一般使用 DOM Core 标准的方法，比如程序清单 13.6 中这样的语句：

```
menuLiA.setAttribute("href", "#item" + i);
```

如果使用 HTML DOM 标准的语句，可以写成更简短的方式：

```
menuLiA.href = "#item" + i;
```

13.7 作业

读者可以通过测验和练习来检验自己对本章知识的理解，以提升技能。

13.7.1 测验

1．下面哪个选项不是节点类型？

  a．元素

  b．属性

  c．数组

2．getElementsByTagName()方法返回：

  a．元素对象的类似数组的集合

  b．nodeType 值的类似数组的集合

  c．标签名称的类似数组的集合

3．对于某些浏览器来说，页面里的空白可能会导致创建：

  a．文本节点

  b．JavaScript 错误

  c．属性节点

4．为了新建<span>元素，应该使用：

  a．document.createElement("span");

  b．document.createElement(span);

  c．document.appendChild("span");

5．为了复制节点时包含其所有的子节点，应该使用：

  a．cloneNode(false);

  b．copyNode();

  c．cloneNode(true);

6．为了把<ima>元素的 alt 属性设置为“Company Logo”，应该使用：

  a．setAttribute(alt, "Company Logo");

  b．setAttribute("alt", "Company Logo");

  c．setAttribute(alt="Company Logo");

13.7.2 答案

1．选 c。数组并不是节点类型

2．选 a。这个方法返回元素对象的集合

3．选 a。元素内部的空白通常会导致生成文本子节点

4．选 a。使用 document.createElement("span");

5．选 c。使用 cloneNode(true);

6．选 b。使用 setAttribute("alt", "Company Logo");

13.8 练习

如果读者正在使用 Firefox，请下载并安装 DOM 查看器，熟悉它的界面，并利用它查看一些常用的 Web 页面。

本章介绍了 insertBefore()方法，是不是有人会觉得相应地应该有 insertAfter()方法呢？但事实上的确没有这个方法。可以尝试编写一个 insertAfter()方法，使用与 insertBefore()类似的参数，形式如同 insertAfter(newNode, targetNode)。（提示：使用 insertBefore()方法和 nextSibling 属性。）

第 14 章

JSON 简介

本章主要内容

- JSON 是什么
- 如何模拟关联数组
- JSON 与对象
- 访问 JSON 数据
- JSON 的数据序列化
- JSON 安全性

第 13 章介绍了用 new Object()语法直接实例化一个对象的方法。本章介绍的“JavaScript 对象标签”（JSON）提供了另一种创建对象实例的方法。这种方法还可以作为一种通用数据交换语法。

> **说明：JSON 主页** *NOTE*
> JSON 的官方网站提供了大量关于 JSON 资源的链接。

14.1 JSON 是什么

JSON（读作“Jason”）是 JavaScript 对象的一种简单紧凑的标签。使用 JSON 表示法时，对象可以方便地转换为字符串来进行存储和转换（比如在不同程序或网络之间）。

然而，JSON 的真正优雅之处在于对象在 JSON 里是以普通 JavaScript 代码表示的，因此我们可以利用 JavaScript 的“自动”解析功能，让 JavaScript 把 JSON 字符串的内容解释为代码，而不需要其他的解析程序或转换器。

JSON 语法

JSON 数据的表示方式是一系列成对的参数与值，参数与值由冒号分隔，每对之间以逗号分隔：

```
"param1":"value1", "param2":"value2", "param3":"value3"
```

最终这些序列用花括号包围起来，构成表示数据的 JSON 对象：

```
var jsonObject = {
 "param1":"value1",
 "param2":"value2",
 "param3":"value3"
}
```

对象 jsonObject 的定义使用标准 JavaScript 表示法的子集，这只是有效的 JavaScript 代码的一小部分。

使用 JSON 表示法编写的对象也具有属性和方法，能够利用句号表示法进行访问：

```
alert(jsonObject.param1);  //显示'value1'
```

更好的是，JSON 是一种以字符串格式实现数据交换的通用语法。不仅是对象，任何能够以一系列“参数”:“值”对表示的数据，都能够用 JSON 表示法来表示。使用前面提到的“序列化”过程可以方便地把 JSON 对象转换为字符串，而序列化的数据便于在网络环境中进行存储和传输。本章稍后将介绍如何序列化 JSON。

NOTE **说明：JSON 和 XML**

作为一种通用的数据交换语法，JSON 的用途有些类似于 XML，但它更易于阅读和理解。另外，大型 XML 文件的解析过程比较慢，而 JSON 提供的是 JavaScript 对象，随时可以使用。

JSON 具有一些重要的优点，从而在近期获得了巨大的发展动力。

- 对于人类和计算机都很易于阅读。
- 概念很简单。JSON 就是用花括号包含的一系列“参数”:“值”对。
- 基本上是其义自明的。
- 能够快速创建和解析。
- 它是 JavaScript 的一个子集，不需要特殊的解释程序或额外的软件包。

当今一些主流在线服务，包括 Flickr、Twitter 以及 Google 和 Yahoo！提供的一些服务，都提供以 JSON 表示法来编码的数据。

14.2 访问 JSON 数据

为了还原以 JSON 字符串编码的数据，需要把字符串转换为 JavaScript 代码，这通常称为字符串的“去序列化”。

14.2.1 使用 eval()

直到最近，才有一些浏览器能够直接支持 JSON（稍后会介绍如何使用浏览器对 JSON 直接支持）。但由于 JSON 是 JavaScript 的一个子集，因此可以用 JavaScript 的函数 eval()把 JSON 字符串转换为 JavaScript 对象。

> **说明：理解 eval()** *NOTE*
>
> JavaScript 的 eval()函数会计算或运行作为参数传递的内容。如果参数是一个表达式，eval()会计算它的值，比如：
>
> ```
> var x = eval(4*3);   // x=12
> ```
>
> 如果参数包含一个或多个 JavaScript 语句，eval()将执行如下语句：
>
> ```
> eval ("a=1;b=2;document.write(a+b);");  //向页面写入 3
> ```

eval()函数用 JavaScript 解释程序解析 JSON 文本来生成 JavaScript 对象：

```
var myObject = eval ('(' + jsonObjectString + ')');
```

然后就可以在脚本里使用这个 JavaScript 对象：

```
var user = '{"username" : "philb1234","location" : "Spain","height" : 1.80}';
var myObject = eval ('(' + user + ')');
alert(myObject.username);
```

> **注意：使用括号** *CAUTION*
>
> 字符串必须像这样包含在括号里，以免造成含义不明确的 JavaScript 语法。

14.2.2 使用直接浏览器 JSON 支持

最新的浏览器都对 JSON 提供直接支持，所以可以不使用 eval()函数。

> **说明：** *NOTE*
>
> 直接支持 JSON 的浏览器如下。
>
> - Firefox（Mozilla）3.5+
> - Internet Explorer 8+
> - Google Chrome
> - Opera 10+
> - Safari 4+

浏览器会创建一个名为JSON的JavaScript对象来管理JSON的编码和解码。这个对象有两个方法：stringify()和parse()。

14.2.3 使用JSON.parse()

JSON.parse()方法用于解释JSON字符串。它接收一个字符串作为参数，解析它，创建一个对象，并且根据字符串中找到的"parameter":"value"对设置对象的参数：

```
var Mary = '{ "height":1.9, "age":36, "eyeColor":"brown" }';
var myObject = JSON.parse(Mary);
var out = "";
for (i in myObject) {
  out += i + " = " + myObject[i] + "\n";
}
alert(out);
```

这段代码的运行结果如图14.1所示。

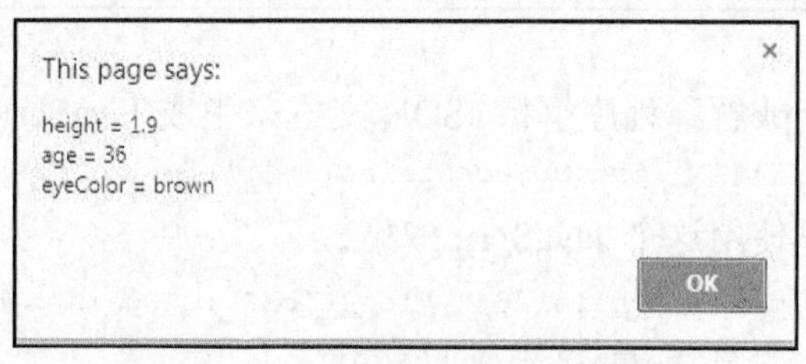

图14.1 使用JSON.parse()

14.3 JSON的数据序列化

在数据存储和转换时，“序列化”是指把数据转换为便于通过网络进行存储和传输的形式，稍后再恢复为原始的格式。

JSON选择字符串作为序列化数据的格式。因此，为了把JSON对象进行序列化（比如为了通过网络连接进行传输），需要用字符串的形式来表示它。

在直接支持JSON的浏览器里，只需要简单地使用JSON.stringify()方法。

使用JSON.stringify()

利用JSON.stringify()方法可以创建对象的JSON编码字符串。

先创建一个简单的对象，添加一些属性：

```
var Dan = new Object();
Dan.height = 1.85;
Dan.age = 41;
Dan.eyeColor = "blue";
```

然后用JSON.stringify()方法序列化这个对象：

```
alert( JSON.stringify(Dan) );
```

序列化的对象如图14.2所示。

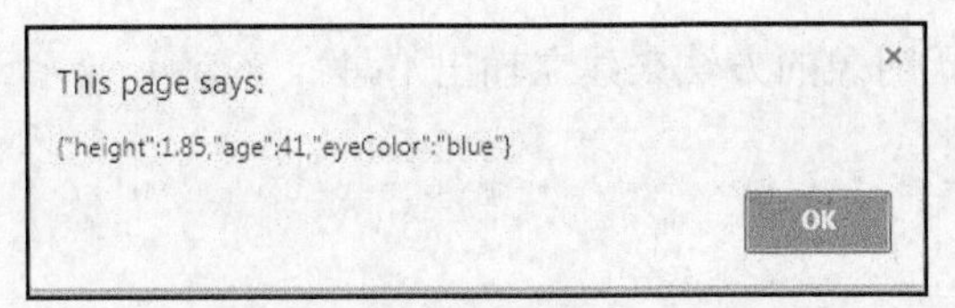

图 14.2 使用 JSON.stringify()

实践

解析 JSON 字符串

用编辑软件创建一个 HTML 文件，输入程序清单 14.1 的代码。

程序清单 14.1 解析 JSON 字符串

```
<!DOCTYPE html>
<html>
<head>
    <title>Parsing JSON</title>
    <script>
        function jsonParse() {
            var inString = prompt("Enter JSON object");
            var out = "";
            myObject = JSON.parse(inString);
            for (i in myObject) {
                out += "Property: " + i + " = " + myObject[i] + '\n';
            }
        alert(out);
        }
    </script>
</head>
<body onload="jsonParse()">
</body>
</html>
```

当页面加载完成之后，页面<body>元素附加的 window 对象的 onLoad 事件处理器会调用 jsonParse()函数。

函数里的第一行代码是请用户输入对应于 JSON 对象的字符串：

```
var inString = prompt("Enter JSON object");
```

这时要仔细地输入内容，要特别记得用引号包含字符串，如图 14.3 所示。

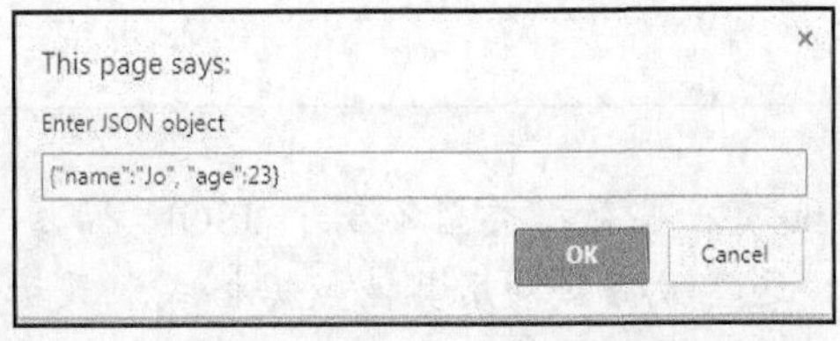

图 14.3 输入 JSON 字符串

接着脚本声明一个空字符串变量 out，用于保存输出消息：

```
var out = "";
```

然后使用 JSON.parse()方法，基于输入的字符串创建一个对象：

```
myObject = JSON.parse(inString);
```

现在就可以通过遍历对象的方法来建立输出消息：

```
for (i in myObject) {
    out += "Property: " + i + " = " + myObject[i] + '\n';
}
```

最后，显示结果：

```
alert(out);
```

脚本的输出结果如图 14.4 所示。

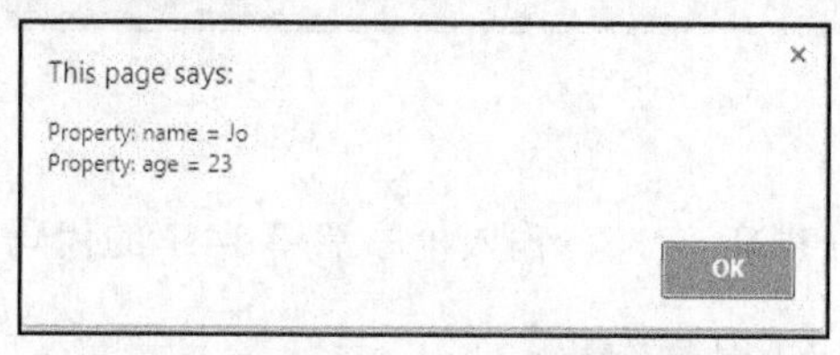

图 14.4 解析 JSON 字符串得到的对象

重新加载页面，输入不同数量的"parameter":"value"对来观察运行结果。

▲

14.4 JSON 数据类型

每个"parameter":"value"对里的参数部分必须遵循一些简单的语法规则。

- 不能是 JavaScript 保留的关键字。
- 不能以数字开头。
- 除了下画线和美元符号外，不能包含任何特殊字符。

JSON 对象的值可以是如下一些数据类型。

- 数值
- 字符串
- 布尔值
- 数组
- 对象
- null（空）

CAUTION **注意：**

JavaScript 有一些数据类型不属于 JSON 标准，包括 Date、Error、Math 和 Function。这些数据必须用其他数据格式来表示，用遵循相同编码和解码规则的其他数据格式来进行处理。

14.5 模拟关联数组

第 8 章介绍了 JavaScript 的数组对象以及它的多种属性和方法，并说明了 JavaScript 数组里的元素具有唯一的数值索引：

JavaScript 数组中的元素拥有唯一的数字标识符：

```
var myArray = [];
myArray[0] = 'Monday';
myArray[1] = 'Tuesday';
myArray[2] = 'Wednesday';
```

在其他很多编程语言里，可以使用文本形式的索引，从而让代码的描述性更强：

```
myArray["startDay"] = "Monday";
```

遗憾的是，JavaScript 并不直接支持这种所谓的“关联”数组。

利用对象可以方便地模拟这种行为，比如利用 JSON 表示法可以让上述代码更易于阅读和理解：

```
var conference = { "startDay" : "Monday",
  "nextDay" : "Tuesday",
  "endDay" : "Wednesday"
}
```

现在就可以像使用关联数组一样访问对象的属性了：

```
alert(conference["startDay"]);   //输出“Monday”
```

提示：使用方括号 **TIP**

使用 JSON 的这种表示法是有效的，因为在 JavaScript 中，`object["property"]`和`object.property`是对等的。

注意：这不是关联数组 **CAUTION**

虽然看上去挺像，但这并不是真正的关联数组。如果对它进行遍历，会得到对象的 3 个属性和它包含的全部方法。

14.6 使用 JSON 创建对象

第 8 章介绍过表示数组的一种简便方式，即使用方括号：

```
var categories = ["news", "sport", "films", "music", "comedy"];
```

JSON 能够以类似的方式定义 JavaScript 对象。

提示：JSON 是一种独立的语言 **TIP**

虽然 JSON 是为了描述 JavaScript 对象而开发的，但它是独立于任何编程语言和平台的。很多编程语言都包含 JSON 库和工具，比如 Java、PHP、C 等。

14.6.1 属性

如前面所介绍的，在用 JSON 表示法表示对象时，我们把对象包含在花括号而不是方括号里，并且以"property":"value"对的方式列出对象的属性：

```
var user = {
```

```
"username" : "philb1234",
"location" : "Spain",
"height" : 1.80
}
```

> **TIP 提示：创建一个空的对象**
>
> JavaScript 语句：
>
> ```
> var myObject = new Object();
> ```
>
> 会创建对象的一个“空”实例，没有任何的方法和属性。自然，相应的 JSON 表示法是：
>
> ```
> var myObject = {};
> ```

之后就能以常见的形式访问对象的属性：

```
var name = user.username;  //变量name包含的值是"philb1234"
```

14.6.2 方法

还使用上面的形式，在对象定义之中利用匿名函数就可以给对象添加方法。

```
var user = {
 "username" : "philb1234",
 "location" : "Spain",
 "height" : 1.80,
 "setName":function(newName){
    this.username=newName;
 }
}
```

然后就可以调用这个 setName 方法了：

```
var newname = prompt("Enter a new username:");
user.setName(newname);
```

> **CAUTION 注意：JSON 并不直接支持方法**
>
> 在 JavaScript 环境中用这种方式添加方法是可以的，但当 JSON 作为通用数据交换格式时，不能这样使用。在直接支持 JSON 解析的浏览器里，以这种方式声明的函数会解析错误，但 eval()函数仍然可以工作。当然，如果实例化的脚本只是在自己的脚本里使用，还是可以这样使用的。

14.6.3 数组

属性值可以是数组：

```
var bookListObject = {
 "booklist": ["Foundation",
    "Dune",
    "Eon",
    "2001 A Space Odyssey",
    "Stranger In A Strange Land"]
```

```
}
```

在这段代码里，对象有一个 booklist 属性，它的值是个数组。利用相应的索引值，就可以访问数组里的元素（请记住，数组的索引从 0 开始）：

```
var book = bookListObject.booklist[2];   //变量 book 的值是"Eon"
```

上一行代码把数组 booklist 的第 3 个元素赋予变量 book，而这个数组是 bookListObject 对象的一个属性。

14.6.4 对象

JSON 对象还可以包含其他对象。通过把数组元素本身设置为 JSON 编码的对象，就可以利用句点表示法访问它们。

在下面的范例代码里，属性 booklist 的值是 JSON 对象组成的数组，每个 JSON 对象有两个"parameter":"value"对，分别用于保存图书的标题和作者信息。

在像前例所示那样获得图书列表之后，就可以很方便地访问 title 和 author 属性。

```
var booklistObject = {
 "booklist": [{"title":"Foundation", "author":"Isaac Asimov"},
 {"title":"Dune", "author":"Frank Herbert"},
 {"title":"Eon", "author":"Greg Bear"},
 {"title":"2001 A Space Odyssey", "author":"Arthur C. Clarke"},
 {"title":"Stranger In A Strange Land", "author":"Robert A. Heinlein"}]
 }
 //显示第三本书的作者
 alert(bookListObject.booklist[2].author);  //显示"Greg Bear"
```

实践

处理多层次 JSON 对象

利用前面的 JSON 对象 bookListObject，我们来构造一条用户消息，以清晰的方式列出图书的标题和作者。先创建一个 HTML 文件，输入程序清单 14.2 所示的代码。其中的 JSON 对象与前例是相同的，但这一次会利用一个循环访问图书列表，添加图书名称和作者来构成输出消息，并且把消息显示给用户。

程序清单 14.2 处理多层次 JSON 对象

```
<!DOCTYPE html>
<html>
<head>
    <title>Understanding JSON</title>
    <script>
        var booklistObject = {
            "booklist": [{"title":"Foundation", "author":"Isaac Asimov"},
            {"title":"Dune", "author":"Frank Herbert"},
            {"title":"Eon", "author":"Greg Bear"},
            {"title":"2001 A Space Odyssey", "author":"Arthur C. Clarke"},
            {"title":"Stranger In A Strange Land", "author":"Robert A. Heinlein"}]
        }
```

```
        //保存用户消息的一个变量
        var out = "";

        //获取数组
        var books = booklistObject.booklist;

        //遍历数组，一本一本地获取图书
        for(var i =0; i<books.length;i++) {
            var booknumber = i+1;
            out += "Book " + booknumber +
            " is: '" + books[i].title +
            "' by " + books[i].author +
            "\n";
         }
    </script>
</head>
<body onload="alert(out)">
</body>
</html>
```

在这段代码里，设计了 JSON 对象之后，声明了一个变量并赋予它空字符串，用于保存输出的消息：

```
var out = "";
```

接着获取图书的列表，把这个数组保存到新变量 books 中，从而避免反复输入很长的名称：

```
var books = booklistString.booklist;
```

然后就只需要遍历 books 数组，读取每个元素的 title 和 author 属性，组成一个字符串，添加到输出消息中。

```
for(var i =0; i<books.length;i++) {
 var booknumber = i+1; //数组索引从口开始
 out += "Book " + booknumber +
 " is: '" + books[i].title +
 "' by " + books[i].author +
 "\n";
}
```

最后，把消息显示给用户：

```
alert(out);
```

脚本运行的结果如图 14.5 所示。

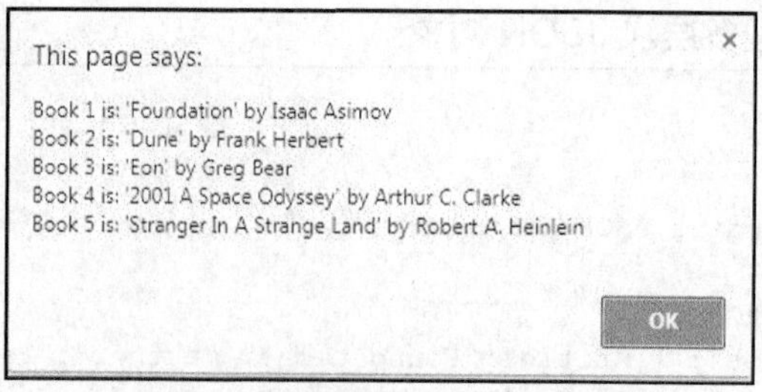

This page says:

Book 1 is: 'Foundation' by Isaac Asimov
Book 2 is: 'Dune' by Frank Herbert
Book 3 is: 'Eon' by Greg Bear
Book 4 is: '2001 A Space Odyssey' by Arthur C. Clarke
Book 5 is: 'Stranger In A Strange Land' by Robert A. Heinlein

OK

图 14.5 给用户显示的图书信息

14.7 JSON 安全性

使用 JavaScript 的 eval()函数能够执行任何 JavaScript 命令，这可能会导致潜在的安全问题，特别是处理来源不明的 JSON 数据时。

更安全的办法是使用内置 JSON 解析器的浏览器把 JSON 字符串转换为 JavaScript 对象——它只识别 JSON 文本，而且不会执行脚本命令。同时，内置的 JSON 解析器的速度也比 eval()快一些。

较新的浏览器都内置了 JSON 解析器，ECMAScript（JavaScript）标准也明确了它的规范。

14.8 小结

本章介绍了 JSON 表示法，它是一种简单的数据交换语法，也可以用来创建 JavaScript 对象的实例。

本章还介绍了如何利用现代浏览器内置的 JSON 解析器把对象序列化为 JSON 字符串，以及如何把 JSON 字符串解析为 JavaScript 对象。

14.9 问答

问：哪里有官方的 JSON 规范文档？

答：RFC 4627 规范了 JSON 语法。读者可以从 IETF 官方网站获得相关资料。另外，JSON 的官方网站也有丰富的内容。

问：如何判断所使用的浏览器是否直接支持 JSON？

答：利用 typeof 操作符可以判断是否存在 JSON 对象，可以参见第 8 章的介绍。

```
if (typeof JSON == 'object') {
    //直接支持 JSON
} else {
    //用其他方式来解决，比如 eval()
}
```

在使用这段代码时，要确保脚本里没有自己定义的名为 JSON 的对象，否则就可能得到意外的结果。

14.10 作业

读者可以通过测验和练习来检验自己对本章知识的理解，以提升技能。

14.10.1 测验

1. JSON 是什么的缩写？

   a. JavaScript Object Notation

b．Java String Object Notation

c．JavaScript Serial Object Notation

2．JSON 能实现以下什么功能？

a．创建构造函数

b．解析 XML 数据

c．直接实例化对象

3．使用哪个符号包含 JSON 对象里的一系列"parameter":"value"对？

a．花括号{ }

b．方括号[ ]

c．圆括号( )

4．JSON.parse()方法

a．通过解析一个 JSON 字符串来创建一个对象

b．从一个 JavaScript 对象创建一个 JSON 编码的字符串

c．以上说法都不对

5．JSON.stringify()

a．通过解析一个 JSON 字符串来创建一个对象

b．从一个 JavaScript 对象创建一个 JSON 编码的字符串

c．以上说法都不对

14.10.2 答案

1．选 a。JavaScript Object Notation

2．选 c。直接实例化对象

3．选 a。花括号{}

4．选 a。通过解析一个 JSON 字符串来创建一个对象

5．选 b。从一个 JavaScript 对象创建一个 JSON 编码的字符串

14.11 练习

请在浏览器里加载程序清单 14.1 的代码，尝试输入一些以数组作为参数值的 JSON 字符串，比如：

```
{"days":["Mon","Tue","Wed"]}
```

程序的运行情况如何？与期望的一致吗？

使用 new Object()语法实例化一个对象，添加一些以数组作为值的属性。利用 stringify()方法把对象转换为 JSON 字符串，显示得到的结果。

第四部分

用 JavaScript 操作 Web 界面

第 15 章

HTML 与 JavaScript 编程

本章主要内容

- 关于 HTML5 的新标签
- 如何处理音频和视频
- 使用<canvas>元素
- HTML5 里的拖放
- 使用本地存储
- 与本地文件系统的交互

HTML 的上一个版本是 1999 年发布的 4.01。

XHTML 是基于 XML 的 HTML。它是 W3C 近年来不断努力的一个项目，最新版本是 XHTML2。但在 2009 年，W3C 宣布放弃 XHTML，把全部精力投入到新版的 HTML：HTML5。

> **提示：HTML5** TIP
> 注意这个新版本的书写方式：HTML5，在 L 与 5 之间是没有空格的。

这个最新版本的 HTML 致力于把 HTML 作为 Web 应用的前端，使用语义丰富的元素来扩展标签语言，引用新属性，支持使用 JavaScript 和全新的 API。

HTML5 很快就会成为 HTML 的新标准，而且主流浏览器已经支持很多 HTML5 的元素和 API 了。

本章将介绍如何使用 JavaScript 来控制其中一些强大的新功能。

15.1 HTML5 的新标签

即使是组织良好的 HTML 页面，对其代码的阅读与解释都会比想象中困难得多，主要原因是标签本身包含的语义信息很少。

像边栏、标题和页脚、导航元素这些页面组成部分都被包含在像 div 这样的通用元素里，只能根据开发人员设置的 id 和类名加以区分。

HTML5 添加的新元素更容易识别，也更明确其中的内容。表 15.1 列出了一些 HTML5 新标签。

表 15.1　　一些 HTML5 新标签

标　签	描　述
<section>	定义页面的区域
<header>	页面标题
<footer>	页面页脚
<nav>	页面导航元素
<article>	页面的文章或主要内容
<aside>	页面的附加内容，比如边栏
<figure>	文章的配图
<figcaption>	<figure>元素的标题
<summary>	<details>元素的可视标题

15.2 一些重要的新元素

HTML5 引入了很多有趣的新功能，本节先着重介绍帮助解决了一些老问题的新标签。

15.2.1 用<video>回放视频

视频在 Web 上是很流行的，然而，实现视频的方法是多种多样的，视频的回放是通过使用插件实现的，比如 Flash、Windows Media 或苹果的 QuickTime 等插件。能够在一个浏览器里嵌入这些元素的标签，在另一个浏览器里不一定能够正常使用。

HTML5 提供了一个崭新的<video>元素，其目标是嵌入任何一种视频格式。

使用新的<video>标签，可以像下面这样实现 QuickTime 视频：

```
<video src="video.mov" />
```

到目前为止，<video>元素应该支持什么视频格式（编解码器）还处于讨论之中。在编写本书时，还在继续寻找不需要专门许可的编解码器，但 WebM 似乎不错。目前，解决这个问题的方式是引用多个格式，还不必使用浏览器所需要的功能嗅探。当前获得广泛支持的视频格式有 3 种：MP4、WebM 和 Ogg。

```
<video id="vid1" width="400" height="300" controls="controls">
    <source src="movie.mp4" type="video/mp4" />
    <source src="movie.ogg" type="video/ogg" />
    <source src="movie.webm" type="video/webm" />
```

```
    <p>Video tag not supported.</p>
</video>
```

给<video>元素指定宽度和高度是个很好的习惯，否则浏览器不知道应该保留多大面积的区域，会导致视频加载时改变页面布局。

此处，建议在<video>和</video>之间设置一些文本，用于在不支持<video>标签的浏览器里显示。

表 15.2 列出了<video>标签一些重要的属性。

表 15.2 <video>元素的一些属性

属性	描述
loop	循环播放
autoplay	视频加载后自动播放
controls	显示回放控件（其外观取决于浏览器）
ended	回放结束时，值为 true（只读）
paused	回放暂停时，值为 true（只读）
poster	设置影片加载时显示的图像
volume	音量，值是从 0（静音）到 1（最大）

利用 controls 属性显示的控件，其外观依赖于所使用的浏览器，如图 15.1 所示。

图 15.1 不同浏览器上回放控件的不同外观

访问这些属性的方式与对待其他 JavaScript 或 DOM 对象是一样的，比如对于前面的<video>元素，使用：

```
var myVideo = document.getElementById("vid1").volume += 0.1;
```

就可以稍微提高音量。

```
if(document.getElementById("vid1").paused) {
    alert(message);
}
```

上面的代码可以在视频回放暂停时向用户显示提示消息。

15.2.2 用 canPlayType()测试可用的格式

利用 JavaScript 的

```
media.canPlayType(type)
```

方法可以检查对特定编解码器的支持，其中 type 是表示媒体类型的字符串，比如“video/webm”。如果浏览器确定支持指定内容，该方法会返回一个空字符串。如果浏览器认为它支持指定格式，该方法会返回“probably”，其他情况就返回“maybe”。

15.2.3 控制回放

利用 pause()和 play()命令也可以控制视频回放，像下面这样：

```
var myVideo = document.getElementById("vid1").play();
var myVideo = document.getElementById("vid1").pause();
```

15.2.4 用<audio>标签播放声音

<audio>元素与<video>很相似，只不过它专门用于处理音频文件。使用<audio>元素最简单的方法是：

```
<audio src="song.mp3"></audio>
```

还可以对回放进行更多的控制，比如 loop 和 autoplay：

```
<audio src="song.mp3" autoplay loop></audio>
```

> ***TIP*** **提示：区分 loop 和 autoplay**
>
> 千万不要混淆 loop 和 autoplay，否则可能因严重影响用户体验而拉低网站的访问量。

像前面处理视频文件一样，可以包含多个不同的格式，以确保浏览器可以找到自己能播放的格式，比如下面的代码：

```
<audio controls="controls">
    <source src="song.ogg" type="audio/ogg" />
    <source src="song.mp3" type="audio/mpeg" />
    <p>Your browser does not support the audio element.</p>
</audio>
```

<audio>元素支持的最常见文件格式是 MP3、WAV 和 Ogg。JavaScript 里控制音频的方式与针对<video>使用的方法差不多。

利用 JavaScript 添加和播放音频文件时，只需把它当作其中 JavaScript 或 DOM 对象即可：

```
var soundElement = document.createElement('audio');
soundElement.setAttribute('src', 'sound.ogg');
soundElement.play();
soundElement.pause();
```

<audio>和<video>标签有很多有用的属性可以通过 JavaScript 进行控制。下面列出了常用的一些，它们作用的效果是立即呈现的：

```
mediaElement.duration
mediaElement.currentTime
mediaElement.playbackRate
mediaElement.muted
```

举例来说，要想跳转到某首歌的第 45 秒，可以这样：

```
soundElement.currentTime = 45;
```

15.2.5 用<canvas>在页面上绘图

<canvas>标签能够提供的是页面上的一个矩形区域，可供用户用 JavaScript 在其中绘制图形与图像，也可以加载和展现图像文件并控制其显示方式。这个元素有很多实用领域，比如动态图表、JavaScript/HTML 游戏和受控动画。

<canvas>元素只是通过它的 width 和 height 参数定义一个区域，其他与创建图形内容相关的事情都是通过 JavaScript 实现的。Canvas 2D API 就是绘画方法的一个大集合。

实践

使用<canvas>实现一个移动的圆球

现在利用<canvas>实现一个简单的动画，就是一个红色圆盘（表示一个球）在页面上以圆形轨迹运动。

页面<body>部分里只需要一个<canvas>即可：

```
<canvas id="canvas1" width="400" height="300"></canvas>
```

所有的绘图和动画工作都是由 JavaScript 完成的。

> **提示：定义画布尺寸** *TIP*
>
> 如果不设置 width 和 height 参数，默认尺寸是 300 像素宽、150 像素高。

首先需要指定“渲染环境”。在编写本书时，2D 是唯一得到广泛支持的环境，3D 环境还在开发中。

```
context = canvas1.getContext('2d');
```

<canvas>唯一支持的形状就是简单的矩形：

```
fillRect(x,y,width,height);      //绘制一个填充的矩形
strokeRect(x,y,width,height);    //绘制一个矩形框
clearRect(x,y,width,height);   //清除矩形
```

其他形状就需要使用一个或多个路径绘制函数才能实现。本例需要绘制一个彩色圆盘，现在就来绘制。

<canvas>提供了很多不同的路径绘制函数：

```
moveTo(x,y)
```

会移动到指定位置，不绘制任何东西。

```
lineTo(x,y)
```

会从当前位置到指定位置绘制一条直线。

```
arc(x,y,r,startAngle,endAngle,anti)
```

绘制弧线，圆心位置是 x,y，半径是 r，起始角度是 startAngle，结束角度是 endAngle。默认绘制方向是顺时针。如果最后一个参数是 true，就会以逆时针方向绘制。

要用这些基本命令来绘制形状，还需要用到其他一些方法：

```
object.beginPath();
object.closePath();   //  完成剩余部分形状
```

```
object.stroke();      //  绘制轮廓形状
object.fill();        //  绘制填充形状
```

> **TIP 提示：使用 fill 自动将形状闭合**
>
> 如果用了fill方法，一个打开的形状将自动变为闭合的，就不必再使用closePath()方法了。

为了得到范例需要的球体，我们要绘制一个填充的圆形，颜色是红色，半径是15，圆心是50,50：

```
context.beginPath();
context.fillStyle="#ff0000";
context.arc(50, 50, 15, 0, Math.PI*2, true);
context.closePath();
```

为了实现动画效果，需要用一个定时器修改圆心的x,y坐标。来看看animate()函数：

```
function animate() {
    context.clearRect(0,0, 400,300);
    counter++;
    x += 20 * Math.sin(counter);
    y += 20 * Math.cos(counter);
    paint();
}
```

setInterval()方法会重复调用这个 animate()函数。这个函数每次被调用时，首先用clearRect()方法清除绘制区域，然后变量counter的值会增加，以此作为圆形的新的圆心坐标。

完整的代码如程序清单15.1所示。

程序清单 15.1　使用<canvas>实现一个移动的圆球

```
<!DOCTYPE HTML>
<html>
<head>
    <title>HTML5 canvas</title>
    <script>
        var context;
        var x=50;
        var y=50;
        var counter = 0;
        function paint() {
            context.beginPath();
            context.fillStyle="#ff0000";
            context.arc(x, y, 15, 0, Math.PI*2, false);
            context.closePath();
            context.fill();
        }
        function animate() {
            context.clearRect(0,0, 400,300);
            counter++;
            x += 20 * Math.sin(counter);
            y += 20 * Math.cos(counter);
            paint();
        }
        window.onload = function() {
            context= canvas1.getContext('2d');
            setInterval(animate, 100);
        }
```

```
    </script>
</head>
<body>
    <canvas id="canvas1" width="400" height="300">
        <p>Your browser doesn't support the canvas element.</p>
    </canvas>
</body>
</html>
```

创建这个文件，并在支持<canvas>元素的浏览器打开这个文件，就会看到一个红色圆形在页面上做圆周运动，如图 15.2 所示。

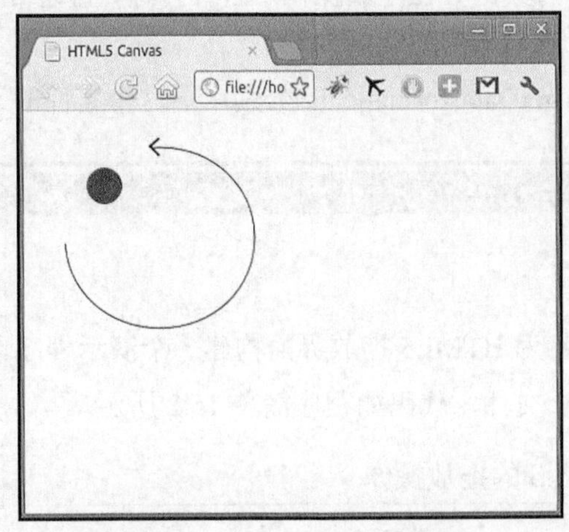

图 15.2 使用<canvas>的动画

▲

15.3 拖放

拖放操作是 HTML5 标准的组成部分，几乎页面上的所有元素都是可以拖放的。

想让元素是可以拖动的，只需要把它的 draggable 属性设置为 true：

```
<img draggable="true" />
```

但是拖动操作本身并没有太大的实际意义，被拖动的元素需要能够被放下才有意义。

为了定义元素能够被放到什么地方，并且控制拖动和放下的过程，需要编写事件监听器来检测和控制拖放过程的各个部分。

能够用于控制拖放操作的事件有：

- dragstart
- drag
- dragenter
- dragleave
- dragover
- drop

- dragend

为了控制拖放操作，我们需要定义源元素（拖放开始的地方）、数据（拖动的对象）和放置目标（捕获拖动元素的区域）。

> **TIP 提示：并不是所有页面元素都接受拖放**
>
> 不是任何元素都能够作为放置区域的，比如<img>就不能接受放置操作。

dataTransfer 属性包含的数据会在拖放操作中进行传递，它通常在 dragstart 事件处理器里进行设置，由 drop 事件处理器进行读取和处理。

setData(format.data)和 getData(format,data)分别用于这个属性的设置与读取。

实践

HTML5 里的拖放操作

在这个示例中，我们将为 HTML5 拖放界面构建一个演示程序。

启动编辑器，创建一个文件，代码如程序清单 15.2 所示。

程序清单 15.2 HTML5 的拖放操作

```
<!DOCTYPE HTML>
<html>
<head>
    <title>HTML5 Drag and Drop</title>
    <style>
        body {background-color: #ddd; font-family: arial, verdana, sans-serif;}
        #drop1 {width: 200px;height: 200px;border: 1px solid black;background-
        color:white}
        #drag1 {width: 50px;height: 50px;}
    </style>
    <script>
        function allowDrop(ev) {
            ev.preventDefault();
        }

        function drag(ev) {
            ev.dataTransfer.setData("Text",ev.target.id);
        }

        function drop(ev) {
            var data = ev.dataTransfer.getData("Text");
            ev.target.appendChild(document.getElementById(data));
            ev.preventDefault();
        }

        window.onload = function() {
            var dragged = document.getElementById("drag1");
            var drophere = document.getElementById("drop1");
            dragged.ondragstart = drag;
            drophere.ondragover = allowDrop;
            drophere.ondrop = drop;
        }
    </script>
```

```
</head>
<body>
    <div id="drop1" ></div>
    <p>Drag the image below into the box above:</p>
    <img id="drag1" src="drag.gif" draggable="true" />
</body>
</html>
```

为了达到示范的目的，代码里先定义了一些 HTML 元素。id 为 drop1 的<div>元素是捕获拖放操作的放置区域，而 id 为 drag1 的图像元素是要拖动的元素。

代码里定义了三个重要的函数，它们都会接收到当前处理的事件。ev.target 在后台会基于拖放操作的状态而自动修改为相应的事件类型。

- 函数 drag(ev)在拖放开始时执行，它把 dataTransfer 属性设置为拖动元素的 id：

```
function drag(ev) {
 ev.dataTransfer.setData("Text",ev.target.id);
 }
```

- 函数 allowDrop(ev)在拖动元素经过放置区域时执行，它会阻止放置区域执行默认操作（因为默认的行为就是不允许拖动）：

```
function allowDrop(ev) {
 ev.preventDefault();
}
```

- 函数 drop(ev)会在拖动元素被放下时执行，它会读取 dataTransfer 属性的值来获得拖动元素的 id，把这个元素设置为放置区域的子元素。这时仍然需要阻止放置区域执行默认操作：

```
function drop(ev) {
 var data = ev.dataTransfer.getData("Text");
 ev.target.appendChild(document.getElementById(data));
 ev.preventDefault();
}
```

文件加载在浏览器后的效果如图 15.3 所示。我们可以把这个小图像拖放到白色的放置区域，会看到它“停靠”在<dive>元素上。

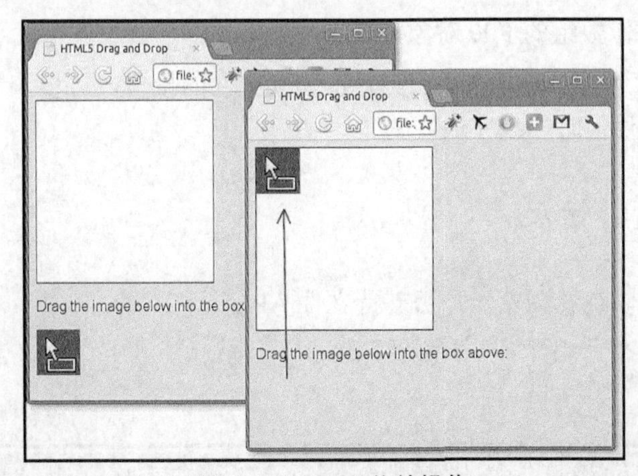

图 15.3 HTML5 拖放操作

15.4 本地存储

HTML5 能够在用户的浏览器里保存大量数据，同时不会对站点的性能造成任何影响。与使用 cookies 相比，Web 存储更加安全和快速。与 cookie 相同的是，数据也是以“关键字/值”对的方式存储的，而且 Web 页面只能访问自己存储的数据。

在浏览器里实现本地数据存储的两个新对象如下。

- localStorage：存储数据，没有过期时间。
- sessionStorage：只在当前会话中存储数据。

如果不能确定浏览器是否支持本地存储，解决的办法仍然是使用功能检测：

```
if(typeof(Storage)!="undefined")  {
    …使用两个新对象进行操作…
}
```

保存数据的方式有两种。一种是调用 setItem 方法，向它传递一个关键字和一个值：

```
localStorage.setItem("key", "value");
```

另一种方式是像操作关联数组一样使用 localStorage 对象：

```
localStorage["key"] = "value";
```

获取数据时也可以使用以下两种方式之一：

```
alert(localStorage.getItem("key"));
```

或

```
alert(localStorage["key"]);
```

15.5 操作本地文件

HTML5 的文件 API 规范让我们终于有一种标准方式来访问用户的本地文件了，具体途径有多种。

- File：提供的信息包括名称、大小和 MIME 类型，以及对文件句柄的引用。
- FileList：类似数组的 File 对象列表。
- FileReader：使用 File 和 FileList 异步读取文件的接口。可以查看读取进程、捕获错误、判断文件何时加载完成。

查看浏览器的支持情况

利用功能检测可以查看浏览器是否支持文件 API：

```
if (window.File && window.FileReader && window.FileList)  {
    //进行操作
}
```

实践

与本地文件系统交互

修改前一个拖放操作的范例，实现将多个本地文件拖放到 Web 页面的操作。要做到这一点，可以使用 FileList 数据结构。

修改后的 drop(ev)函数是这样的：

```
function drop(ev) {
    var files = ev.dataTransfer.files;
    for (var i = 0; i < files.length; i++) {
        var f = files[i];
        var pnode = document.createElement("p");
        var tnode = document.createTextNode(f.name + " (" + f.type + ") " + f.size
        + " bytes");
        pnode.appendChild(tnode);
        ev.target.appendChild(pnode);
    }
    ev.preventDefault();
}
```

在这里，程序从 dataTransfer 对象提取了 FileList，它包含了拖放文件的信息：

```
var files = ev.dataTransfer.files;
```

然后依次处理每个文件：

```
for (var i= 0; I < files.length; i++) {
    var f = files[i];
    ...对每个文件进行操作...
}
```

完整的代码如程序清单 15.3 所示。

程序清单 15.3 与本地文件系统交互

```
<!DOCTYPE html>
<html>
<head>
    <title>HTML5 Local Files</title>
    <style>
        body {background-color: #ddd; font-family: arial, verdana, sans-serif;}
        #drop1 {
            width: 400px;
            height: 200px;
            border: 1px solid black;
            background-color: white;
            padding: 10px;
        }
    </style>
    <script>
        function allowDrop(ev) {
            ev.preventDefault();
        }

        function drop(ev) {
            var files = ev.dataTransfer.files;
            for (var i = 0; i < files.length; i++) {
                var f = files[i]
                var pnode = document.createElement("p");

                var tnode = document.createTextNode(f.name + " (" + f.type + ") " +
                f.size + " bytes");
                pnode.appendChild(tnode);
                ev.target.appendChild(pnode);
```

```
            }
            ev.preventDefault();
        }

        window.onload = function() {
            var drophere = document.getElementById("drop1");
            drophere.ondragover = allowDrop;
            drophere.ondrop = drop;
        }
    </script>
</head>
<body>
    <div id="drop1" ></div>
</body>
</html>
```

在编辑器中创建该文件后，在浏览器中加载最终的页面，你应该能够从本地系统把文件拖动到放置的区域，并且看到列出了文件名、MIME 类型和大小，如图 15.4 所示。

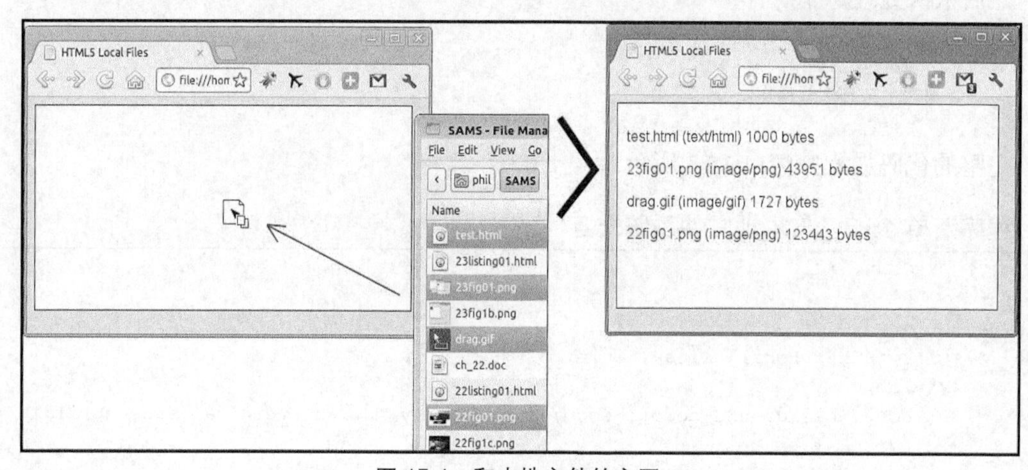

图 15.4 和本地文件的交互

▲

15.6 小结

HTML5 为 HTML 提供了一系列新功能，让这种标签语言更好地完成 Web 应用的基础工作，也让 JavaScript 能够使用一些崭新的 API。

本章简要介绍了一些新功能，也展现了这些新 API 的用法和一些编码技术。

15.7 问答

问：学习 HTML5 的最佳途径是什么？

答：学习 HTML5 的最佳途径是使用它。利用 HTML5 的特性建立页面，比如使用语义明确的标签，尝试音频和视频回放，尝试拖放操作，使用本地存储，使用文件 API，使用<canvas>建立动画。如果遇到问题，互联网上有很多教程、博客和范例代码都可以提供帮助。

问：已经有使用 HTML5 的实用站点了吗？

答：当然，有很多。详情请见 html5gallery 官方网站。

15.8 作业

读者可以通过测验和练习来检验自己对本章知识的理解，以提升技能。

15.8.1 测验

1．下面哪个标签不是 HTML5 语义化元素？

a．<header>

b．<sidebar>

c．<nav>

2．下面哪个方法不属于<audio>和<video>元素？

a．play()

b．pause()

c．stop()

3．下面哪个不属于标准的拖放事件？

a．drag

b．dragover

c．dragout

4．当使用本地存储时，Web 页面可以访问

a．其自身存储的任何数据

b．当前浏览器会话中的任何页面所存储的任何数据

c．浏览器的历史列表中的任何页面所存储的任何数据

5．一个<canvas>元素

a．可以是任何的大小和形状

b．可以是任何大小，但总是矩形

c．总是和浏览器窗口具有相同的大小

15.8.2 答案

1．选 b。<sidebar>不是有效的 HTML5 元素

2．选 c。没有 stop()方法

3．选 c。没有 dragout 事件，应该是 dragleave 事件

4．选 a。其自身存储的任何数据

5．选 b。可以是任何大小，但总是矩形

15.9 练习

请尝试用 HTML5 重写前面章节的范例。

第 16 章

JavaScript 和 CSS

本章主要内容

- 内容与样式分离
- DOM 的 style 属性
- 获取样式
- 设置样式
- 利用 className 访问类
- DOM 的 style Sheets 对象
- 在 JavaScript 里启用、禁用和切换样式表
- 改变鼠标指针

早期的互联网页面都是文本内容，同期的浏览器对于图形效果的支持也很原始，有些甚至根本不支持图形。当时所谓的设置页面样式，很大程度上就是使用少量与样式相关的属性和标签。

浏览器对“层叠样式表”（CSS）的支持大大改变了这种情况，实现了页面样式与 HTML 标签的分离。

前面的章节介绍了如何利用 JavaScript 的 DOM 方法编辑页面的结构。不仅如此，JavaScript 还可以访问和修改当前页面的 CSS 样式。

16.1 CSS 简介

对于要学习 JavaScript 编程的人来说，很可能已经熟悉 CSS 了，在此我们只是简单回顾一下基本知识。

16.1.1 从内容分离样式

在 CSS 出现之前，HTML 页面的大多数样式是由 HTML 标签及其属性实现的。比如，为了设置一段文本的字体颜色，会使用类似这样的代码：

```
<p><font color="red">This text is in red!</font></p>
```

这种方式有不少问题。

- 页面里每段想设置为红色的文本都需要使用这些额外的标签。
- 建立的样式不能用于其他页面，其他页面还需要使用额外的 HTML。
- 如果想修改页面的样式，需要编辑每个页面，审查 HTML 代码，逐个修改所有与样式相关的标签与属性。
- 由于这些额外的标签，HTML 变得难以阅读与维护。

CSS 致力于把 HTML 的样式与其标签功能分离，方法是定义单独的“样式声明”，然后把它们应用于 HTML 元素或元素的集合。

可以使用 CSS 设置页面元素可视属性的样式（比如颜色、字体和大小）以及与格式有关的属性（比如位置、页边距、填充和对齐）。

样式与内容分离会带来如下一些好处。

- 样式声明可以应用于多个元素甚至是多个页面（使用外部样式表）。
- 修改样式声明就可以影响全部相关的 HTML 元素，使更新站点样式更加准确、迅速和高效。
- 共用样式能够提高站点的样式一致性。
- HTML 标签更加清晰、易读和可维护。

16.1.2 CSS 样式声明

CSS 样式声明的语法与 JavaScript 函数可不太一样。假设要给页面里全部段落元素声明一个样式，设置段落里的字体颜色为红色：

```
p {
    color: red
}
```

对于指定元素或元素集合可以应用多个样式规则，这些规则之间以分号（;）分隔：

```
p {
    color: red;
    text-decoration: italic;
}
```

由于使用了选择符 p，前面这个样式声明会影响页面上每个段落元素。如果想选择某个特定页面元素，可以利用它的 ID。在这种情况下，CSS 样式声明的选择符就不是 HTML 元素的名称了，而是元素的 id 前面添加一个“#”，举例来说：

```
<p id="para1">Here is some text.</p>
```

可以通过如下的样式声明设置样式：

```
#para1 {
    font-weight: bold;
    font-size: 12pt;
    color: black;
}
```

如果想让多种页面元素共享同一个样式声明，只需要用逗号分隔多个选择符。比如下面这样的样式声明会影响页面里全部 div 元素和 id 为 para1 的元素：

```
div, #para1 {
    color: yellow;
    background-color: black;
}
```

另外，还可以按照 class 属性对元素归类，在类名称前面添加一个句点作为选择符：

```
<p class="info">Welcome to my website.</p>
<span class="info">Please log in or register using the form below.</span>
```

用下面这样的声明就可以设置上面两个元素的样式：

```
.info {
    font-family: arial, verdana, sans-serif;
    color: green;
}
```

16.1.3 在哪里保存样式声明

与 JavaScript 语句类似，CSS 样式声明可以出现在页面里，也可以保存到外部文件中并从 HTML 页面里引用。

为了引用外部的样式表，通常的做法是在页面<head>部分添加这样一行：

```
<link rel="stylesheet" type="text/css" href="style.css" />
```

另外，可以把样式声明直接放到页面<head>部分，用一对<sytle>和</style>标签包围：

```
<style>
    p {
        color: black;
        font-family: tahoma;
    }
    h1 {
        color: blue;
        font-size: 22pt;
    }
</style>
```

最后要说明的是，利用 style 属性可以把样式声明直接添加到 HTML 元素：

```
<p style="color:red; font-size:12px;">Please see our terms of service.</p>
```

TIP **提示：外部样式表**

用外部文件定义的样式表可以方便地应用于多个页面，而在页面内部定义的样式表就没有这种便捷性了。

16.2 DOM的style属性

HTML页面在浏览器里以DOM树的形式表现。组成DOM树的分支与末端称为“节点”，它们都是一个个对象，都具有自己的属性和方法。

有多种方法可以选择单个的DOM节点或节点集合，比如document.getElementById()。

每个DOM节点都有一个style属性，这个属性本身也是个对象，包含了应用于节点的CSS样式信息。下面我们来举例说明。

```
<div id="id1" style="width:200px;">Welcome back to my site.</div>
<script>
    var myNode = document.getElementById("id1");
    alert(myNode.style.width);
</script>
```

这段代码会显示消息“200px”。

NOTE **注意：使用方括号表示法**

除了

```
myNode.style.width
```

这一语法，也可以使用其对等的形式

```
myNode.style["width"]
```

有时候，这么做是必要的，例如，当把属性的名称作为一个变量传递的时候：

```
var myProperty = "width";
myNode.style[myProperty] = "200px";
```

遗憾的是，虽然这种方式在用于内联样式时很正常，但如果是在页面<head>部分里使用<style>元素，或是使用外部样式表来设置页面元素的样式，DOM的style对象就不能访问它们了。

NOTE **注意：访问样式属性**

在第17章中，我们学习了用JavaScript访问样式属性的另一种方式，从而绕开了“只能使用内联样式”这一局限。然而，DOM样式对象并不是只读的，可以使用样式对象来设置样式属性的值，并且使用这一方式设置的属性，将会由DOM样式对象返回。

NOTE **说明：处理属性名中的连字符**

CSS的很多属性名称包含连字符，比如background-color、font-size、text-align等。但JavaScript不允许在属性或方法名称里使用连字符，因此需要调整这些名称的书写方式。方法是删除其中的连字符，并且把连字符后面的字母大写，于是font-size变成fontSize，text-align变成textAlign，以此类推。

实践

设置 style 属性

现在来编写一个函数，使用 DOM 的 style 对象让页面的背景颜色和字体颜色在两个值之间切换。

```
function toggle() {
    var myElement = document.getElementById("id1");
    if(myElement.style.backgroundColor == 'red') {
        myElement.style.backgroundColor = 'yellow';
        myElement.style.color = 'black';
    } else {
        myElement.style.backgroundColor = 'red';
        myElement.style.color = 'white';
    }
}
```

这个函数首先读取页面元素当前的 CSS 属性 background-color，把这个颜色与红色（red）进行比较。

如果属性 background-color 的当前值是 red，就设置元素的 style 属性，以黄底白字形式显示文本；否则，就以红底白字显示文本。

利用这个函数切换 HTML 文档里一个<span>元素的颜色，完整的代码如程序清单 16.1 所示。

程序清单 16.1　使用 DOM 的 style 对象设置样式

```
<!DOCTYPE html>
<html>
<head>
    <title>Setting the style of page elements</title>
    <style>
        span {
            font-size: 16pt;
            font-family: arial, helvetica, sans-serif;
            padding: 20px;
        }
    </style>
    <script>
        function toggle() {
            var myElement = document.getElementById("id1");
            if(myElement.style.backgroundColor == 'red') {
                myElement.style.backgroundColor = 'yellow';
                myElement.style.color = 'black';
            } else {
                myElement.style.backgroundColor = 'red';
                myElement.style.color = 'white';
            }
        }
        window.onload = function() {
            document.getElementById("btn1").onclick = toggle;
        }
    </script>
</head>
```

```
<body>
    <span id="id1">Welcome back to my site.</span>
    <input type="button" id="btn1" value="Toggle" />
</body>
</html>
```

在编辑软件里创建上述 HTML 文件，加载到浏览器观察运行的效果。

当页面最初载入时，文本是默认的黑色，没有背景色。这是因为这些样式最初既不是以内联方式在页面 head 部分以<style>指令设置，也不是通过 DOM 设置的。

当用户单击按钮之后，toggle()函数查看<span>元素的当前背景颜色。因为此时的背景色不是红色，所以 toggle()函数把背景设置为红色，把文本设置为白色。

再次单击按钮，测试条件为：

```
if(myElement.style.backgroundColor == 'red')
```

返回 true，这时就满足背景为红色的判断条件了，就会把颜色设置为黄底黑字。程序运行的效果如图 16.1 所示。

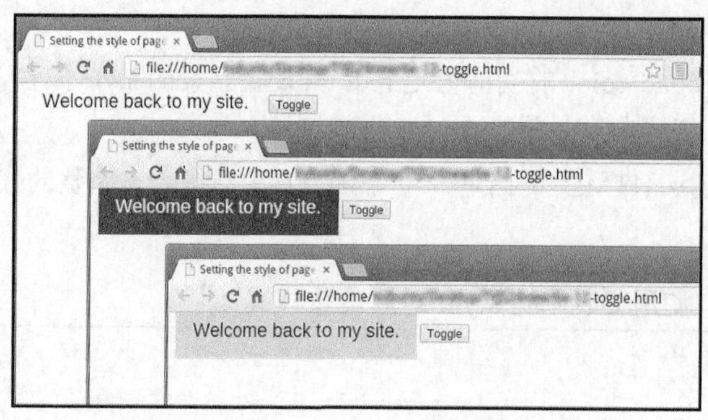

图 16.1 在 JavaScript 里设置 style 属性

16.3 用 className 访问类

本章前面介绍了样式与内容分离的好处。像前面这个练习，使用 JavaScript 编辑 style 对象的属性，能够很好地工作，但却可能影响样式与内容分离。如果 JavaScript 代码经常修改元素的样式声明，就会导致页面的样式不完全由 CSS 控制了。在这种情况下，如果需要修改 JavaScript 应用的样式，就必须编辑涉及的全部 JavaScript 函数。

好在我们可以让 JavaScript 调整页面样式时并不覆盖相应的样式声明。利用元素的 className 属性，可以通过修改 class 属性的值来调整应用于元素的样式。具体方法如程序清单 16.2 所示。

程序清单 16.2 使用 className 改变类

```
<!DOCTYPE html>
<html>
<head>
```

```
    <title>Switching classes with JavaScript</title>
    <style>
        .classA {
            width: 180px;
            border: 3px solid black;
            background-color: white;
            color: red;
            font: normal 24px arial, helvetica, sans-serif;
            padding: 20px;
        }
    .classB {
            width: 180px;
            border: 3px dotted white;
            background-color: black;
            color: yellow;
            font: italic bold 24px "Times New Roman", serif;
            padding: 20px;
        }
    </style>
    <script>
        function toggleClass() {
            var myElement = document.getElementById("id1");
            if(myElement.className == "classA") {
                myElement.className = "classB";
            } else {
                myElement.className = "classA";
            }
        }
        window.onload = function() {
            document.getElementById("btn1").onclick = toggleClass;
        }
    </script>
</head>
<body>
    <div id="id1" class="classA"> An element with a touch of class.</div>
    <input type="button" id="btn1" value="Toggle" />
</body>
</html>
```

在这段代码里，页面<head>部分的<style>元素声明了两个类：classA 和 classB。函数 toggleClass()的逻辑与程序清单 16.1 里的 toggle()类似，只是它不操作元素的 style 对象，而是获取<div>元素的类名称，把它的值设置为 classA 或 classB。

脚本运行的结果如图 16.2 所示。

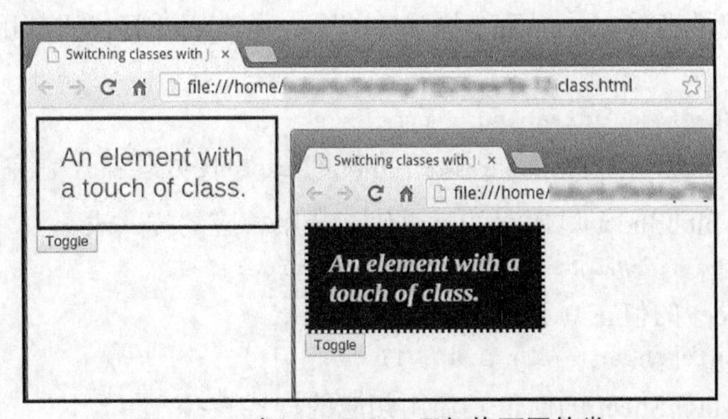

图 16.2 在 JavaScript 里切换不同的类

NOTE **说明：使用 class 属性**

除了使用 className 属性外，还可以把元素的 class 属性设置为 classA:

```
element.setAttribute("class","classA");
```

但是，很多版本的 IE 在设置 class 属性时可能会出错，而使用 className 就一切正常。所以说

```
element.className="classA";
```

是可以用于任何浏览器的。

16.4 DOM 的 styleSheets 对象

document 对象的 styleSheets 属性是一个数组，包含了页面上全部样式表（无论样式表是包含在外部文件中，还是在页面<head>部分里用<style>和</style>标签声明）。styleSheets 数组里的项目以数值索引，第一个出现的样式表索引为 0。

TIP **提示：统计样式表数量**

```
document styleSheets.length
```

属性反映了页面上全部样式表的数量。

启用、禁用和切换样式表

数组里的每个样式表都有一个属性 disabled，其值为布尔值 true 或 false。它是可读写的，可以在 JavaScript 里方便地启用或禁用某个样式表。

```
document.styleSheets[0].disabled = true;
document.styleSheets[1].disabled = false;
```

上面这两行代码“启用”页面里的第 2 个样式表（索引值为 1），“禁用”第 1 个样式表（索引值为 0)。

程序清单 16.3 是个范例，页面里的脚本首先声明一个变量 whichSheet，其初始值为 0:

```
var whichSheet = 0;
```

这个变量用于记录当前在使用两个样式中的哪一个。下一行代码禁用了页面上第 2 个样式表：

```
document.styleSheets[1].disabled = true;
```

函数 sheet()在页面加载时被附加到按钮的 onClick 事件处理器，它完成如下三项任务。

➢ 根据变量 whichSheet 里保存的索引值，禁用相应的样式表：

```
document.styleSheets[whichSheet].disabled = true;
```

➢ 把 whichSheet 的值在 0 和 1 之间切换：

```
whichSheet = (whichSheet == 1) ? 0 : 1;
```

➢ 根据变量 whichSheet 的新值，启用相应的样式表：

```
document.styleSheets[whichSheet].disabled = false;
```

上述操作的结果就是切换使用页面的两个样式表。完整的代码如程序清单 16.3 所示（见图 16.3）。

程序清单 16.3 利用 styleSheets 属性切换样式表

```
<!DOCTYPE html>
<html>
<head>
    <title>Switching Stylesheets with JavaScript</title>
    <style>
        body {
            background-color: white;
            color: red;
            font: normal 24px arial, helvetica, sans-serif;
            padding: 20px;
        }
    </style>
    <style>
        body {
            background-color: black;
            color: yellow;
            font: italic bold 24px "Times New Roman", serif;
            padding: 20px;
        }
    </style>
    <script>
        var whichSheet = 0;
        document.styleSheets[1].disabled = true;
        function sheet() {
            document.styleSheets[whichSheet].disabled = true;
            whichSheet = (whichSheet == 1) ? 0 : 1;
            document.styleSheets[whichSheet].disabled = false;
        }
        window.onload = function() {
            document.getElementById("btn1").onclick = sheet;
        }
    </script>
</head>
<body>
    Switch my stylesheet with the button below!<br />
    <input type="button" id="btn1" value="Toggle" />
</body>
</html>
```

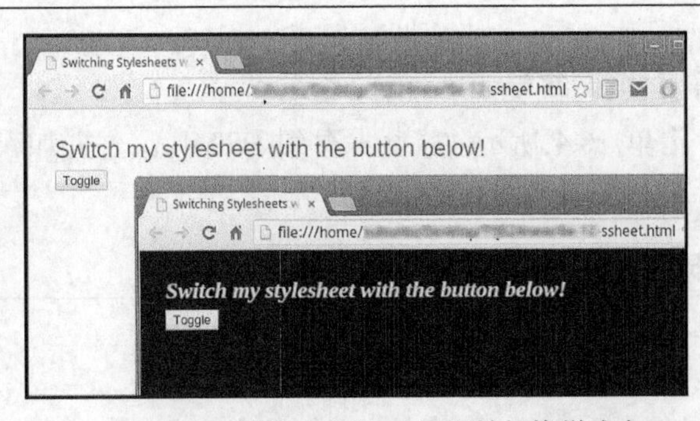

图 16.3 利用 styleSheets 属性切换样式表

实践

选择特定样式表

虽然样式表具有数值索引，但并不便于进行选择。如果给样式表设置标题，并且编写一个函数，根据title属性进行选择，就会容易得多。

如果调用的样式表不存在，则希望函数以适当的方式进行响应，比如保持正在使用的样式表，并且向用户返回提示信息。

首先，声明几个变量并且初始化：

```
var change = false;
var oldSheet = 0;
```

布尔类型变量change的值表示是否找到了指定名称的样式表。如果找到了，就把它的值设置为true，表示要改变样式了。

整型变量oldSheet的初始值为0，用于保存当前启用的样式表数量。如果没有找到与所请求的标题一致的一个新样式表，在从该函数返回之前，会设置为保持启用原来的样式表。

然后用一个循环遍历数组styleSheets：

```
for (var i = 0; i < document.styleSheets.length; i++) {
  ...
}
```

对于每个样式表，做如下操作。

- 如果判断是当前使用的样式表，就把它的索引值保存到变量oldSheet：

```
if(document.styleSheets[i].disabled == false) { oldSheet = i;}
```

- 在循环的过程中，确保每个样式表都被禁用了：

```
document.styleSheets[i].disabled = true;
```

- 如果当前样式表的标题符合要使用的标题，就把它的disabled值设置为false，从而启用这个样式，并且立即把变量change的值修改为true：

```
if(document.styleSheets[i].title == mySheet) {
 document.styleSheets[i].disabled = false;
 change = true;
}
```

在遍历全部样式表之后，可以根据变量change和oldSheet的状态判断是否处于更换了样式表的状态，如果不是，就把以前使用的样式表再次启用：

```
if(!change) document.styleSheets[oldSheet].disabled = false;
```

函数最后返回变量change的值。

完整的代码如程序清单16.4所示。将其保存到HTML文件并加载到浏览器，观察运行情况。

程序清单16.4 根据title选择样式表

```
<!DOCTYPE html>
<html>
<head>
    <title>Switching stylesheets with JavaScript</title>
    <style title="sheet1">
```

```
        body {
            background-color: white;
            color: red;
        }
    </style>
    <style title="sheet2">
        body {
            background-color: black;
            color: yellow;
        }
    </style>
    <style title="sheet3">
        body {
            background-color: pink;
            color: green;
        }
    </style>
    <script>
        function ssEnable(mySheet) {
            var change = false;
            var oldSheet = 0;
            for (var i = 0; i < document.styleSheets.length; i++) {
                if(document.styleSheets[i].disabled == false) {
                    oldSheet = i;
                }
                document.styleSheets[i].disabled = true;
                if(document.styleSheets[i].title == mySheet) {
                    document.styleSheets[i].disabled = false;
                    change = true;
                }
            }
            if(!change) document.styleSheets[oldSheet].disabled = false;
            return change;
        }
        function sheet() {
            var sheetName = prompt("Stylesheet Name?");
            if(!ssEnable(sheetName)) alert("Not found - original stylesheet retained.");
        }
        window.onload = function() {
            document.getElementById("btn1").onclick = sheet;
        }
    </script>
</head>
<body>
    Switch my stylesheet with the button below!<br />
    <input type="button" id="btn1" value="Change Sheet" />
</body>
</html>
```

当页面加载时，函数 sheet()被添加到按钮的 onClick 事件处理器。每当用户单击按钮时，sheet()会提示用户输入样式表的名称：

```
var sheetName = prompt("Stylesheet Name?");
```

然后调用 ssEnable()函数，把名称作为参数。

如果该函数返回 false，表示样式表没有发生改变，用一条消息向用户发出警告：

```
if(!ssEnable(sheetName)) alert("Not found - original stylesheet retained.");
```

这段脚本的运行结果如图 16.4 所示。

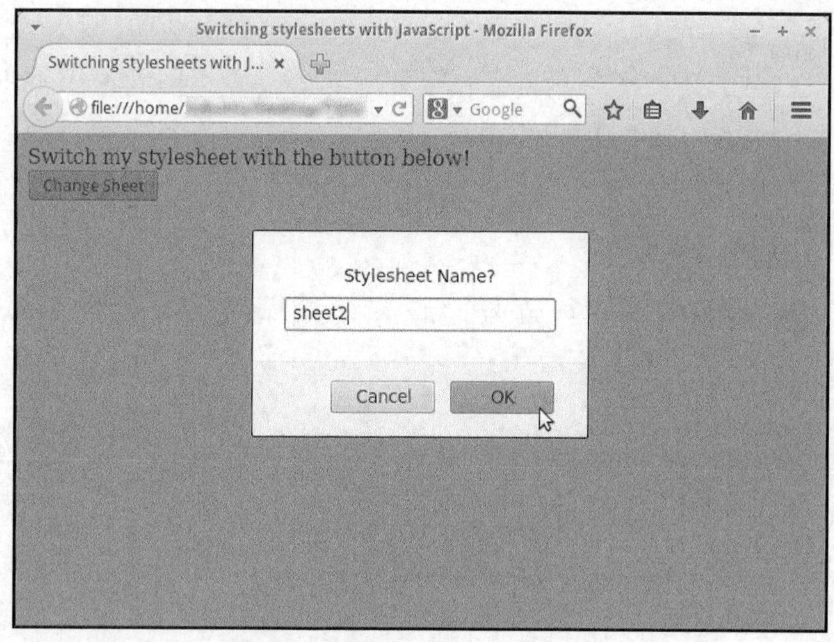

图 16.4　根据名字选择一个新的样式

▲

16.5　小结

本章介绍了用 JavaScript 处理页面 CSS 样式的几种方式，包括如何使用页面元素的 style 属性、如何使用 CSS 类，以及如何操作全部的样式表。

16.6　问答

问：能否使用 JavaScript 处理单个 CSS 样式规则？

答：能，但目前这类代码的跨浏览器效果不好。Mozilla 浏览器支持 cssRules 数组，而 IE 把相应的数组命名为 Rules。另外，不同浏览器对于标签的解释也会有明显不同。希望以后版本的浏览器能够解决这些问题。

问：在 JavaScript 里能变换鼠标指标吗？

答：能。style 对象有一个 cursor 属性，可以设置一些不同的值来表示鼠标的形状。常见的设置如下。

- 十字：像瞄准器一样的十字线。
- 指针：通常的指针形状。
- 文本：插入文本的提示符。

➢ 等待：表示程序忙。大多数浏览器会显示一个动态的光标，例如，一个旋转的圆弧形、一个闪亮的沙漏或者其他类似的样式。

16.7 作业

读者可以通过测验和练习来检验自己对本章知识的理解，以提升技能。

16.7.1 测验

1．把元素 myElement 的 font-family 属性设置为 verdana，使用的语句是：

a．myElement.style.font-family="verdana";

b．myElement.style.fontFamily="verdana";

c．myElement.style.font-family("verdana");

2．属性 className 可以用于：

a．访问元素的 class 属性值

b．访问元素的 name 属性值

c．给元素添加 className 属性

3．如何启用 styleSheets 数组里索引为 n 的样式表？

a．document.styleSheets[n].active=true;

b．document.styleSheets[n].enabled=true;

c．document.styleSheets[n].disabled=false;

4．styleSheets 属性是哪一个 DOM 对象的属性？

a．document

b．document.head

c．document.body

5．可以在页面上使用如下的哪一个语句来返回样式表的总数？

a．document.styleSheets.count

b．document.styleSheets.size

c．document.styleSheets.length

16.7.2 答案

1．选 b。myElement.style.fontFamily="verdana";

2．选 a。访问元素的 class 属性值

3．选 c。document.styleSheets[n].disabled=false;

4．选 a. document

5．选 c. document.styleSheets.length

16.8 练习

请编辑程序清单 16.1 的代码，修改其他一些样式属性，比如字体、元素边框、填充和对齐。

请修改程序清单 16.4 的代码，让一些样式成为外部链接的，而不是包含在页面<head>区域的<style>和</style>标签里，并观察是否会有不同的结果。

第 17 章

CSS3 简介

本章主要内容

- CSS3 的一些新功能
- 使用特定厂商的前缀和扩展
- CSS3 属性的跨浏览器设置
- 用 JavaScript 高效地设置 CSS3 属性

使用 CSS3，可以很容易地实现大量炫酷的新效果，而不需要使用太多的 JavaScript 代码或者诸如 Photoshop 这样的单独的图形应用程序。例如，可以创建圆角的边框，给方框添加阴影，使用图像作为边框，等等。CSS3 包含了几个新的背景属性，使得你可以更好地控制背景元素，包含多个背景图像，而 CSS3 渐变允许显示两种或多种特定颜色之间的平滑过渡。新的文本功能包括文本阴影和单词换行，以及易于使用的 Web 字体。CSS3 可以很容易地构建真正炫酷的过渡、变换和动画。

在本章中，我们将了解 CSS3 是什么以及它能够为 Web 页面做些什么，还会介绍如何使用 JavaScript 有效地控制 CSS3 的功能。

17.1 特定厂商的属性和前缀

CSS3 厂商前缀是浏览器公司在新的或实验性的 CSS3 功能成为正式的 CSS3 规范之前，或者在一个规范的功能实现还没有最后确定之前，提供对其支持的一种方式。当该功能通过其标准 CSS3 术语变得完全得到支持之后，这些前缀通常变为不必要的。为了确保页面在尽可能多的浏览器中像你想要的那样呈现，使用前缀是值得的。

可能需要用到的 CSS3 浏览器前缀如表 17.1 所示。

表 17.1 CSS3厂商前缀

浏览器	系统前缀
Android	-webkit-
Chrome	-webkit-
Firefox	-moz-
Internet Explorer/Microsoft Edge	-ms-
iOS	-webkit-
Opera	-o-
Safari	-webkit-

在大多数情况下，当需要使用 CSS3 规范中的属性且需要使用一个前缀时，针对所使用的浏览器，添加表 17.1 中的前缀就可以了。例如，本章后面将会介绍 CSS3 过渡。在那里，如果想要给页面添加一个 CSS3 过渡效果，则可以使用 transition 属性，并且先添加如下前缀：

```
-webkit-transition: background 0.5s ease;
-moz-transition: background 0.5s ease;
-o-transition: background 0.5s ease;
transition: background 0.5s ease;
```

用户的浏览器将会对它所理解的过渡功能版本做出响应，而忽略其他的版本。

好在，浏览器厂商竭尽全力地全面实现所有 CSS3 功能，并且对于大多数现代浏览器来说，需要添加前缀的属性数正在快速减少。

TIP **提示：浏览器功能**

在编写本书时，对于哪些功能/浏览器组合需要一个前缀，已经有了一个很好的介绍，详细内容参见 shouldiprefix 官方网站。

CAUTION **注意：厂商前缀属性并不总是完美的**

一个属性的前缀的版本可能并不总是与 CSS3 规范所描述的相同。即便厂商特定的扩展通常会避免冲突（因为每个厂商都有一个独特的前缀），但请记住，由于这些扩展并没有成为 CSS3 规范的一部分，甚至即便它们表现得好像是未来的 CSS3 属性，但厂商也可能会对其做出改变。还要记住，特定厂商扩展几乎肯定会在 CSS 验证中失败。

17.2 CSS3 边框

CSS3 可用于对边框做一些真正很酷的事情，而这些事情在以前只能使用大量复杂的且难以维护的代码去实现。

在本节中，我们将介绍两个示例：边框阴影和圆角。

17.2.1 创建边框阴影

box-shadow 属性可用于为页面的 box 元素添加阴影。如表 17.2 所示，可以分别为颜色、大小、模糊和偏移量指定值。

表 17.2 box-shadow 属性的参数

阴影参数	动 作
h-shadow（必须有的）	水平阴影的位置。复制是不允许的
v-shadow（必须有的）	垂直阴影的位置。复制是不允许的
blur（可选的）	模糊距离
spread（可选的）	阴影的大小
color（可选的）	阴影的颜色，默认为黑色

如下的示例使用了一个 10 像素宽的向下和向右伸展的阴影，在其整个宽度中模糊，并且颜色为中度灰：

```
#div1 {
    background-color: #8080ff;
    width: 400px;
    height: 250px;
    box-shadow: 10px 10px 10px #808080;
    -webkit-box-shadow: 10px 10px 10px #808080;
    -moz-box-shadow: 10px 10px 10px #808080;
}
```

在图 17.1 中，可以看到这个样式应用于 Web 页面中的一个<div>元素的示例。

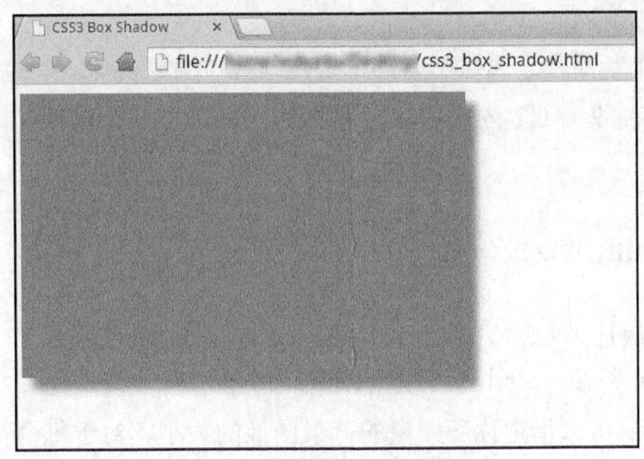

图 17.1 一个 CSS3 框阴影

17.2.2 用 border-radius 属性实现圆角

border-radius 属性可用于给页面元素添加圆角，而不需要专门创建圆角图像，并且这可能是 CSS3 最受欢迎的新功能之一。

border-radius 属性已经在浏览器中得到广泛的支持，尽管和其他浏览器相比，Mozilla Firefox 还需要使用-moz-前缀更长一段时间。如果想要支持 Firefox 的数个版本的话，应该考虑带前缀的版本，如下所示：

```
#div1 {
    -moz-border-radius: 25px;
    border-radius: 25px;
}
```

在图 17.2 中，可以看到带有圆角样式的一个<div>元素的示例。

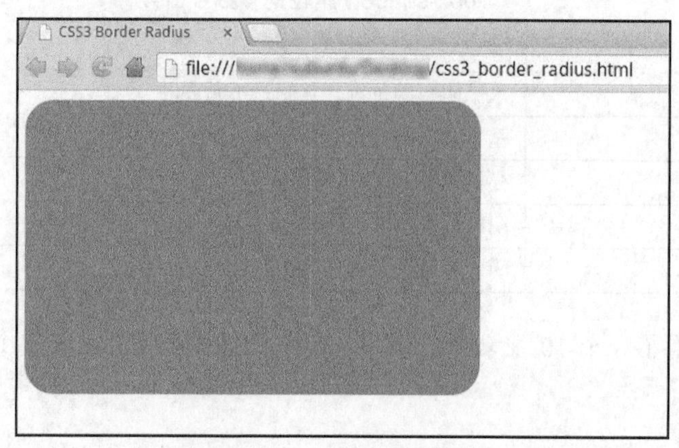

图 17.2 CSS3 边框圆角

可以使用单独的 border-bottom-left-radius、border-top-left-radius、border-bottom-right-radius 和 border-top-right-radius 属性来分别指定圆角，或者像我们所做的那样，在一条语句中使用 border-radius 属性指定所有的 4 个圆角。

17.3 CSS3 背景

CSS3 包含了几个新的背景属性，有助于更好地控制背景元素。

在本节中，我们将学习 background-size 和 background-origin 属性，以及如何使用多个背景图像。

17.3.1 background-size 属性

background-size 属性为 CSS 添加了一项新的功能，即允许使用长度、百分比，或者另外的两个关键字 contain 或 cover 来设置背景图像的大小。

使用长度和百分比可以指定你所期望的背景图像的大小。对于每个背景图像，可以设定两个长度值或百分比值，分别对应宽度和高度（若使用百分比，则是相对于背景的可用空间，而不是相对于背景图像的宽度和高度）。

auto 关键字用于替代 width 或 height 值。如果只为 background-size 指定了一个值，将认为其是宽度。然后，高度将会默认为 auto。

关键字 cover 告诉浏览器让图像完全覆盖整个容器，即便是必须要延伸或裁剪。

使用关键字 contain 导致浏览器总是显示整个图像，即便这会在图像边缘或底部引入一小部分空白空间。

让我们来看一个示例，其中将图像的大小设置为一个像素值：

```
#div1 {
    background-size: 400px;
    background-image: url(lake.png);
    width: 400px;
    height: 250px;
    border-radius: 25px;
}
```

这里，将背景图像的宽度设置为与<div>元素的宽度大小相等（此外，还设置了圆角）。结果如图 17.3 所示。

图 17.3 用 CSS3 设置背景大小

17.3.2 background-origin 属性

background-origin 属性用于设置一个背景在框中的位置如何计算。它接收如下 3 个值之一：padding-box、border-box 或 content-box。

若提供了 padding-box 值，其位置相对于边距边缘的左上角。使用 border-box，其位置相对于边框的左上角，而 content-box 表示背景相对于内容的左上角来定位。

17.3.3 多背景图像

CSS3 可用于对框元素使用多个背景图像，直接使用逗号隔开的一个列表即可。列表的顺序很重要，所提供的第 1 个值表示距离用户最近的层，列表中的后续条目会作为该层之后的后续层呈现。如下是一个示例：

```
#div1 {
    width: 600px;
    height: 350px;
    background-image: url(boat.png), url(lake.png);
    background-position: center bottom, left top;
    background-repeat: no-repeat;
}
```

其中，boat.png 是位于透明背景之上的一幅游艇图画，而 lake.png 是一张照片。在图 17.4

中，可以看到，对页面中的一个<div>应用多背景图像的结果。

图 17.4 在 CSS3 背景中使用多幅图像

所有常见的浏览器都提供这一功能。

17.4 CSS3 渐变

CSS3 渐变允许在两种或多种指定的颜色之间生成平滑的过渡，而在此之前，必须使用图像来实现这种效果。和使用图像相比，使用 CSS3 渐变可以减少下载的时间，节省缓存空间，减少带宽的使用。当需要缩放时，CSS3 渐变也执行得更好。

CSS3 提供了两种类型的渐变：线性渐变，分别沿着上/下/左/右/对角线的方向进行；放射渐变，从一个确定的中心点向外围放射。

17.4.1 线性渐变

要使用 CSS3 创建线性渐变，必须至少定义两种颜色作为渐变的端点。也可以为渐变效果定义一个起点和一个方向（即从上到下、从左到右或是对角线）。

```
#div1 {
    width: 600px;
    height: 350px;
    background: -webkit-linear-gradient(red, #6699cc);
    background: -o-linear-gradient(red, #6699cc);
    background: -moz-linear-gradient(red, #6699cc);
    background: linear-gradient(red, #6699cc);
}
```

上述代码混合使用了定义颜色方式，既使用了颜色名称（这里是 red），也使用了#rrggbb 表示法。由于没有为渐变指定一个方向，因此浏览器将默认地使用从上到下的方向，如图 17.5 所示。

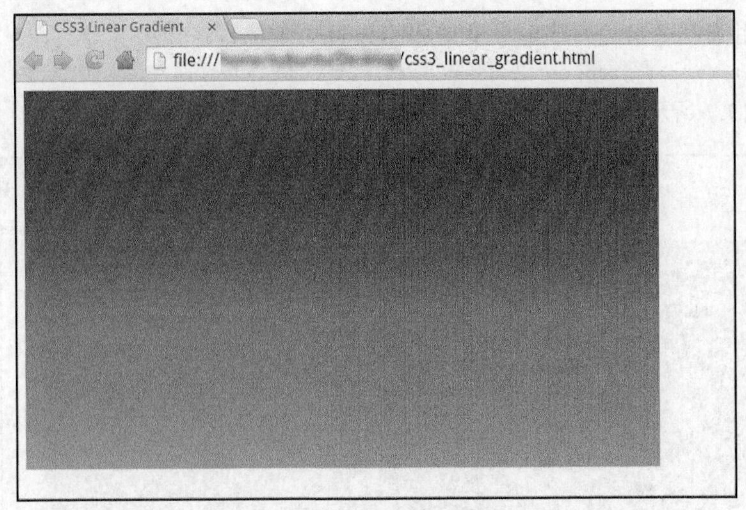

图 17.5 CSS3 线性渐变

也可以为渐变输入一个方向，例如，假设想要采用从左到右的渐变方向，而不是从上到下的方向，可以像这样编写代码：

```
background: linear-gradient(to right, red, #6699cc);
```

下面这行代码定义了一个沿对角线方向的渐变：

```
background: linear-gradient(to bottom right, red, #6699cc);
```

如果想要完全控制渐变的方向，可以定义一个角度：

```
background: linear-gradient(135deg, red, #6699cc);
```

17.4.2 放射渐变

放射渐变由其中心确定，并且（和对应的线性渐变一样）也必须至少定义两种颜色，以作为渐变效果的端点：

```
background: radial-gradient(red, #6699cc);
```

这种方式所定义的放射渐变如图 17.6 所示。

图 17.6 CSS3 放射渐变

也可以使用关键字 at，为放射渐变的中心设置一个位置参数：

```
background: radial-gradient(at top left, red, #6699cc);
```

结果如图 17.7 所示。

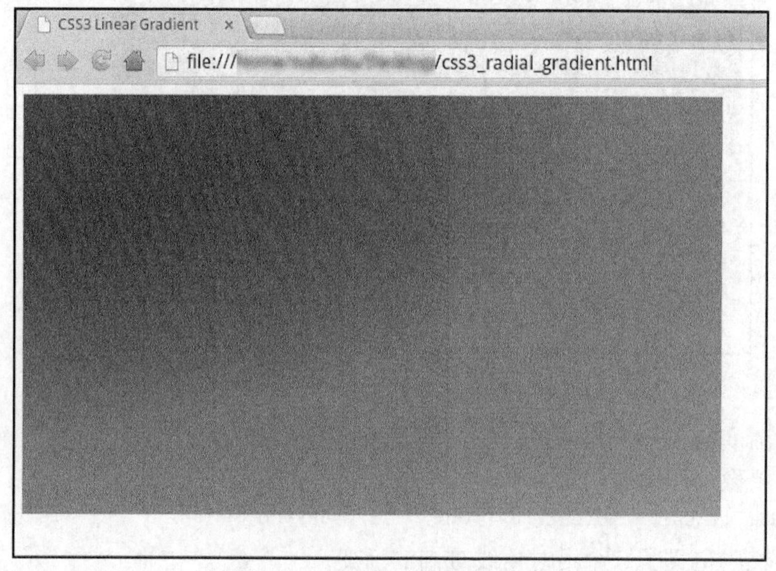

图 17.7 移动放射渐变的中心

> **TIP 提示：CSS3 渐变可以做更多事情**
>
> CSS3 渐变能做的还很多，还包括使用两种以上的颜色、透明度，以及修改渐变的形状和大小等，甚至可以为相同的元素添加多种渐变。囿于篇幅，本书没有一一介绍。完整的介绍请参见 W3C 在其官方网站上提供的相关文档。

17.5 CSS3 文本效果

CSS3 包含了一些新的功能，这些功能可用于操作文本。

17.5.1 文本阴影

box-shadow 属性可以对块元素添加阴影。在 CSS3 中，text-shadow 属性为文本添加阴影的方式与 box-shadow 属性如出一辙。如下所示，为阴影指定水平的和垂直的阴影距离以及可选的模糊距离，并且指定阴影颜色：

```
h3 {
    text-shadow: 10px 10px 3px #333;
    font-size: 26px;
}
```

图 17.8 所示的就是一个文本阴影的示例。

图 17.8 CSS3 文本阴影

17.5.2 单词换行

如果一句话太长，以至于块元素无法包含它，就会超出其容器的范围。在 CSS3 中，可以使用 word-wrap 属性强制让单词换行，即便是必须从一个单词的中间换行也可以：

```
p {
    word-wrap: break-word;
}
```

17.6 CSS3 过渡、变换和动画

传统上，程序员必须使用定制的 JavaScript 代码在页面元素中创建动画，要以跨浏览器的方式实现这一点将会很麻烦。如果有一种容易的方式能够为页面上的元素添加简单的效果，情况就会好很多。

CSS3 现已引入了这些功能，以过渡、变换和动画的形式呈现。在大多数浏览器中，它们已经得到了不同程度的支持。在如下的简单示例中，添加了一个过渡效果（在那些支持它的浏览器中），以便在链接上悬停的时候变换背景颜色。随着背景颜色的变化，过渡效果将平滑地进行。

如下是针对示例链接的代码：

```
<a href="somepage.html" class="trans" id="link1">Show Me</a>
```

如下是显示最初的和悬停的背景色的声明，以及用来在不同的浏览器中执行过渡效果的声明。注意，正如本章前面所介绍的，需要使用不同的前缀。最后一条声明没有前缀，一旦该技术从实验阶段进入完成状态，只使用这一条语句就可以了。

```
a.trans {
    background: #669999;
    -webkit-transition: background 0.5s ease;
    -moz-transition: background 0.5s ease;
    -o-transition: background 0.5s ease;
    transition: background 0.5s ease;
}
a.trans:hover {
    background: #999966;
}
```

17.7 在JavaScript中引用CSS3属性

CSS3和JavaScript的结合，提供了一些很好的效果，而且性能不错、可靠性高，并且将代码的复杂度最小化。在本节中，我们将介绍在JavaScript代码中成功获取和设置CSS3属性的一些方法。

17.7.1 将CSS属性名转换到JavaScript中

正如本书第12章中所提到的，要让CSS属性的名称与JavaScript的命名系统兼容，CSS属性名需要将它们在样式表中的格式进行一些小小的转换。

不再是像CSS中那样使用小写名称和连字符，JavaScript的版本中去掉了连字符，并且将连字符后面的字母大写。由此，border-radius变成了borderRadius。如果属性名本身没有连字符，例如width，则不做改变。

在第12章中，我们介绍了如何使用这些命名惯例以及DOM的style属性来访问元素样式属性：

```
var bRad = document.getElementById("div1").style.borderRadius;
```

正如前文所提到的，尽管这很有用，但它仅限于使用内联样式的元素；对于那些将CSS声明组织到页面头部的<style>元素中的元素，或者那些将CSS声明包含在外部文件中的情况，它是无效的。好在，还有更好的方法，我们现在来看看。

17.7.2 DOM getComputedStyle()方法

目前，几乎所有浏览器都支持DOM getComputedStyle()方法。该方法可以访问一个元素的最终（也就是计算后的）样式。最终样式，指的是浏览器（以适当的顺序）应用了与该元素相关的所有样式规则之后，最终显示该元素的样式。

> **NOTE** **说明：如何使用多条CSS规则**
>
> 一个页面的最终样式，可以在多个地方指定，例如，在多个样式表中，而这多个样式表可以按照复杂的方式相互作用。确定多个样式表以什么样的顺序来应用，这太过复杂了，无法在本书中介绍。读者可以在MDN Web Docs官方网站找到详细的介绍。

getComputedStyle()方法返回一个对象，该对象有各种方法，包括getPropertyValue(property)——该方法返回给定的CSS属性名称的当前值：

```
var myDiv = document.getElementById("div1");
var bRad = getComputedStyle(myDiv).getPropertyValue("borderRadius");
```

实践

控制光照效果

让我们创建一个小的应用程序，使用box-shadow和radial-gradient，通过JavaScript来控制这二者，以在一个简单 HTML 页面中实现光照效果的控制。代码如程序清单 17.1 所示。

程序清单 17.1 控制 CSS3 效果

```
<!DOCTYPE html>
<html>
<head>
    <title>Controlling CSS3 Effects</title>
    <style>
        #div1 {
            width: 600px;
            height: 350px;
            background-color: #6699cc;
        }
        #div2 {
            background-color: #aaaaff;
            width: 80px;
            height: 80px;
            padding: 20px;
            position: relative;
            left: 240px;
            top: 105px;
        }
    </style>
    <script>
        window.onload = function() {
            document.getElementById("btn1").onclick = function() {
                document.getElementById("div1").style.background = "radial-
                gradient(at top left, white, #6699cc)";
                document.getElementById("div2").style.boxShadow = "10px 10px 10px
                #808080";
            }
            document.getElementById("btn2").onclick = function() {
                document.getElementById("div1").style.background = "radial-
                gradient(at top right, white, #6699cc)";
                document.getElementById("div2").style.boxShadow = "-10px 10px 10px
                #808080";
            }
            document.getElementById("btn3").onclick = function() {
                document.getElementById("div1").style.background = "radial-
                gradient(at bottom, white, #6699cc)";
                document.getElementById("div2").style.boxShadow = "0px -10px 10px
                #808080";
            }
        }
    </script>
</head>
<body>
    <div id="div1">
        <div id="div2">
            LIGHTS:<br/>
            <input type="button" id="btn1" value="Top Left"><br/>
            <input type="button" id="btn2" value="Top Right"><br/>
            <input type="button" id="btn3" value="Bottom">
        </div>
    </div>
</body>
```

```
</html>
```

首先，看一下页面的<body>部分。非常简单，只是包含了两个嵌套的<div>元素，内部的<div>元素包含了 3 个按钮，其标签分别为 Top Left、Top Right 和 Bottom。

回到页面的<head>部分，将看到 window.onload 事件给每一个按钮都添加了一个 onclick 事件处理器。在每一种情况中，事件处理器都会改变外部的<div>元素的背景和内部的<div>元素的 box-shadow 样式的方向。组合的效果就是，模拟光源从 3 个方向中的一个照射过来。

页面的效果如图 17.9 所示。

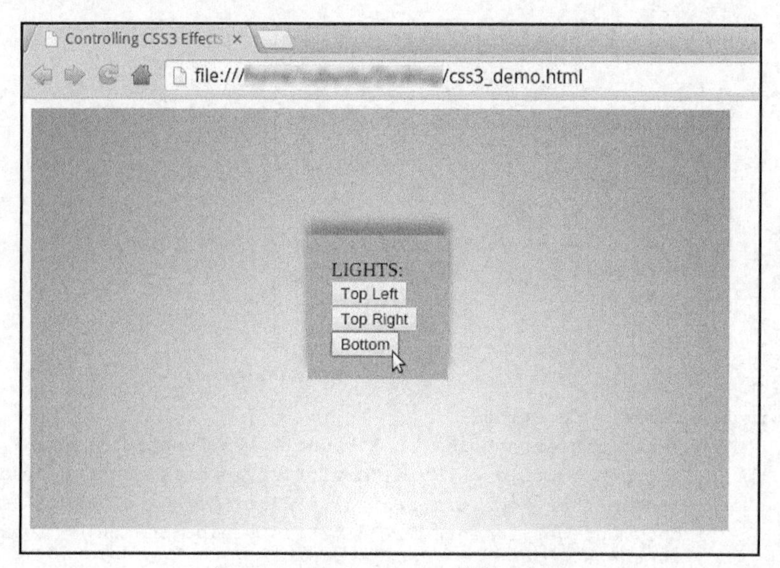

图 17.9 用 JavaScript 控制 CSS3

注意是如何不使用图像来创建这些效果的，在 CSS3 以前，这几乎是不可能的事情。

▲

17.8 设置带有厂商前缀的 CSS3 属性

既然了解了获取一个 CSS 属性的方法，那么，当不同的浏览器支持属性的不同形式（也就是说，拥有不同的前缀）时，如何使用 JavaScript 来设置 CSS3 属性呢？

当一个浏览器支持一个特定的 CSS 属性，从一个页面元素请求该属性时，它会返回一个字符串值（如果还没有设置该属性，将返回一个空的字符串）。如果浏览器不支持该属性，返回的值将会是 undefined。因此，在设置一个 CSS3 属性之前，应能很容易地执行测试，以判断支持该属性的哪一种形式。

让我们编写代码来接收潜在的 CSS3 属性的一个数组，并且返回浏览器支持的一种形式。

```
function getCss3Property(properties){
    // 遍历所有可能的属性名
    for (var i=0; i<properties.length; i++) {
        // 如果该元素的这个属性存在
        if (properties[i] in document.documentElement.style) {
```

```
            // 返回相关的字符串
            return properties[i];
        }
    }
}
```

通过这段代码，可以返回该功能的相应的版本。让我们看看，这对于本章前面使用的过渡是如何起作用的。

```
// 获取正确的 CSS3 过渡属性
var myTrans = getCss3Property(['transition', 'MozTransition', 'WebkitTransition',
'msTransition', 'OTransition'])

// 为"link1"设置 CSS3 过渡
document.getElementById("link1").style[myTrans] = "background 0.5s ease" ;
```

假设在使用 Firefox 的一个版本，它不支持 CSS3 transition 属性，但是确实支持该属性 Mozilla 自己的版本 MozTransition（对应于-moz-transition）。

注意，这里没有使用图像来创建这些效果，在 CSS3 之前，可能必须使用图像了。

在调用时，getCss3Property()函数将开始遍历和各种厂商类型对应的过渡属性的列表。它将会对于过渡属性返回一个 undefined 值（因为浏览器不支持它），在下一次遍历的时候，会退出该函数，并返回一个字符串值 MozTransition。现在，我们知道要在后面的代码行中设置该属性的哪一个版本了。

17.9 小结

在本章中，我们学习了 CSS3 给 Web 设计带来的一些新的功能。不同的浏览器厂商是如何通过定制化前缀来实现新的和实验性的 CSS3 功能的，通过学习本章的内容，读者可以了解如何使用 JavaScript 来访问和设置这些定制的功能。

17.10 问答

问：当前什么浏览器支持 CSS3 过渡、变换和动画？

答：在编写本书时，2D 变换在当前所有主流的浏览器中都可用，而 3D 变换在 Safari、Chrome/Chromium 和 Firefox 中得到了支持。IE10 中添加了对过渡和 3D 变换的支持。大多数这些效果都能平稳地退化，因此，使用不支持这些功能的浏览器的用户，也不会遇到问题，并且将看到不带动画的页面元素。在当前所有流行的浏览器中，2D 变换都可用。

问：为什么有几个不同的浏览器厂商都使用-webkit-前缀？

答：WebKit 是一个布局引擎，用于在 Web 浏览器中呈现 Web 页面。WebKit 引擎是多个流行的浏览器的基础，这些浏览器包括 Safari、Chrome/Chromium，以及用于桌面和移动平台的多种其他浏览器。

17.11 作业

读者可以通过测验和练习来检验自己对本章知识的理解，以提升技能。

17.11.1 测验题

1．如下哪一种方式正确地设置了一个从左下方向右上方的线性渐变？

a．linear-gradient(upper right, #112244 , #6699cc);

b．linear-gradient(top right, #112244 , #6699cc);

c．linear-gradient(to top right, #112244 , #6699cc);

2．应该如何在 JavaScript 中引用 text-shadow 属性？

a．textShadow

b．text-Shadow

c．text-shadow

3. 如下的哪一种形式能够正确地呈现多个背景图像，使得图像 cactus.png 显示于图像 desert.jpg 之上？

a．background-image: cactus.png, desert.jpg

b．background-image: url(cactus.png), url(desert.jpg);

c．background-image: url(desert.jpg), url(cactus.png);

4．在 CSS3 中，使用如下的哪个属性能够实现单词换行。

a．word-wrap

b．wrap

c．word-wrapping

5．getComputedStyle()方法根据什么计算要显示多少个元素。

a．只是内嵌样式

b．只是内嵌样式和外部样式

c．内嵌样式、外部样式和从容器元素继承的任何样式

17.11.2 答案

1．选 c。linear-gradient(to top right,#112244,#6699cc);

2．选 a。textShadow

3．选 b。background-image:url(cactus.png),url(desert.jpg);

4．选 a。word-wrap

5．选 c。内嵌样式、外部样式和从容器元素继承的任何样式

17.12 练习

请使用单个的属性 border-bottom-left-radius、border-top-left-radius、border-bottom-right-radius 和 border-top-right-radius，使用 JavaScript 来样式化一个<div>元素，使其呈现一个完整的椭圆形的形状（提示：设置半径的大小，以使得该元素的所有边框都刚好位于某一角的半径之中）。在椭圆形的<div>上使用 getComputedStyle()，以向控制台显示这些边框的半径。

在本章的“练习”部分，边框的阴影方向是手动设置的，若想要编写代码，正确地模拟光照方向，能否用 JavaScript 编写一个函数，根据检测到的背景渐变的值，来设置阴影属性？

第五部分

与 JavaScript 工具相关的高级技术

第 18 章

读取和写入 cookie

本章主要内容

- 什么是 cookie
- cookie 的属性
- 如何设置和取回 cookie
- cookie 的有效期
- 如何在一个 cookie 里保存多个数据项
- 删除 cookie
- 数据的编码和解码
- cookie 的局限

本书前面介绍的 JavaScript 技术还不能把信息从一个页面传递给另一个页面，而 cookie 提供了一种便捷的方式，能够在用户的计算机上保存少量数据并且远程获得它们，从而让网站可以保存一些细节信息，比如用户的习惯设置或是上一次访问网站的时间。

本章将介绍如何使用 JavaScript 创建、保存、获取和删除 cookie。

18.1 什么是 cookie

把 Web 页面加载到浏览器所使用的 HTTP 是一种“无状态”协议，也就是说，当服务器把页面发送给浏览器之后，它就认为事务完成了，并不保存任何信息。这给在浏览器会话期间（或是在会话之间）维持某种连续性带来了困难，比如记录用户已经访问或下载过哪些内容，或是记录用户在私有区域的登录状态。

cookie就是解决这个问题的一个途径。举例来说，cookie可以记录用户的最后一次访问，保存用户偏好设置的列表，或是当用户继续购物时保存购物车里的物品。在正确使用的情况下，cookie能够改善站点的用户体验。

cookie本身是一些短小的信息串，能够由页面保存在用户的计算机上，然后可以被其他页面读取。cookie一般都设置为在一段时间后失效。

> **注意：cookie** **CAUTION**
>
> 很多用户不允许站点在自己的计算机上保存cookie，所以开发者在编写程序时应注意不要让站点完全依赖于它们。
>
> 有人不喜欢cookie，通常是因为有些站点把cookie作为一种广告手段，借此追踪用户的在线行为，从而进行有针对性的广告。但这也是一个范例，说明了为什么要使用cookie以及可以将它用于什么领域。

cookie的局限

浏览器对于能够保存的cookie数量有所限制，通常是几百个或更多一点。一般情况下，每个域名20个cookie是允许的，而每个域最多能保存4KB的cookie。

除了大小限制可能导致的问题，有很多原因都可能导致硬盘上的cookie消失，比如到有效期限了，或是用户清理cookie信息了，或是换用其他浏览器了。因此，永远都不应该使用cookie保存重要数据，而且在编写代码时一定要考虑到不能获取所期望cookie时的情况。

18.2 使用document.cookie属性

JavaScript使用document对象的cookie属性存储和获取cookie。

每个cookie基本上就是一个由成对的名称和值组成的字符串，如下所示：

```
username=sam
```

当页面加载到浏览器里时，浏览器会收集与页面相关的全部cookie，放到类似字符串的document.cookie属性里。在这个属性里，每个cookie是以分号分隔的：

```
username=sam;location=USA;status=fullmember;
```

> **提示：cookie并不是真正的字符串** **TIP**
>
> 在本书中，将document.cookie称作“类似字符串”的属性，因为它并不是真正的字符串，只是在提取cookie信息时，这个属性的表现像个字符串而已。

数据的编码和解码

某些字符不能在cookie里使用，包括分号、逗号及空白符号（比如空格和制表符）。在把数据存储到 cookie 之前，需要对数据进行编码，以便实现正确的存储。

在存储信息之前，使用 JavaScript 的 escape()函数进行编码；而获得原始的 cookie 数据时，就使用相应的 unescape()函数进行解码。

escape()函数把字符串里任何非 ASCII 字符都转换为相应的 2 位或 4 位十六进制格式，比如空格转换为%20，&转换为%26。

举例来说，下面的代码会输出变量 str 里保存的原始字符串及 escape()编码以后的结果：

```
var str = 'Here is a (short) piece of text.';
document.write(str + '<br />' + escape(str));
```

屏幕上的输出应该是：

```
Here is a (short) piece of text.
Here%20is%20a%20%28short%29%20piece%20of%20text.
```

可以看到，空格被表示为%20，左括号是%28，右括号是%29。

除了*、@、-、_、+、.、/之外，其他特殊符号都会被编码。

18.3 cookie 组成

document.cookie 里的信息看上去就像由成对的名称和值组成的字符串，每一对数据的形式如下：

```
name=value;
```

但实际上，每个 cookie 还包含其他一些相关信息，下面来分别介绍。

> **NOTE** **说明：cookie 的规范**
> 于 2011 年发布的 RFC6265 是 cookie 的正式规范。

cookieName 和 cookieValue

cookieName 和 cookieValue 就是在 cookie 字符串里看到的 name=value 里的名称与值。

domain

domain 属性向浏览器指明 cookie 属于哪个域。这个属性是可选的，在没有指定时，默认值是设置 cookie 的页面所在的域。

这个属性的作用在于控制子域对 cookie 的操作。举例来说，如果其设置为 www.example.com，那么子域 code.example.com 里的页面就不能读取这个 cookie。但如果 domain 属性设置为 example.com，那么 code.example.com 里的页面就能访问这个 cookie 了。

但是，不能把 domain 属性设置为页面所在域之外的域。

path

path 属性用于指定可以使用 cookie 的目录。如果只想让目录 documents 里的页面设置 cookie 的值，就把 path 设置为/documents。这个属性是可选的，常用的默认路径是/，表示 cookie 可以在整个域里使用。

secure

secure 属性是可选的，而且几乎很少使用。它表示浏览器在把 cookie 发送给服务器时，是否应该使用 SLL 安全标准。

expires

每个 cookie 都有个失效日期，过期就自动删除了。expires 属性要以 UTC 时间表示。如果没有设置这个属性，cookie 的生命期就和当前浏览器会话一样长，会在浏览器关闭时自动删除。

18.4 编写 cookie

要编写新的 cookie，只要把包含所需属性的值赋予 document.cookie 就可以了：

```
document.cookie = "username=sam;expires=15/06/2018 00:00:00";
```

使用 JavaScript 的 Date 对象可以避免手工输入日期和时间格式：

```
var cookieDate = new Date ( 2018, 05, 15 );
document.cookie = "username=sam;expires=" + cookieDate.toUTCString();
```

这样能得到与前面一样的结果。

> **TIP** **提示：用协调世界时设置 cookie 的日期**
>
> 注意，要用
>
> ```
> cookieDate.toUTCString();
> ```
>
> 而不是
>
> ```
> cookieDate.toString();
> ```
>
> 因为 cookie 的日期总是需要以协调世界时来设置。

在实际编写代码时，应该用 escape()函数来确保在给 cookie 赋值时不会有非法字符：

```
var cookieDate = new Date ( 2018, 05, 15 );
var user = "Sam Jones";
document.cookie = "username=" + escape(user) + ";expires=" + cookieDate.toUTCString();
```

18.5 编写一个函数来写 cookie

显然会想到编写一个函数专门用于生成 cookie，完成编码和可选属性的组合操作。程序清单 18.1 列出了这样的一个函数代码。

程序清单 18.1 编写一个函数来 cookie

```
function createCookie(name, value, days, path, domain, secure) {
    if (days) {
        var date = new Date();
        date.setTime(date.getTime() + (days*24*60*60*1000));
        var expires = date.toGMTString();
    }
    else var expires = "";
    cookieString = name + "=" + escape (value);
    if (expires) cookieString += "; expires=" + expires;
    if (path) cookieString += "; path=" + escape (path);
```

```
    if (domain) cookieString += "; domain=" + escape (domain);
    if (secure) cookieString += "; secure";
    document.cookie = cookieString;
}
```

这个函数执行的操作是相当直观的，name 和 value 参数组合得到“name=value”，其中的 value 还经过编码以避免非法字符。

在处理有效期时，使用的参数不是具体日期，而是 cookie 有效的天数。函数根据这个天数生成有效的日期字符串。

其他属性都是可选的，如果设置了，就会附加到组成 cookie 的字符串里。

CAUTION

注意：你可能需要一个 Web 服务器

如果现在把这段代码加载到浏览器里，浏览器本身的安全机制可能会阻止它的运行。为了运行这段代码，需要把文件上传到互联网或局域网的 Web 服务器。

实践

写 cookie

现在来利用这个函数设置一些 cookie 值，代码如程序清单 18.2 所示。新建文件 testcookie.html，输入清单里的代码。其中，名称和值的数据可以随意调整。

程序清单 18.2　写 cookie

```
<!DOCTYPE html>
<html>
    <head>
    <title>Using Cookies</title>
    <script>
        function createCookie(name, value, days, path, domain, secure) {
            if (days) {
                var date = new Date();
                date.setTime(date.getTime() + (days*24*60*60*1000));
                var expires = date.toGMTString();
            }
            else var expires = "";
            cookieString = name + "=" + escape (value);
            if (expires) cookieString += "; expires=" + expires;
            if (path) cookieString += "; path=" + escape (path);
            if (domain) cookieString += "; domain=" + escape (domain);
            if (secure) cookieString += "; secure";
            document.cookie = cookieString;
        }
        createCookie("username","Sam Jones", 5);
        createCookie("location","USA", 5);
        createCookie("status","fullmember", 5);
    </script>
</head>
<body>
    Check the cookies for this domain using your browser tools.
</body>
</html>
```

把这个 HTML 文档上传到互联网主机或局域网上的 Web 服务器。加载这个页面只会看到一行信息：

```
Check the cookies for this domain using your browser tools.
```

在 Chromium 浏览器里，按 Shift+Ctrl+I 组合键可以打开开发工具，如图 18.1 所示。对于其他浏览器，请查看相关文档了解如何查看 cookie 信息。

结果如图 18.1 所示。

> **提示：新值会附加到后面** ***TIP***
>
> 这个函数每次被调用时，就会给 document.cookie 设置新值，但新值不会覆盖现有的值，而是把新值附加到原有值。正如前面所说的，document.cookie 有时显得像个字符串，但又的确不是字符串。

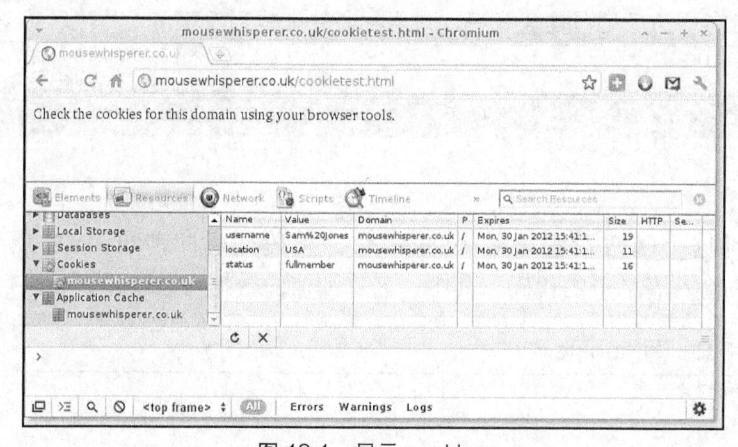

图 18.1 显示 cookies

18.6 读取 cookie

还记得 split()函数吗？我们在第 5 章介绍过这个函数。读取 cookie 值的过程在很大程度上是依赖于这个函数。split()函数以参数指定的字符作为分隔符，把分解的结果保存到数组里：

```
myString = "John#Paul#George#Ringo";
var myArray = myString.split('#');
```

上述语句会把字符串 myString 在每个“#”位置进行切割，分解为一系列单独的部分。myArray[0]会保存“John”，myArray[1]保存“Paul”，以此类推。

在 document.cookie 里，每个 cookie 都是以“;”分隔的，显然应该使用这个符号来分解 document.cookie 返回的字符串：

```
var crumbs = document.cookie.split(';');
```

因为要获得特定名称的 cookie，所以接下来要对数组 crumbs 进行搜索，得到特定的 name=部分。

然后用 indexOf()和 substring()返回 cookie 值的部分，再通过 unescape()函数进行解码，得

到 cookie 值：

```
function getCookie(name) {
    var nameEquals = name + "=";
    var crumbs = document.cookie.split(';');
    for (var i = 0; i < crumbs.length; i++) {
        var crumb = crumbs[i];
        if (crumb.indexOf(nameEquals) == 0) {
            return unescape(crumb.substring(nameEquals.length, crumb.length));
        }
    }
    return null;
}
```

18.7 删除 cookie

要想删除一个 cookie，只需要把它的失效日期设置为今天以前的日期，浏览器就会认为它已经失效了，从而删除它。

```
function deleteCookie(name) {
    createCookie(name,"",-1);
}
```

CAUTION **注意：检查是否已经删除了 cookie**

即使在脚本里删除了 cookie，某些浏览器的有些版本也会把 cookie 维持到重新启动浏览器。如果 cookie 是否被删除是程序运行的条件，就应该使用 getCookie 来测试被删除的 cookie，确保它的确不存在了。

实践

使用 cookie

利用前面介绍的知识，建立一些页面体验 cookie 操作。

首先，把 createCookie()、getCookie()和 deleteCookie()函数集中到一个 JavaScript 文件里，将其保存为 cookies.js，代码如程序清单 18.3 所示。

程序清单 18.3 cookies.js

```
function createCookie(name, value, days, path, domain, secure) {
    if (days) {
        var date = new Date();
        date.setTime( date.getTime() + (days*24*60*60*1000));
        var expires = date.toGMTString();
    }
    else var expires = "";
    cookieString = name + "=" + escape (value);
    if (expires) cookieString += "; expires=" + expires;
    if (path) cookieString += "; path=" + escape (path);
    if (domain) cookieString += "; domain=" + escape (domain);
    if (secure) cookieString += "; secure";
    document.cookie = cookieString;
}

function getCookie(name) {
    var nameEquals = name + "=";
```

```
    var crumbs = document.cookie.split(';');
    for (var i = 0; i < crumbs.length; i++) {
        var crumb = crumbs[i].trim();
        if (crumb.indexOf(nameEquals) == 0) {
            return unescape(crumb.substring(nameEquals.length, crumb.length));
        }
    }
    return null;
}

function deleteCookie(name) {
    createCookie(name,"",-1);
}
```

测试页面的<head>部分会引用这个文件，则就可以在代码里使用这三个函数了。

第一个测试页面（cookietest.html）的代码如程序清单 18.4 所示，第二个测试页面（cookietest2.html）的代码如程序清单 18.5 所示。

程序清单 18.4 cookietest.html

```
<!DOCTYPE html>
<html>
<head>
    <title>Cookie Testing</title>
    <script src="cookies.js"></script>
    <script>
        window.onload = function() {
            var cookievalue = prompt("Cookie Value:");
            createCookie("myCookieData", cookievalue);
        }
    </script>
</head>
<body>
    <a href="cookietest2.html">Go to Cookie Test Page 2</a>
</body>
</html>
```

程序清单 18.5 cookietest2.html

```
<!DOCTYPE html>
<html>
<head>
    <title>Cookie Testing</title>
    <script src="cookies.js"></script>
    <script>
        window.onload = function() {
            document.getElementById("output").innerHTML = "Your cookie value: " +
            getCookie("myCookieData");
        }
    </script>
</head>
<body>
    <a href="cookietest.html">Back to Cookie Test Page 1</a><br/>
    <div id="output"></div>
</body>
</html>
```

ookietest.html 里唯一可见的页面内容是一个链接，它指向第二个页面 cookietest2.html。这段脚本捕获了 window.onload 事件，在页面加载完成时就显示一个 prompt()对话框，请用户输入一个要保存到 cookie 的值，然后调用 createCookie()函数把 cookie 的名称设置为

myCookieData，其值为用户输入的内容。

cookietest.html 的运行情况如图 18.2 所示。

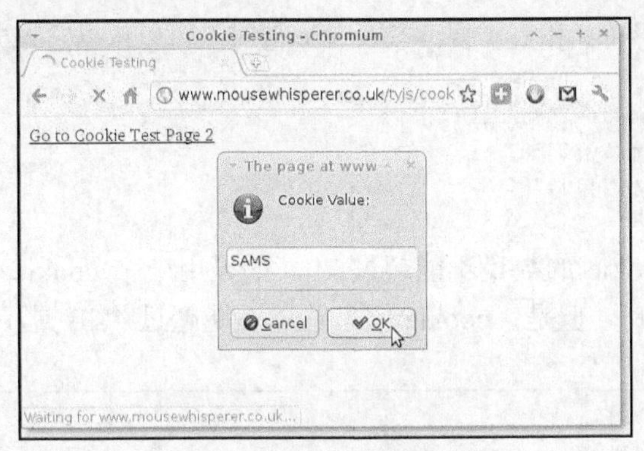

图 18.2 输入 cookie 的值

在设置了 cookie 值之后，单击链接跳转到 cookietest2.html。

在这个页面加载之后，window.onload 事件处理器执行一个函数，利用 getCookie()获取保存在 cookie 里的值，输出到页面上，如图 18.3 所示。

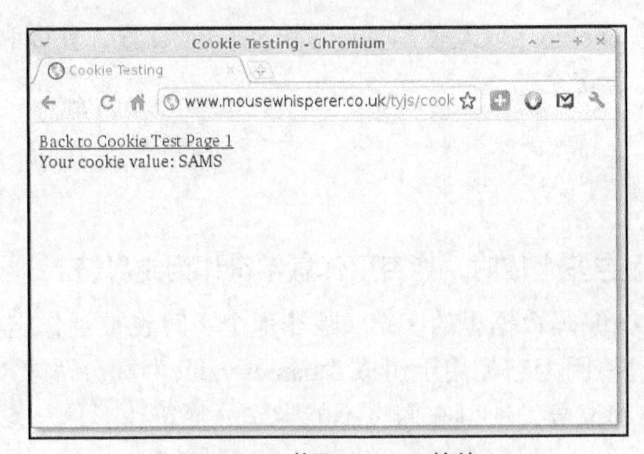

图 18.3 获取 cookie 的值

为了实现这个练习，需要把 cookietest.html、cookietest2.html 和 cookies.js 上传到互联网主机（或局域网的 Web 服务器），否则浏览器安全机制很可能会阻止代码的运行（因为这时是使用 file://协议查看计算机上的文件）。

▲

18.8 在一个 cookie 里设置多个值

每个 cookie 包含一对“name=value”，如果需要保存多个数据，比如用户的姓名、年龄和会员号，就需要三个不同的 cookie。

然而，稍微动一点脑筋，就可以用一个 cookie 保存这三个值。方法是把需要的值组成一个字符串，让它成为要保存在 cookie 里的值。

通过这种方式，可以避免使用三个单独的 cookie，只用一个就能保存这三部分数据。为了以后分解其中的信息，要在这个字符串里放置特殊字符（所谓的“定界符”）来分隔不同的数据：

```
var userdata = "Sandy|26|A23679";
createCookie("user", userdata);
```

这里用“|”作为定界符。稍后需要读取 cookie 值时，可以依据它来分割并得到各部分数据：

```
var myUser = getCookie("user");
var myUserArray = myUser.split('|');
var name = myUserArray[0];
var age = myUserArray[1];
var memNo = myUserArray[2];
```

有些浏览器要求 cookie 的数量不能超过 20，如果用一个 cookie 保存多个数值，可以在一定程度上打破这种限制。但是，cookie 信息总体不能超过 4KB 是不能改变的。

说明：数据的序列化 **NOTE**

关于序列化的详细介绍请见第 10 章。

18.9　小结

本章介绍了什么是 cookie，以及使用 JavaScript 如何设置、获取和删除它们，还介绍了如何在一个 cookie 里保存多个值。

18.10　问答

问：在用一个 cookie 保存多个值时，能否用任意字符作为定界符？

答：不能使用可能出现在编码数据里的字符（除非那个字符也被当作定界符），也不能使用等号（=）或分号（;），因为它们用于组成“name=value”和分隔多对数据。另外，cookie 一般不能包含空白和逗号，所以它们也不能当作分界符。

问：cookie 安全吗？

答：cookie 的安全问题经常会被提及，但这种担心大多是没有根据的。cookie 能够帮助站长和广告商追踪用户的浏览习惯，他们可以（也的确）利用这些信息在用户访问的页面上有目的地投放广告和提示信息。但是，只使用 cookie，并不能获得用户的个人信息，也不能访问用户计算机硬盘上的其他内容。

18.11　作业

读者可以通过测验和练习来检验自己对本章知识的理解，以拓展技能。

18.11.1　测验

1. cookie 是少量的文本信息，保存在：
   a. 用户的硬盘上

b．服务器上

c．用户的互联网服务供应商

2．为了确保 cookie 里不包含非法字符而对字符串进行编码，可以使用：

a．escape()

b．unescape()

c．split()

3．在一个 cookie 里，分隔多个值的字符称为：

a．转义序列

b．定界符

c．分号

4．单个的域中可以存储多少 cookie 信息？

a．400B

b．4KB

c．40KB

5．以下哪个对象属性用来存储和访问 cookie 信息？

a．document.cookie

b．window.cookie

c．navigator.cookie

18.11.2 答案

1．选 a。cookie 保存在用户的硬盘上

2．选 a。使用 escape()函数可以对要保存在 cookie 里的字符串进行编码

3．选 b。分隔多个值的字符称为“定界符”

4．选 b。4KB

5．选 a。document.cookie

18.12 练习

试了解如何在常用的浏览器里查看 cookie 信息，然后查看程序清单 18.4 中设置的 cookie。

请修改 cookietest.html 和 cookietest2.html 的代码，把多个值写到一个 cookie，然后在读取 cookie 时再分解这些值，并且把它们显示在单独的行里。用“#”作为定界符。

在 cookietest2.html 里添加一个按钮，删除在 cookietest.html 里设置的 cookie，并且查看删除的效果。（提示：让按钮调用 deleteCookie()。）

第19章

用正则表达式匹配模式

本章主要内容

- 正则表达式的含义
- 正则表达式的用途
- 如何使用正则表达式字面值和特殊字符
- 如何使用RegExp对象
- 如何使用正则表达式方法
- 使用正则表达式处理字符串的方式

在第7章中，我们学习了如何使用JavaScript的字符串方法，以不同的方式来操作字符串。然而，有的时候，需要一种方法在一段文本中匹配一个较为严格或具体的模式。这就是正则表达式的用武之地。

> **TIP** **提示：正则表达式和Regex的含义是相同的**
>
> 经常用更为简短的术语regex来替代正则表达式（regular expression），特别是在演讲或者其他非正式的交谈中。在本章中，这两个术语都会用到，但它们的含义是相同的。

正则表达式是一个特殊的字符串，用来描述搜索模式。在程序中，这样的一种模式可以用于搜索、替换或者管理字符串在一段文本中的出现情况。

正则表达式能够起到帮助作用的地方不计其数。一些常见的例子如下。

- 验证用户输入数据的格式，例如 E-mail 地址、电话号码或者邮政编码。
- 找到在一篇文章中多次出现的 URL 并进行更新。
- 操作 HTML 源代码中特殊的标签和属性。

在本章中，我们将学习如何构建正则表达式，并且尝试一些在脚本中使用它们的实际例子。

正则表达式的语法乍看上去有点令人害怕，但是，我们会按部就班地学习。让我们开始吧。

> **说明：很多语言支持正则表达式** ***NOTE***
>
> 并不是只有 JavaScript 使用正则表达式。很多其他计算机语言也支持它们，尽管在各种语言中，正则表达式的实现细节会有所不同。

19.1 创建正则表达式

JavaScript 有两种方法来生成一个正则表达式：通过一个字符串字面值生成；通过 JavaScript 的 RegExp 对象生成。

19.1.1 使用正则表达式字符串字面值

正则表达式是字符的序列，JavaScript 解释器会把它们解释为搜索模式，并应用于要查看的文本。

如下是这种模式的一个例子，该模式创建为所谓的正则表达式字符串字面值（regular expression string literal）：

```
var myRegExp = /FooBar/;
```

这个表达式类似于声明一个字符串，就像我们在第 7 章中所见到的那样，但是注意，这里的表达式放在两个反斜杠之间，而不是放在引号之间。

这种模式是所能够创建的最简单的正则表达式，并且可以直接用于严格地匹配 FooBar。在进一步学习之前，先来看看如何在一段 JavaScript 代码中使用它（假设要检查的文本包含在一个 ID 为"txt"的<div>元素中）：

```
var myRegExp = /FooBar/; // 正则表达式匹配严格的模式 FooBar
if (document.getElementById("txt").value.search(myRegExp) == -1) {
        // 如果没有找到匹配
        alert("The string 'FooBar' was not found");
    } else {
        // 如果找到了匹配
        alert("The string 'FooBar' occurs in the text");
    }
```

到目前为止，一切都不错。但是，如果希望匹配不区分大小写，也就是说，要搜索的就不仅是 FooBar，还有 foobar、FOOBAR 或 fooBar，那该怎么办呢？可以在字符串字面值的末尾添加字符 i:

```
var myRegExp = /FooBar/i;
```

现在，这个正则表达式将搜索该模式，并且会不区分大小写地进行匹配。

这个例子中的字符 i 叫作修饰符（modifier）。表 19.1 列出了可用的修饰符。

表 19.1 正则表达式修饰符

修饰符	说明
i	执行不区分大小写的匹配
g	执行全局匹配（找到所有匹配，而不是在找到第一个匹配后就停止）
m	执行多行匹配

TIP 提示：标志

修饰符另一个常用的名称是标志（flag）。

如下是使用 g 修饰符来搜索一个给定的字符串的所有匹配的一个示例。匹配作为一个数组返回。在这个示例中，正则表达式搜索被包含到了一个较小的函数之中：

```
var str = "Stupid is as stupid does";
function mySearch(input) {
    var pattern = /stupid/gi;
    return input.match(pattern);
}
var output = mySearch(str);
```

注意，这个字符串字面值现在有两个修饰符——i（不区分大小写地匹配）和 g（全局匹配，也就是说，它返回所有匹配）。在这个例子中，该函数将返回如下的数组：

```
["Stupid", "stupid"]
```

这个数组将存储在变量 output 中。

要允许正则表达式搜索某一个范围之内的字符，可以在字符串字面值中使用方括号。例如，要在一段文本中找到 hubble 或 bubble 的实例，可以使用：

```
var pattern = /[hb]ubble/gi;
```

表 19.2 列出的示例展示了如何使用方括号来搜索一个范围内的字符。

表 19.2 使用方括号来搜索范围内的字

表达式	搜索范围
[abcd]	方括号之间的任何字符
[^abcd]	方括号中没有指定的任何字符
[0-9]	方括号中指定的任何数字
[^0-9]	方括号中没有指定的任何数字
(a|b)	任何指定的字符，字符是可相互替换的

注意，除了指定的字符，也可以输入范围，因此

```
[0-9]
```

等同于

```
[0123456789]。
```

同样，表达式

```
[a-z]
```

将匹配字母表中的任何小写字母。

也可以在方括号中将各个定义都组织到一起，因此

```
[a-zA-Z]
```

将匹配任何大写或小写的字母。

注意：注意所使用的语言 **CAUTION**

表达式[a-z]实际上匹配英语中的所有小写字母。如果所用的语言还包括其他字符，例如重音字符，那么需要自己将其加入到表达式中。

注意表 19.2 中的最后一行。选择 hubble 或 bubble 的另一种方式是使用如下的字符串字面值：

```
var pattern = /(hubble|bubble)/gi;
```

正则表达式还有一种处理特殊字符的快捷方式，叫作元字符（metacharacter）。表 19.3 列出了元字符及其含义。

表 19.3 正则表达式元字符

元字符	描 述
.	单个的字符，除了换行符之外
\w	一个单词字符
\W	一个非单词字符
\d	一个数字字符
\D	一个非数字字符
\s	一个空白字符
\S	一个非空白字符
\b	在一个单词的开头或结尾的一个匹配
\B	不在一个单词的开头或结尾的一个匹配
\0	一个空字符
\n	一个换行字符
\f	一个换页字符
\r	一个回车字符
\t	一个制表符
\v	一个垂直制表符
\xxx	八进制数 xxx 所指定的字符
\xdd	十六进制数 dd 所指定的字符
\uxxxx	十六进制数 xxxx 所指定的 Unicode 字符

这里有一些和我们已经见过的例子重复的示例，例如，元字符\d 的含义是“一个数字”，这和表达式[0-9]是完全等同的。

NOTE **说明：单词字符**

表 19.3 提到了“单词”字符。这是一组字符，由大写和小写的字母、十进制的数字和下画线字符组成。因此，它等同于表达式[a-zA-Z0-9_]。

来看看这个正则表达式字符串字面值：

```
var pattern = /\W/;
```

这个模式将在目标文本中搜索任何非单词的字符。例如，在如下的字符串中，它将会搜索出%字符：

```
"75% of people questioned"
```

正则表达式字面值也可以包含所谓的限定符。这些快捷表达式定义了一个模式出现的次数，或者是在目标文本中找到模式的位置。表19.4列出了一些例子。

表19.4 正则表达式限定符

限定符	匹　配
n+	至少包含一个n的任何字符串
n*	包含n的0次或多次出现的任何字符串
n?	包含n的0次或1次出现的任何字符串
n{X}	包含X个n的序列的任何字符串
n{X,Y}	包含从X到Y个n的序列的任何字符串
n{X,}	至少包含X个n的序列的任何字符串
n$	以n结尾的任何字符串
^n	以n打头的任何字符串
?=n	后面跟着一个字符串n的任何字符串
?!n	后边没有跟一个字符串n的任何字符串

使用元字符和限定符，通过一个正则表达式，搜索位于字符串开头的空白：

```
var pattern = /^[\s]+/;
```

这里，脱字字符“^”用作一个限定符，表示只能在目标字符串的开头搜索匹配内容。表达式“[\s]”表示将要搜索空白字符。最后，“+”字符表示并不在意在该位置能够找到多少个空白字符（只要至少有一个就可以），而是想要匹配所有的空白字符（在本章稍后，我们将看到不但能找到空白字符，而且能够删除它，如果确实需要删除空白字符的话）。

TIP **提示：使用在线测试器**

测试原型正则表达式的一种快速而简单的方法，就是使用众多的在线测试工具之一。

如果所要使用的正则表达式在脚本运行时并不会改变，那么正则表达式字符串字面值提供了最佳的性能。然而，有时候，在脚本运行中，脚本或者其用户想要定义一种新的模式。在这种情况下，使用RegExp对象通常更容易一些。

19.1.2 使用JavaScript的RegExp对象

实例化JavaScript的RegExp对象，和实例化任何其他的对象一样（参见第11章）。

```
var myPattern = new RegExp("Foobar");
```

在这个例子中，正则表达式作为一个参数传递给对象的构造函数。注意，不需要将模式包含在反斜杠之中。

使用 test()和 exec()

RegExp 对象的 test()和 exec()方法可以通过使用新创建的对象来执行搜索。

下面展示了如何使用 test()方法来执行一次正则表达式搜索：

```
var myString = "The boy stood on the burning deck";
var myPattern = new RegExp("boy");
var result = myPattern.test(myString);
```

由于“boy”在 myString 中出现了一次，返回到变量 result 中的值将是 true。

根据测试是否成功，test()方法总是返回布尔值 true 或 false 作为结果。

exec()方法在一个字符串中测试匹配，如果成功，返回和所匹配文本相关的信息的一个数组；否则，返回 null。

```
var myString = "The boy stood on the burning deck";
var myPattern = new RegExp("boy");
var result = myPattern.exec(myString);
```

由于“boy”在 myString 中出现了一次，变量 result 将包含一个数组：

```
["boy", index: 4, input: "The boy stood on the burning deck"]
```

提示：在字符串字面值上使用 exec() ***TIP***

也可以使用 exec()来显式地创建一个 RegExp 对象：

```
var result = /boy/.exec("The boy stood on the burning deck");
console.log(result[0]);
```

这会在控制台显示一条包含“boy”的信息。

19.1.3 对正则表达式使用字符串方法

还记得在第 7 章中，我们学习了很多和 JavaScript 的 string 对象相关的方法。

其中的一些字符串方法（见表 19.5）可以直接使用正则表达式来执行它们的任务。

表 19.5 使用正则表达式的字符串方法

限定符	说明
match	搜索和正则表达式匹配的字符串的出现。返回包含了与所找到的匹配相关的信息的一个数组，如果没有找到匹配，返回 null
search	在字符串中测试一个匹配，返回匹配的索引，如果没有匹配，返回-1
replace	在字符串中搜索一个匹配，并且用一个指定的替代字符串来替换匹配
split	根据正则表达式，将一个字符串分割为子字符串的一个数组

读者可以使用浏览器的 JavaScript 控制台，自行尝试其中的一些方法。

实践

使用字符串方法的正则表达式

让我们来看几个示例。

在第一个示例中，我们用 match()方法来从一个字符串中选取只是数字的数据，以数组的形式返回结果：

```
var myString="John has 7 apples and Diane has 5"
var outString = myString.match(/\d+/g) // outString will contain the array [7,5]
```

打开浏览器的 JavaScript 控制台，由于笔者使用的是 Chrome，因此，对我来说，只要按下组合键 Ctrl+Shift+I 就可以了。

在控制台的提示符窗口中，输入如下的命令行并且按下 Enter 键：

```
var myString="John has 7 apples and Diane has 5"
```

如果一切正常，控制台将会返回 undefined（因为该语句没有返回一个值）。

现在，输入如下语句：

```
myString.match(/\d+/g)
```

并且控制台应该会给出正则表达式匹配的结果，在笔者的控制台中，结果如图 19.1 所示。

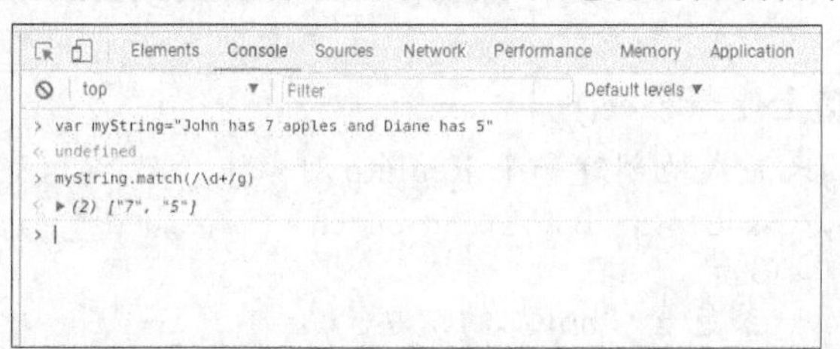

图 19.1 在 JavaScript 控制台中执行的一次正则表达式匹配

如果用 search()方法来代替 match()，该方法将返回第一次找到的匹配的索引（也就是字符串中的位置）：

```
var myString="John has 7 apples and Diane has 5"
var outString = myString.search(/\d+/g) // outString will contain the value '9'
```

同样，可以在控制台中测试它。测试字符串已经保存在了变量 myString 中，因此，只需要输入如下的表达式：

```
myString.search(/\d+/g)
```

控制台应该会返回结果 9，如图 19.2 所示。

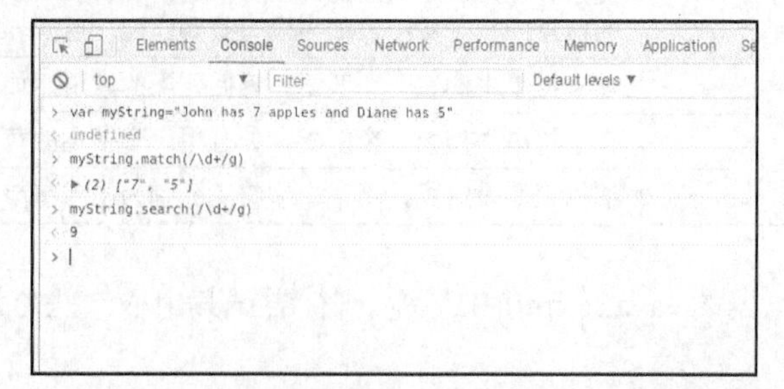

图 19.2 在 JavaScript 控制台中执行的一次正则表达式搜索

现在，让我们来尝试一下 split()方法。在这个例子中，不仅要在每次出现分号的时候分割字符串，还要删除包围着数字的任何空白。

```
var myString="1 ;2; 3;4; 5"
var outString = myString.split(/\s*;\s*/) // outString包含
["1","2","3","4","5"]
```

这一次，输入一个新的字符串来操作，因此，在控制台的提示符窗口中，输入如下的代码并且按下 Enter 键：

```
var myString="1 ;2; 3;4; 5"
```

控制台应该再一次返回 undefined。

最后，输入如下的表达式：

```
myString.split(/\s*;\s*/)
```

现在，控制台应该会返回正确的结果，如图 19.3 所示。

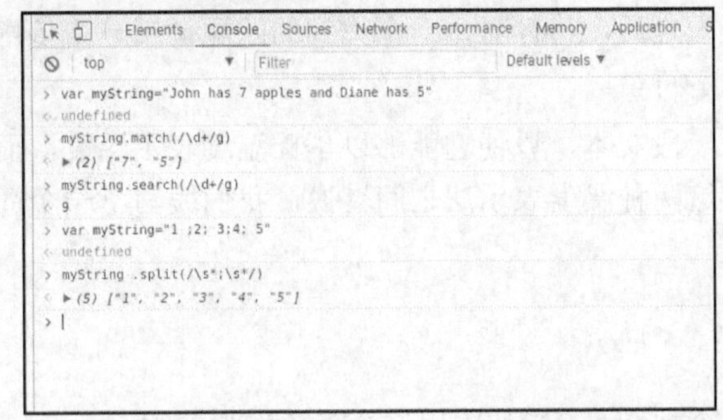

图 19.3 在 JavaScript 控制台中执行的一次正则表达式字符串分割

在一个字符串 myString 上使用 replace()方法的最简单语法是：

```
var newstring = myString.replace(regexp, replacement_string);
```

注意，当执行这条语句时，最初的字符串 myString 仍然是未修改的，并且返回一个新的字符串，其中针对每一次找到的匹配，都将其替换为新的子字符串。

让我们再一次打开控制台，并且输入如下语句：

```
var myString = "Stupid is as stupid does";
```

现在，可以用 replace()来替换字符串的某些内容：

```
myString.replace(/stupid/ig, "cupid");
```

控制台输出如图 19.4 所示。在最后一行，可以看到最初的字符串 myString 又一次显示了，这表明它并没有被 replace()操作所修改。

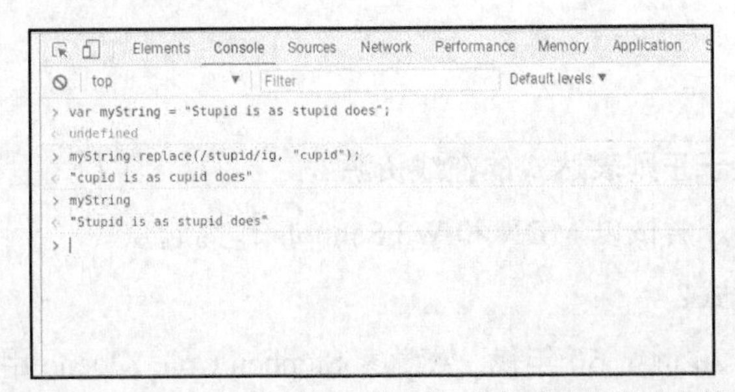

图 19.4 在 JavaScript 控制台中执行的一次正则表达式字符串替换

请自行用不同的测试字符串来尝试各种字符串方法和正则表达式模式。

要删除不想要的子字符串，可以直接使用 replace()，并用一个空的字符串作为替代字符串。例如，在本章前面，我们使用如下的模式在一个字符串的开头搜索空白：

```
var pattern = /^[\s]+/;
```

如下的代码段不仅会找到字符串 myString 中的空白，还会删除任何这样的空白：

```
myString = myString.replace(pattern, "");
```

要删除字符串的开头和末尾的空白，只需要对字符串模式做一个小小的修改：

```
var pattern = /^\s+|\s+$/g;
```

用一个函数作为 replace()的参数

replace()方法有一个很酷的功能——该方法能够接收一个函数而不是一个字符串作为第二个参数。在执行了匹配之后，将针对每一个找到的匹配调用一次该函数，并且该函数的返回值随后将被用作替代字符串。

例如，若想要编辑一段文本，以便它能够以华氏温度表示温度，而不是现在这样以摄氏温度表示温度。为了在这两种温度表示法之间转换，我们编写了一个简单的函数，在每一次匹配上执行该函数：

```
function CtoF(match) {
    return ((match * 9) /5 ) + 32;
}
```

现在，让我们在一个 replace()操作中用这个函数作为参数。

```
var myString = "for temperatures between 5 and 65 degrees";
myString = myString.replace(/\d+/g, CtoF);
```

正则表达式所找到的每一次匹配，都将作为参数 match 传递给 CtoF 函数。之后，myString 变量将会包含如下的值：

```
"for temperatures between 41 and 149 degrees"
```

19.2 小结

在本章中，我们学习了使用正则表达式操作字符串的基础知识。生成正则表达式可能很复杂，并且需要很多的练习才能掌握，但这种投入是值得的，因为使用正则表达式可以大大简化很多的编程任务。

19.3 问答

问：在哪里可以找到关于正则表达式的在线资源？

答：有很多的在线资源。尝试以 MDN 和 W3 Schools 作为起点。

问：谁发明了正则表达式？

答：正则表达式起源于 20 世纪 50 年代，数学家 Stephen Cole Kleene 用自己所谓的“正则集”的概念来描述正则语言。此后，正则表达式在 UNIX 系统上用于文本处理，随后被更为广泛的计算机应用程序和语言所采用。因此，这个概念比 JavaScript 出现得还要早。

19.4 作业

读者可以通过测验和练习来检验自己对本章知识的理解，以提升技能。

19.4.1 测验

1. 如下哪个示例能够测试一个字符串的第一个字符是否是大写？

   a. regexp = /^[A-Z]/;

   b. var regexp = /[^A-Z]/;

   c. var regexp = /[A-Z][a-z]/;

2. 如下哪个字符串能够匹配 regexp /ab+c?/?

   a. ac

   b. abbb

   c. cab

3. 如下哪个表达式匹配完全由字母组成的并且正好是 7 个字符长度的字符串？

   a. regexp = /^[a-zA-Z]{7,}$/;

   b. regexp = /^[a-zA-Z]{7}$/;

   c. regexp = /^[a-zA-Z]{6,8}$/;

4. 192\.168\.1\.\d{1,3}能够用来匹配如下的哪一种情况？

   a. 匹配任何 IP 地址

   b. 匹配以 192 或 168 开始的任何 IP 地址

   c. 匹配范围在 192.168.1.0 到 192.168.1.255 的任何 IP 地址

5. 查看如下的代码

```
var regexp = /^\d{2}$/;
var myString = "29";
alert(regex.test(myString));
```

   它将会显示什么？

   a. true

   b. 1

   c. 29

19.4.2 答案

1. 选 a。regexp = /^[A-Z]/;

2. 选 b。abbb

3. 选 b。regexp = /^[a-zA-Z]{7}$/;

4．选 c。匹配范围在 192.168.1.0 到 192.168.1.255 的任何 IP 地址

5．选 a。true

19.5 练习

请编写一个 JavaScript 函数，使它用一个正则表达式来返回所提供的字符串中的单词的个数（提示：记住先删除字符串中从开头到结尾的所有空白）。试编写一段代码，从一段文本中找出所有 JavaScript 的实例（不区分大小写），并用全部大写的单词 JAVASCRIPT 替换所有实例。

第 20 章

理解并使用闭包

本章主要内容

- ➢ 关于变量作用域的更多知识
- ➢ 闭包的定义
- ➢ 如何使用闭包实现数据私有性
- ➢ 闭包和对象的比较

读者可能发现有些概念真的很难理解——你可能抓耳挠腮，喝很多杯咖啡，并且阅读了互联网上能够找到的所有参考资料，但还是有很多事情让你迷惑不解。然后有一天，你突然明白了，并且会感到奇怪，为什么当初就是想不通呢？对于很多人来说，“闭包”的概念就有点像是这种情况。

在本章中，笔者力求把“闭包”掰碎了来讲解。如果读者还是觉得有点困惑，不妨先放放，多加学习，终会有豁然开朗的那一天的！

20.1 回顾作用域的相关知识

第 3 章和第 4 章介绍了变量作用域的概念，特别是作用域如何与函数中声明的那些变量相关。

让我们来看看如下这段代码：

```
function sayHi(){
    let msg = 'Hello world!';
    console.log(msg);
}
```

要执行这个函数非常简单：

```
sayHi()
```

假设没有出错，将会在 JavaScript 控制台中显示'Hello world!'。但是，在尝试直接访问变量 msg 时，将会发生什么情况呢？如果尝试在该函数之外的任何地方执行如下命令：

```
console.log(msg);
```

例如，在 JavaScript 控制台中输入这条命令，JavaScript 将会快速指出错误：

```
Uncaught ReferenceError: msg is not defined
```

在第 3 章和第 4 章中，以这种方式在函数之中定义的变量，只能在该函数之内访问。这就是所谓的变量的“作用域”（scope）。在调用 sayHi()时，就创建了变量 msg，一旦 sayHi()执行完毕，该变量便被再次销毁了。

假设编写了如下的原始代码：

```
var msg = 'Hello world!';
function sayHi(){
    console.log(msg);
}
```

在这个例子中，msg 变量是在 sayHi()函数之外声明的，并且是在全局作用域中。在这个例子中，对 console.log(msg)的调用将会工作得很好，不管在哪里进行调用，都没有问题。

20.2 从一个函数返回另一个函数

在前面的代码中，sayHi()函数并没有返回任何内容。但是，如果想要让它返回另一个函数，该怎么办呢？让我们来看如下的这段代码：

```
function sayHi() {
    return function logMessage() {
        let msg = 'Hello world!';
        console.log(msg);
    }
}
```

若要调用 sayHi()并且随后要把它返回的函数存储到一个变量中，可以直接这样编写代码：

```
var hello = sayHi();
```

当执行 sayHi()时，logMessage()函数存储到了 hello 变量中。如果现在执行

```
console.log(msg);
```

将会再一次直接接收到一个简短的错误，如图 20.1 所示。

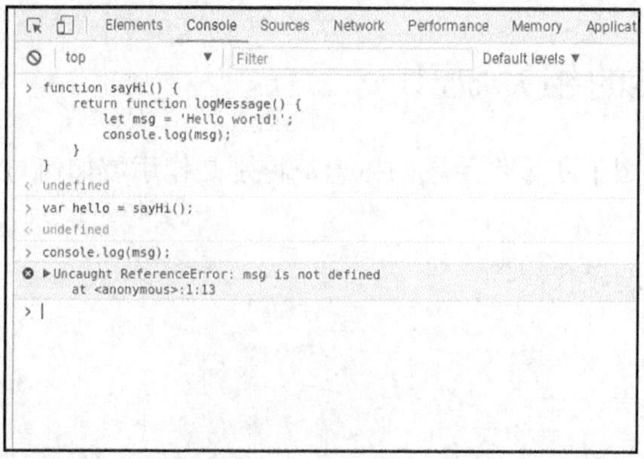

图 20.1 不出所料，变量 msg 不再可以访问了

变量 hello 现在包含了返回的函数 logMessage()。那么，如果想要执行这个函数，该怎么办呢？可以使用如下函数：

```
hello()
```

结果如图 20.2 所示。

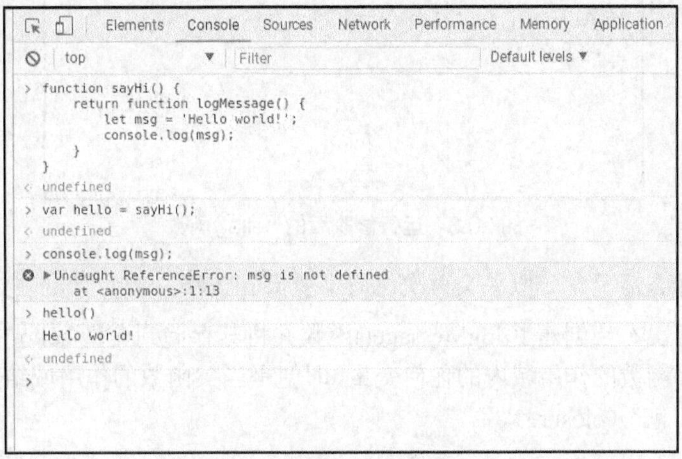

```
Elements  Console  Sources  Network  Performance  Memory  Application
top  ▼  Filter  Default levels ▼
> function sayHi() {
      return function logMessage() {
          let msg = 'Hello world!';
          console.log(msg);
      }
  }
< undefined
> var hello = sayHi();
< undefined
> console.log(msg);
⊗ ▶Uncaught ReferenceError: msg is not defined
      at <anonymous>:1:13
> hello()
  Hello world!
< undefined
>
```

图 20.2　hello()函数成功执行

成功执行！变量 msg 在这个函数中声明的，因此，它仍然是可以访问的，并且正如所预期的那样，一切都正常。

提示：第一类值 ***TIP***

在 JavaScript 中，函数是所谓的第一类值。换句话说，函数就像字符串和整数等类型一样，可以作为参数传递，从函数调用返回，等等。

20.3　实现闭包

现在，让我们重写一下这段代码：

```
function sayHi() {
    let msg = 'Hello world!';
    return function logMessage() {
        console.log(msg);
    }
}
var hello = sayHi();
```

这段代码再次返回了函数 logMessage()并将其存储到变量 hello 中。但是，这一次变量 msg 在 logMessage()函数的声明之外声明。更确切地说，msg 仍然是在 logMessage()的父函数的作用域之内声明的。如果执行存储在变量 hello 中的函数，将会发生什么情况？当 sayHi()完成执行时，变量 msg 消失了，因此，logMessage()不能再访问 msg 了——这么假设应该是合理的。运行如下命令

```
hello();
```

其输出如图 20.3 所示。

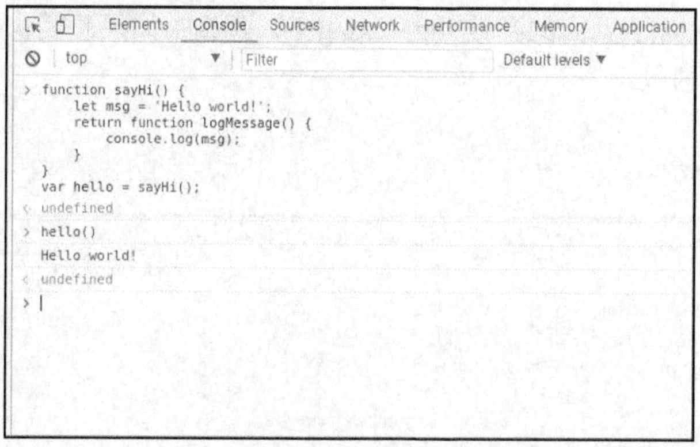

```
Elements  Console  Sources  Network  Performance  Memory  Application
top  Filter  Default levels
> function sayHi() {
      let msg = 'Hello world!';
      return function logMessage() {
          console.log(msg);
      }
  }
  var hello = sayHi();
< undefined
> hello()
  Hello world!
< undefined
>
```

图 20.3 运行修改后的 hello()函数

这里发生了什么情况？！似乎又再次访问了变量 msg。

发生了什么情况？当创建了 logMessage()函数并将其存储到变量 hello 中后，返回的函数仍然能够访问其父函数的作用域内的任何变量，即便是当父函数的作用域结束以后也是如此。这就是所谓的“闭包”（closure）。

> **TIP 提示：闭包的一种有用定义**
>
> 闭包是访问父作用域的一个函数，即便是在该作用域已经结束之后，也可以执行。

20.3.1 传递参数

来看另一个示例，这一次，我们让闭包变得更加有用一些。通过给父函数 sayHi()传递一个参数来修改变量 msg 中存储的字符串，这非常容易做到，如下面的代码所示：

```
function sayHi(visitor) {
    let msg = visitor + ' says: hello world!';
    return function logMessage() {
        console.log(msg);
    }
}
```

现在，可以传入信息，并显示预期的结果，如图 20.4 所示。

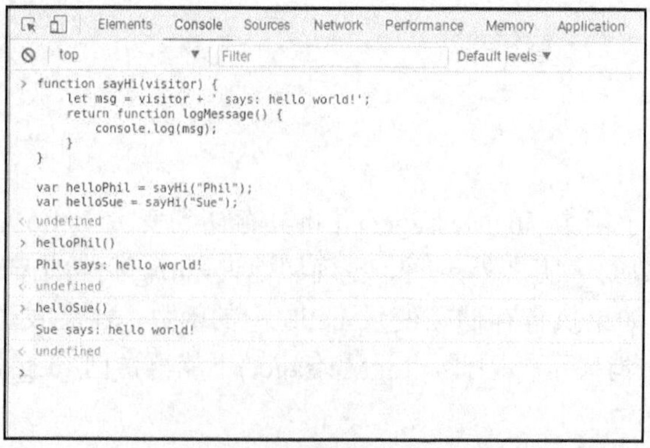

```
Elements  Console  Sources  Network  Performance  Memory  Application
top  Filter  Default levels
> function sayHi(visitor) {
      let msg = visitor + ' says: hello world!';
      return function logMessage() {
          console.log(msg);
      }
  }

  var helloPhil = sayHi("Phil");
  var helloSue = sayHi("Sue");
< undefined
> helloPhil()
  Phil says: hello world!
< undefined
> helloSue()
  Sue says: hello world!
< undefined
>
```

图 20.4 给 hello()传入参数

20.3.2 编辑一个闭包变量

一切进行顺利。但是，如果想要返回的函数（闭包）不仅访问父作用域中的变量，还要修改该变量，该怎么办呢？如下是做到这一点的一个示例，它重写了返回的函数，以便其也接收一个参数：

```
function sayHi(visitor) {
    let msg = visitor + ' says: ';
    return function logMessage(extra) { // 返回的函数现在接收一个参数
        msg = msg + extra;
        console.log(msg);
    }
}
```

像前面一样，把返回的函数存储到相同的变量中：

```
var helloPhil = sayHi("Phil");
var helloSue = sayHi("Sue");
```

现在，可以给返回的函数传递一个参数。该参数将用于修改闭包（closed-over）变量 msg 的值。结果如图 20.5 所示。

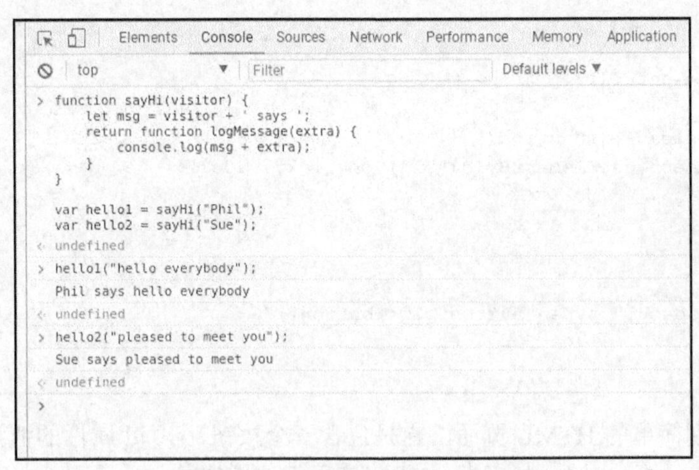

图 20.5　传递参数以编辑一个闭包

让我们来简单回顾一下这里发生的事情。

- sayHi(visitor)函数已经使用不同的参数值 visitor 执行了两次。
- 在每一次执行时，返回的函数 logMessage()都在一个 msg 变量上形成了一个闭包，该变量是在该函数的父作用域中声明的。两个返回的函数中的每一个，都保存到一个不同的变量中。
- 包含在这些变量中的两个函数就是闭包。当通过一个参数调用它们时，它们彼此闭包“它们自己的”变量 msg，并且修改该变量的值。注意，在每一种情况下，声明 msg 的父作用域都已经结束了。对 msg 的两个版本中存储的值的唯一的访问，是通过闭包 helloPhil 和 helloSue 来实现的。

让我们来看另一个示例。

实践

使用闭包构建一个点击计数器

让我们来看看程序清单 20.1 中的代码。

程序清单 20.1 展示闭包的一个程序

```
<!DOCTYPE html>
<html>
<head>
    <title>Closure Tester</title>
    <script>
    function setup() {
        let counter = 0;
        console.log("Click count: " + counter);
        return function () {
            counter += 1;
            console.log("Click count: " + counter);
        }
    }

    var add = setup();

    window.onload = function() {
        document.getElementById("b1").onclick = add();
    }
    </script>
</head>
<body>
    <button id="b1" type="button">GO</button>
</body>
</html>
```

这是一个特别简单的 HTML 页面，它只包含一个按钮，其 id 属性的值为 b1。当这个页面完成加载以后，一个 onclick 处理器 add()将应用于该按钮。

来看看这段代码，特别是 setup()函数。这个函数只运行一次，通过如下这行代码运行：

```
var add = setup();
```

setup()函数声明了一个变量 counter，将其值设置为 0，然后，返回了一个函数，该函数存储在变量 add 中。

要理解的关键问题是，最终的函数 add()仍然访问了在 setup()所返回的匿名函数的父作用域（该作用域已经不存在了）中创建的 counter 变量。

counter 变量现在受到 add()函数的作用域的保护，并且只能用该函数来修改它。

这个闭包实际上允许函数 add()拥有其自己的私有变量。将程序清单 20.1 中的代码保存到一个 HTML 文件中，并且将其载入到浏览器中。在查看 JavaScript 控制台时，点击该按钮几次，应该会得到图 20.6 所示的结果。

当 setup()运行时，创建了第一次输出的消息，声明了变量 counter 并且将其值设置为 0。

后续的每一次消息，都是由存储在 add 变量中的返回函数所输出的。注意是如何能够修改变量 counter 的值的，即便该变量是在返回函数的父作用域中创建的。

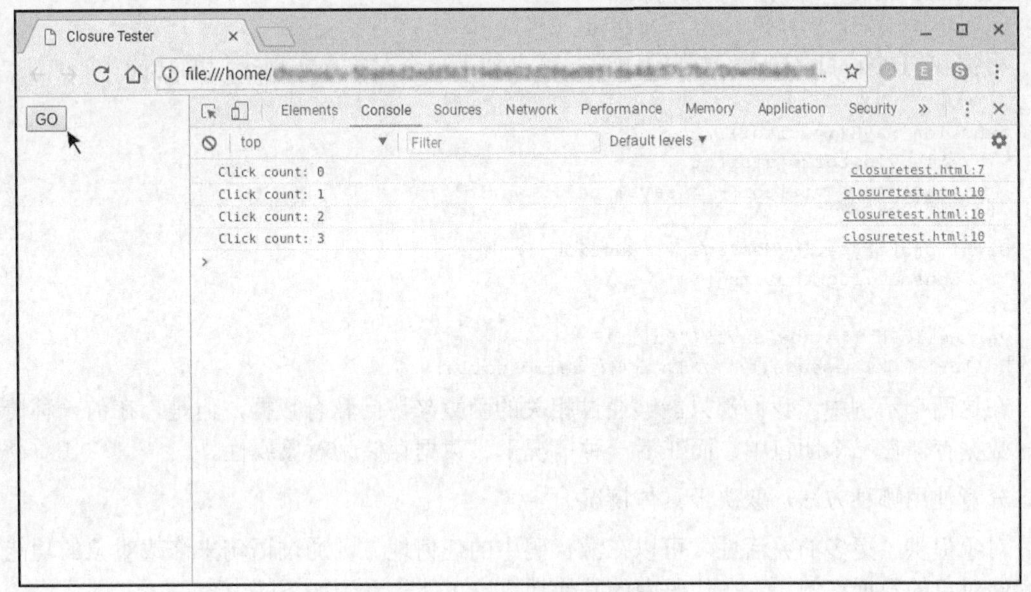

图 20.6 使用闭包统计点击

说明：使用闭包实现数据私有性 ***NOTE***

在 JavaScript 中，闭包几乎是最常用来保证数据私有性的技术。在以这种方式使用闭包时，除了通过专门的函数，是不能从一个作用域之外访问所包含的变量的。

▲

说明：闭包随时可用 ***NOTE***

JavaScript 中的函数自动地展示出闭包的行为。要实现这一效果，并不需要做任何事情。

20.3.3 闭包和对象

在第 11 章中，我们学习了对象如何能够将一些数据（对象的属性）和操作这些数据的一个或多个方法关联起来。

如前所示，闭包也允许将一些数据和操作这些数据的函数相关联起来。在可能决定要使用一个对象的地方，往往也可以使用一个闭包。让我们以本章前面的一个闭包作为示例。

```
// 使用一个闭包
function sayHi(visitor) {
    let msg = visitor + ' says: hello world!';
    return function logMessage() {
        console.log(msg);
    }
```

```
}
var helloPhil = sayHi("Phil");
helloPhil() // Phil说: hello world!
```

根据我们在第 11 章所学习到的知识，可以使用一个对象来实现类似的功能：

```
// 使用一个对象
function SayHi(visitor) {
    this.visitor = visitor;
    this.msg = visitor + ' says: hello world!';
}
SayHi.prototype.logMessage = function () {
    console.log(this.msg);
};
var helloPhil = new SayHi("Phil");
helloPhil.logMessage(); // Phil说: hello world!
```

在这两个示例中，我们都只能够通过相关的函数来访问私有数据，但是，在前一种情况下，数据存储在一个闭包中，而在后一种情况下，数据存储为对象属性。

究竟使用哪种方法，取决于具体情况。

对象提供了更多的灵活性。可以在源代码中的任何地方，通过语句来修改对象的功能或者存储对象的数据。例如，在代码中的其他地方，可能会看到如下的内容：

```
SayHi.prototype.clearMessage = function () {
    this.msg = '';
};
helloPhil.clearMessage();
```

然而，这种灵活性是一把双刃剑，其他部分的代码可以访问并修改对象的属性，这可能会引入难以发现的 bug。

使用闭包时，修改行为的唯一方式是，在创建该闭包的父函数之中定义新的功能。只能通过返回的函数来访问闭包数据的细节。

20.4 小结

在本章中，我们学习了创建和使用闭包的方法。闭包是一种强大的 JavaScript 技术，它从根本上允许函数拥有私有变量。

在回顾了函数作用域后，我们看到了创建闭包和使用闭包的示例，并比较了闭包和对象。

最后，我们用一个闭包创建了一个计数器，用来记录用户点击一个 Web 页面上的按钮的次数。

对于很多程序员来说，闭包是一个难题，对那些刚接触 JavaScript 的人来说尤其如此，但是，这一神秘的技术有助于编写更加精简和可靠的代码。

20.5 问答

问：闭包是 JavaScript 所独有的技术吗？

答：不是。这个概念已经存在了很多年，并且在众多的计算机语言中使用。

问：闭包在什么时候创建？

答：每次调用外围的（父）函数时，就会创建闭包。要创建一个闭包，内部的函数不需要被调用。

问：内部函数会生成包含的变量的一个副本吗？

答：不会。函数是通过引用来分配的。如果闭包变量在调用返回函数之前修改了，闭包将会使用更新后的值（也就是说最新的值）。

问：多个闭包能共享相同的父作用域吗？

答：是的。如果在相同的父作用域内定义了多个函数，该作用域（以及其相关的变量）将由所有创建的闭包共享。如下是一个例子：

```
function outer() {
    let count = 0;

    function increment() {
        count++;
        console.log(count);
    }

    function decrement() {
        count--;
        console.log(count);
    }

    function clear() {
        count = 0;
        console.log(count);
    }

    return {increment, decrement, clear}
}
let {increment, decrement, clear} = outer();
increment(); // 显示 1
increment(); //显示 2
increment(); // 显示 3
decrement(); // 显示 2
clear(); //显示 0
increment(); // 显示 1
```

20.6 作业

读者可以通过测验和练习来检验自己对本章知识的理解，以拓展技能。

20.6.1 测验

1. 以下哪个关于闭包的表述是正确的？

   a. 闭包是一个内部函数，它能够访问在其外围函数的环境中定义的变量

   b. 闭包是一个函数，它能够访问父作用域，即便该作用域已经结束了

c．闭包是一个外围函数，它能够访问在其内部函数的环境中定义的变量

2．考虑如下的代码。如果按照给定的顺序调用，f1()和 f2()的每一次调用将会向控制台输出什么内容？

```
let x = "apple";
var f1 = function() {
  console.log(x);
  x = "pear";
}
x = "banana";
var f2 = function() {
  console.log(x);
}
f1();
f2();
```

a．f1() logs "banana", f2() logs "pear"

b．f1() logs "pear", f2() logs "apple"

c．f1() logs "pear", f2() logs "banana"

3．考虑一下如下的代码：

```
var x = 4;
function myFunc() {
    var x = 3;
    return function(y) {
        console.log(x*y);
    }
}
var f1 = myFunc();
f1(5);
```

控制台的输出是什么？

a．20

b．15

c．NaN

4．闭包存储什么？

a．对外围函数的变量的引用

b．外围函数的变量的副本

c．以上都是

5．下面的说法哪一个是不正确的？JavaScript 闭包和 JavaScript 对象

a．是对同一种事物的不同称呼

b．都可以用于实现数据私有性，也就是说，只能通过预定义的函数访问

c．都是将某些数据和操作数据的函数关联起来的常用方法

20.6.2 答案

1．选 b．闭包是一个函数，它能够访问父作用域，即便该作用域已经结束了

2．选 a．f1() logs "banana", f2() logs "pear"

3．选 b．15

4．选 a．引用外围函数的变量

5．选 a．是对同一种事物的不同称呼

20.7 练习

有人编写了如下的代码程序，但是它并没有按照预期的方式工作。请说明这是为什么？如何修改这段代码才能让它给出所预期的输出呢？

```
var output = [];

for (var i = 0; i < 5; i++) {
  output[i] = function () {
    console.log(i);
  }
}

output[0](); // logs 5, not the expected 0
output[1](); // logs 5, not the expected 1
output[2](); // logs 5, not the expected 2
output[3](); // logs 5, not the expected 3
output[4](); // logs 5, not the expected 4
```

第21章

用模块组织代码

本章主要内容

- 术语模块的含义
- 使用模块的一些理由
- 如何编写、声明和使用模块
- 如何导入和导出模块值

到目前为止，我们通常只使用一个源文件来存储JavaScript代码。而这种方法对于本书这里使用的示例来说是很好的，并且对于小应用程序来说也是通用的方法，但是，这种方法对于一些较大的项目就有一定的局限性了，其中庞大的代码基会让代码难以调试和维护。在这种情况下，如果能够以某种逻辑方法将代码划分到几个源文件中，情况将会更好一些。

默认情况下，在JavaScript源代码的一个文件中声明的任何内容，在该文件之外都是不可用的。如果你要使用分布在不同的源文件之中的多项功能，这就是一个问题。如果有一种方法，使得在一个文件中声明的变量、行数和对象也能够在其他的文件中使用，那就太好了。这样一来，就可以用模块的方式来编写较大的项目。

令人惊讶的是，JavaScript此前一直没有这样的一种工具内建到语言之中，尽管用户和开发者已经通过诸如CommonJS和异步模块定义（Asynchronous Module Definition，AMD）这样的项目创造了一些解决方案。然而，在JavaScript最新的版本中，它现在对模块有了原生的支持。在本章中，我们将学习如何用模块来组织代码结构，以便将较大的项目组织成更容易管理的代码块。

说明：模块的第三方解决方案 ***NOTE***

用户和开发者通过诸如 CommonJS 和异步模块定义这样的项目创建了他们的解决方案。新的原生 JavaScript 模块和这些解决方案有一些相似性，但是功能更多，语法也更加精简。

当本章提到 JavaScript 模块时，总是指模块的原生的 JavaScript 实现，而不是任何像 CommonJS 或 AMD 这样的第三方项目。

21.1 为何使用模块

编写模块代码的理由有很多，有 3 个理由特别突出。让我们来依次看一看。

21.1.1 模块使得代码更容易维护

如果不熟悉某些代码，要去寻找所需要的代码，这个过程是令人沮丧的。将逻辑性相关的组件以恰当命名的模块组织到一起，这是非常容易的事情。

进一步开发模块代码也很容易。编写良好的代码和外部代码之间，即便有依赖性，也会非常小。因此，和那些代码与一个复杂应用程序的其他部分耦合的情况相比，进一步去开发包含在单个模块中的代码，或者给模块增添功能，都可以很容易地、快速且高效地完成。此外，这些新的开发立即就可以提供给用到相同模块的任何项目使用。

21.1.2 模块帮助复用代码

必须通过重新编写在其他项目中用到的代码——没有什么比这种“重新发明轮子”的事情更加令人沮丧了。直接从之前的项目中复制代码，这也远不是万全之策，特别是当代码已经在其最初的应用程序中有了复杂的依赖关系时。复用模块可以免去很多类似的麻烦。

21.1.3 模块有助于整齐的全局作用域

大型且复杂的 JavaScript 代码库的常见问题之一是，全局作用域容易被各种变量搞得一团糟。在代码的任何部分中以 var 关键字声明的变量，以及在函数之外声明的变量，都处于全局作用域中。如果多名开发者负责一个大的项目，会使得情况更加糟糕。想象一下这样的情形，两名开发者为同一个全局变量使用了相同的名称，当他们的脚本都在一个 Web 页面上运行时，声明会执行两次，从而导致先运行的那次声明被覆盖掉了。

这是模块能够起到帮助作用的另一种情形。在一个模块顶部声明的变量，并不是共享的全局作用域的一部分，而只是存在于该模块的最高级的作用域之中。

21.2 模块基础知识

在 JavaScript 原生的模块实现中，每个模块都存储在其自己的 JavaScript 文件中，一个文件一个模块。在一个模块之中声明的、任何的以及所有变量、函数或对象，对模块外部来说都是不可访问的，除非专门将它们导出到模块，并且导入到其他的脚本之中。我们稍后会介绍导出和导入过程。

CAUTION **注意：CORS——跨源资源共享**

通过直接从一个本地来源（例如计算机的硬盘）将HTML和JavaScript代码加载到浏览器中，就可以尝试到目前为止、在之前各章中所见到的所有示例。然而，和常规的脚本不同，模块是通过跨源资源共享（Cross-Origin Resource Sharing，CORS）来获取的。鉴于安全性，读者不能将本章中的示例直接从自己的PC加载到浏览器中来运行它们，需要将这些HTML和JavaScript文件上传到一个Web服务器。

21.2.1 如何包含一个JavaScript模块

要将模块包含到Web页面中，方法和包含其他脚本是一样的，只不过<script>元素的type参数的值是"module"：

```
<head>
    <script type="module" src="./myModule.js"></script>
</head>
```

CAUTION **注意：使用相对路径**

在编写本书时，JavaScript要求对模块使用相对路径。如果用如下的调用来访问和主脚本在同一目录中的一个模块，将可能会失败：

```
import { convertCtoF, convertFtoC } from 'tempConvert.js';
```

相反，在前面的例子中，用'./tempConvert.js'替代'tempConvert.js'。例如，也可以使用../或../../或完整的URL，就像'http://www.example.com/tempConvert.js'这样。

21.2.2 nomodule关键字

尽管在编写本书时，模块是JavaScript的一个新增功能，但是大多数浏览器的最新版本已经提供了支持。如果较旧的浏览器不支持模块的，我们还有一种方法让它们能够访问替代性的代码。

理解type='module'的所有浏览器，都会忽略带有nomodule属性的所有脚本：

```
<script type="module" src="./myModule.js"></script>
<script nomodule src="fallback-option.js"></script>
```

这就允许将模块代码提交给理解它的浏览器，而为其他浏览器提供一个替代性的代码。

21.3 导出

在一个模块中声明的所有变量、函数和对象，对于模块外部来说都是不可访问的，除非专门将它们导出。

要从一个模块导出项，可以直接使用关键字 export。这里有一个示例，它导出了一个单个的函数：

```
function func1(x) {
    alert(x);
}
export func1;
```

这就是所有代码。函数 func1()现在已经可以导入到代码库中的任何地方了。

让我们来看另外一个简单但是略微完整一些的示例。

21.3.1 一个简单的示例模块

现在，让我们来创建一个基本的模块。该模块导出了两个函数：

```
convertCtoF(c) : // 将摄氏温度 c 转换为华氏温度
convertFtoC(f) : // 将华氏温度 f 转换为摄氏温度
```

在这里，我们还创建了一个名为 tempConvert.js 的文件来包含这个模块，并且导出了两个函数，以便在应用程序的其他地方使用。

tempConvert.js 的代码如程序清单 21.1 所示。

程序清单 21.1 温度转换模块

```
function convertCtoF(c) {
    return (c*1.8) + 32;
}
function convertFtoC(f) {
    return (f-32)/1.8;
}
export { convertCtoF, convertFtoC }
```

最后一行的 export 关键字导出了花括号之间列出的所有函数，在这个例子中，就是模块中定义的两个函数。

> **说明：导出列表** NOTE
>
> 正如前面的示例所示，JavaScript 模块允许用单个的 export 关键字来导出项目列表。这些项可以是变量、函数、对象，也可以是这些类型的组合：
>
> ```
> export { func1, var1, obj1 }
> ```
>
> 这种语法是使用 export 的众多方法之一。在本章中，我们还会见到其他用法。

在导出各项之前，并不要求这些项已经是声明了的。可以在使用 var、let、function、class 等声明的一个项的前面添加关键字 export。

```
// 导出一个已具名的变量
export var a = 'something';
```

```
// 导出一个已具名的函数
export function func1() { console.log('Hello world!'); };

// 导出一个已有的变量
var a = 'something';
export { a };

// 导出已有的变量的一个列表
var a = 'something';
var b = 'another thing';
var c = 'just one more thing';
export { a, b, c };
```

> **TIP 提示：绑定**
>
> 注意，模块导出绑定到了变量，而不是这些变量的副本。

21.3.2 如何在导出时重命名

如果愿意，可以在导出项的同时重命名它们。假设在模块中有一个变量 arr，想要将其中的一项导出为一个 distance 变量。

```
export var distance = arr[1];
```

或者，可能想要导出整个数组，但是在此过程中要修改其名称：

```
export { arr as routeProperties };
```

21.3.3 具名的和默认的导出

前面的示例使用的导出方式通常称为具名导出，因为每一个值都是具名的。当只需要从一个模块导出一项时，可以将该项设置为模块的默认导出。显然，任何模块中只有一个默认的导出。要设置默认的导出，可以使用 default 关键字：

```
function mmToInches(d) {
    return d/25.4;
}
export default mmToInches;
```

21.4 导入

前文介绍了导出内容的方法。那么，如何把它们导入到其他的脚本中呢？这就要使用 import 关键字。

如下是之前编写的一个简单的 tempConvert.js 模块：

```
function convertCtoF(c) {
    return (c*1.8) + 32;
}
function convertFtoC(f) {
    return (f-32)/1.8;
```

```
}
export { convertCtoF, convertFtoC }
```

可以将该函数从这个模块导入到另一个程序中：

```
import { convertCtoF, convertFtoC } from './tempConvert.js';
```

上面这行代码导入了 tempConvert 中的两个函数。如果只需要其中的一个函数，可以按照相同的方法，很容易地只导入那一个函数：

```
import { convertCtoF } from './tempConvert';
```

21.4.1 默认导入

如果想要导入一个项，而另一个模块已经将这个项导出为默认导出了，则可以在导入过程中命名该项。还是回到本章前面的默认导出的例子：

```
function mmToInches(d) {
    return d/25.4;
}
export default mmToInches;
```

假设这段代码位于 convert.js 模块中，那么，在要导入的脚本中，可以这么使用：

```
import toInches from './convert.js';
console.log(toInches(100)); // logs 3.937007874015748
```

21.4.2 如何在导入的过程中重命名

在导出项时，可以重命名它们。类似地，在导入项时，也可以很容易地重命名它们：

```
import { convertCtoF as cF } from './tempConvert.js';
```

21.4.3 如何把一个模块导入为一个对象

如果愿意，可以在从另一个模块导入时创建一个对象。然后，就像访问所创建的对象的属性那样，来访问导入的值和函数。如下的代码段将温度转换模块中的两个函数导入为名为 temps 的对象，然后使用导入的函数中的一个：

```
import * as temps from './tempConvert.js';
var cTemp = temps.convertFtoC(212);
```

注意：带条件的导入或导出是不允许的 ***CAUTION***

不能带有条件地导入或导出模块。如下的表达式

```
if( myVar == 0 ) {
    import { convertCtoF } from './tempConvert.js';
}
```

将会产生一个语法错误。

说明：导入时“提升” ***NOTE***

模块导入会在内部移动到当前作用域的开始处。也就是说，在模块中何处提到它们是无关紧要的。如下的代码

```
var cTemp = convertFtoC(212);
```

```
import { convertFtoC } from './tempConvert.js';
```
将会很好地工作。这称为提升（hoisting）。

实践

创建一个温度转换模块

对于这个示例，让我们在一个 JavaScript Web 应用程序中使用前面编写的简单的温度转换模块。

首先，用程序清单 21.1 中的代码来创建模块。把这个模块命名为 tempConvert.js:

```
function convertCtoF(c) {
    return (c*1.8) + 32;
}
function convertFtoC(f) {
    return (f-32)/1.8;
}
export { convertCtoF, convertFtoC }
```

这个非常简单的 HTML 页面将接收摄氏温度表示的一个温度，并且在点击了一个按钮之后，将其转换为华式温度并显示结果。如下是 HTML 代码的框架：

```
<!DOCTYPE html>
<html>
<head>
    <title>Module Example</title>
    <style>div { padding: 5px; }</style>
</head>
<body>
    <input type="text" id="temp" /> degrees C<br/>
    <input type="button" id="btn" value="Convert to Fahrenheit" /><br/>
    <div id="out"></div>
</body>
</html>
```

现在，添加代码来创建应用程序。所要执行的步骤如下：

①把所需的模块加载到应用程序中。

②确保代码从模块中导入了所需的函数。

③当页面加载时，给按钮元素添加一个 onclick 事件处理程序。该事件处理程序应该对用户提供的输入温度应用导入的一个转换函数，并且将最终的输出值显示到页面上。

首先，在页面的头部需要一个<script>元素。记住，由于将使用 import 命名，需要将这个 script 元素指定为一个模块：

```
<script type="module">
</script>
```

接下来，需要从 tempConvert.js 模块导入该转换函数。在这个示例中，实际上需要导入这个模块所导出的所有内容，并且在导入的过程中创建名为 temps 的对象：

```
import * as temps from './tempConvert.js';
```

记住（在编写本书时），tempConvert.js 必须带有一个有效的本地路径前缀，在这个例子中就是./，因为该模块将会放在和 HTML 文件相同的文件夹中。现在，已经准备好为按钮元素编写 onclick 处理程序了。

首先，需要获取用户所输入的温度值：

```
var t = document.getElementById("temp").value;
```

可以用 convertCtoF()函数来执行转换。然而，记住，这个函数现在变成了 temps 对象的一个方法：

```
var o = temps.convertCtoF(t);
```

最后，可以将转换后的值输出到页面。在这个示例中，使用 id 值为"out"的一个<div>元素：

```
document.getElementById("out").innerHTML = o + " degrees F";
```

完整的代码如程序清单 21.2 所示。将如下代码输入到一个名为 convert.html 的文件中。

程序清单 21.2　温度转换应用程序

```
<!DOCTYPE html>
<html>
<head>
    <title>Module Example</title>
    <style>div { padding: 5px; }</style>
    <script type="module">
        import * as temps from './tempConvert.js';
        window.onload = function() {
        document.getElementById("btn").onclick = function() {
            var t = document.getElementById("temp").value;
            var o = temps.convertCtoF(t);
            document.getElementById("out").innerHTML = o + " degrees F";
        }
    }
    </script>
</head>
<body>
    <input type="text" id="temp" /> degrees C<br/>
    <input type="button" id="btn" value="Convert to Fahrenheit" /><br/>
    <div id="out"></div>
</body>
</html>
```

把这两个文件加载到 Web 服务器的 Web 目录中，并且导航到 convert.html。如果一切操作正确，将得到一个有效的、简单的应用程序，如图 21.1 所示。

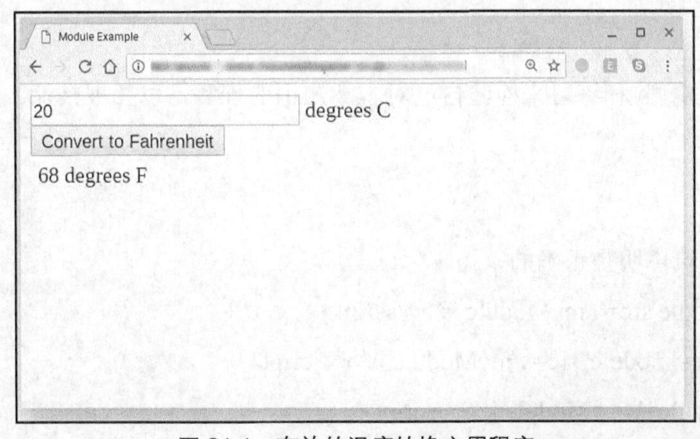

图 21.1　有效的温度转换应用程序

▲

21.5 小结

在本章中，我们学习了 JavaScript 最近引入的模块的实现，以及如何用模块编写可维护的、可复用的代码。

我们还看到了在模块之间导入和导出变量、函数和其他对象的语法是多么灵活和直接。

编写模块代码，能够很大程度地改进较大的 JavaScript 应用程序，使得它们更容易阅读和维护。如果正确地编写，只需稍加修改模块或者不必修改，就能将其复用于其他项目。

JavaScript 最近引入的模块处理功能，允许开发者编写模块代码而无须依赖于第三方解决方案。

21.6 问答

问：能在一条 import 语句中使用变量来形成表达式吗？

答：不能。导入的类不能在运行时计算，因此，如下的代码将无法工作：

```
import myVar from './myModule' + module_number + '.js';
```

问：如何弄明白哪些浏览器支持 JavaScript 原生模块？

答：在编写本书时，大多数浏览器至少部分地支持这些功能。对于较早的浏览器来说，请访问相关在线资源。

问：如果无意导入了一个模块多次，将会发生什么情况？

答：可以导入 JavaScript 模块多次，但是，它们将只会执行一次。在如下的代码中，myModule.js 只执行了一次。

```
<script type="module" src="./myModule.js"></script>
<script type="module">
    import "./myModule.js";
</script>
```

21.7 作业

读者可以通过测验和练习来检验自己对本章知识的理解，以拓展技能。

21.7.1 测验

1．如下哪一个模块声明是正确的？

a．<script module src='./myModule.js'></script>

b．<script type='module' src='./myModule.js'></script>

c．<script module='./myModule.js'></script>

2．关键字 nomodule 用来做什么？

a．表明一个脚本应该由不支持 JavaScript 模块的浏览器来使用

b．表明在该应用程序中没有使用模块

c．表明在该应用程序中使用的模块的数目

3．如下哪一条命令正确地从给一个模块导出了 func1 和 func2 这两个函数？

a．export { func1(), func2() }

b．export [func1(), func2()]

c．export { func1, func2 }

4．如下哪一条命令正确地导入了从 myModule.js 默认导出的变量，并且将其命名为 var1?

a．import name=var1 from './myModule.js'

b．import as var1 from './myModule.js'

c．import var1 from './myModule.js'

5．你已经使用如下这行代码从一个模块导入了项

```
import * as utils from './utilModule.js';
```

如下哪一条命令成功地使用了导入的 func1()函数?

a．var y = func1(x);

b．var y = utils.func1(x);

c．var y = utils{ func1(x) };

21.7.2 答案

1．选 b. <script type='module' src='./myModule.js'></script>

2．选 a. 表明一个脚本应该由不支持 JavaScript 模块的浏览器来使用

3．选 c. export { func1, func2 }

4．选 c. import var1 from './myModule.js'

5．选 b. var y = utils.func1(x);

21.8 练习

请创建一个模块，使其中包含将一个人的体重在公制单位（千克）和英制单位（磅和盎司）之间进行转换的程序。这个模块应该导出在两种单位之间互相转换的函数。请在类似于程序清单 21.2 的一个简单应用程序中测试这个模块。

第六部分

专业技能

第 22 章

良好的编程习惯

本章主要内容

- 如何避免过度使用 JavaScript
- 编写易读和易维护的代码
- 关于平稳退化
- 关于渐进增强
- 如何分离样式、内容和代码
- 编写代码分离的 JavaScript
- 使用功能探测
- 避免内联代码
- 妥善处理错误

作为一种主要用途是给 Web 页面添加功能的脚本语言，对于初学编程人员是否容易上手，是 JavaScript 很重视的一个方面，但这也导致了代码编写不够规范，让有经验的程序员感到迷惑，让 JavaScript 在某些圈子里得到了并不是特别好的名声。

本书前面的内容也涉及一些好的或不好的编程习惯，本章将集中介绍一些良好的编程习惯的基本准则。

22.1 避免过度使用 JavaScript

页面到底需要多少 JavaScript？在一些并不特别需要的场合，或是一些不建议使用 JavaScript 的场合，我们总会有添加 JavaScript 代码和强化页面交互的冲动。

记住：用户在浏览互联网时，花在你的页面上的时间可能远少于花在其他页面的时间。成熟的互联网用户已经习惯于流行的界面元素，比如菜单、标题和标签化浏览。这些元素之所以流行，一般来说是因为它们工作稳定、外观漂亮，而且不需要用户查看什么手册就可以使用。仔细想一下，用户熟悉的操作风格，与我们自己设计的奇巧界面，哪一个更能提高用户的操作效率呢？

曾经需要用 JavaScript 来实现的视觉效果，现在很多都可以利用 CSS 完美地实现了。虽然两种方式都可以实现相同的一些效果（比如图像变换和某种菜单），但 CSS 通常是更好的方式，它在各种浏览器（除了极少数的变体）的支持都很好，而且通常不会被用户关闭。在极少不支持 CSS 的情况下，页面会按照标准 HTML 显示。通常的结果是页面虽然不是很好看，但功能还是完整的。

世界各地还有很多用户在使用过时的、性能较差的老旧计算机，而且很可能与互联网的连接也是慢速且不可靠的。在这种情况下，代码对性能的影响是很明显的。

有时使用代码还可能导致降低页面在搜索引擎的排名，因为它们的嗅控器未必能够正确地索引由 JavaScript 生成的内容。

在有所规划的前提下谨慎地使用 JavaScript，它会是一个很好的工具，但有时候，过犹不及。

22.2 编写易读和易维护的代码

我们无法知道将来的某一天会不会有人要阅读和理解我们编写的代码，即使这个人是程序员自己。时光的流逝与工作内容的不断变化也会造成影响，当时很熟悉的代码也会变得陌生与神秘。如果其他人要理解我们编写的代码，他们的编码风格、命名规范或经验都与我们不同，就更增加了理解的难度。

22.2.1 明智地使用注释

代码中关键位置的适当注释能够让前面所述的困境大为改观，它是对后来者的说明与提示。使用注释的关键在于确定哪些注释是有用的，对于这个问题是仁者见仁，智者见智，在很大程度上取决于个人的想法。

假定后来要阅读代码的人是理解 JavaScript 的，这并不过分，因此对于语言本身的注释就没有什么意义了。JavaScript 开发人员的确在编码风格与技术水平上千差万别，但也的确都遵循相同的语法规则。

在阅读代码时，比较难以说明的是代码背后隐藏的思维过程与算法。从笔者个人经验来说，在阅读他人编写的代码时，希望看到如下这些注释。

- 代码较长的函数或对象的简要说明。

```
function calculateGroundAngle(x1, y1, z1, x2, y2, z2) {
 /**
 * Calculates the angle in radians at which
 * a line between two points intersects the
 * ground plane.
 * @author Phil Ballard phil@www.example.com
 */
 if(x1 > 0) {
 …其他代码
```

- 对易混淆或易误解代码的注释。

```
//出于性能的原因，需要使用自己定制的排序方法
var finalArray = rapidSort(allNodes, byAngle){
  …其他代码
```

- 原作者自己的技巧或经验，如果不加注释，代码阅读者不太可能知道这些。

```
// 浏览器的 X 的 Y 版本中图像加载 bug 的解决方案
if(!loaded(image1)){
  …其他代码
```

- 关于代码修改的注释。

```
//可将如下大小修改为想要的大小：
var height = 400px;
var width = 600px;
```

> **TIP 提示：代码注释**
>
> 有不少体系可以利用代码注释来生成软件文档，感兴趣的读者可以在互联网上查找相关内容。

22.2.2 使用适当的文件名称、属性名称和方法名称

代码的自我解释程度越高，源代码里需要的注释就会越少。因此，给方法和属性选择含义明确的名称就是个很好的习惯。

JavaScript 对于能够在方法（或函数）及属性（或变量）名称里使用的字符有所限制，但仍然有足够的空间让我们使用准确且有创意的名称。

惯例之一是让常数的名称全部大写：

```
MONTHS_PER_YEAR = 12;
```

对于一般的函数、方法和变量，“驼峰命名法”是一种常用的命名方式，就是把组成名称的单词连接起来，每个单词的首字母大写，而名称的第一个字母可以大写或小写：

```
var memberSurname = "Smith";
var lastGroupProcessed = 16;
```

构造函数的第一个字母一般是大写的：

```
function Car(make, model, color) {
  .... 语句
}
```

这种大写方式可以提醒我们要使用关键字 new：

```
var herbie = new Car('VW', 'Beetle', 'white');
```

22.2.3 尽量复用代码

一般来说，代码的模块化程度越高越好。比如下面这个函数：

```
function getElementArea() {
    var high = document.getElementById("id1").style.height;
    var wide = document.getElementById("id1").style.width;
    return high * wide;
}
```

这个函数的功能是返回一个特定元素在屏幕上占据的面积，但它只能得到 id="id1"这个元素的值，这实际上是没有太大用处的。

把代码集中到函数或对象这些模块里，从而在程序里反复使用，这个过程称为“抽象化”。对于上面这个函数，我们可以把元素的 id 作为参数传递给它，从而让它具有“更高程度的抽象化”，更具有通用性：

```
function getElementArea(elementId) {
    var elem = document.getElementById(elementId);
    var high = elem.style.height;
    var wide = elem.style.width;
    return parseInt(high) * parseInt(wide);
}
```

现在就可以对任何具有 id 的元素调用这个函数了：

```
var area1 = getElementArea("id1");
var area2 = getElementArea("id2");
```

22.2.4 不要假设

在使用前面这个函数时，如果传递的参数并不对应于页面上的任何元素，会有什么结果？函数会产生一个错误，代码的执行被挂起。

之所以产生这个错误，是因为函数里假设了传递的参数 elementId 是有效的。现在来修改这个函数，检查相应的页面元素是否存在并且具有面积：

```
function getElementArea(elementId) {
    if(document.getElementById(elementId)) {
        var elem = document.getElementById(elementId);
        var high = elem.style.height;
        var wide = elem.style.width;
        var area = parseInt(high) * parseInt(wide);
        if(!isNaN(area)) {
            return area;
        } else {
            return false;
        }
    } else {
        return false;
    }
}
```

这样就好多了。如果页面没有相应的元素，或者不能计算出有效的面积数值，抑或页面元素不具有 width 或 height 属性，这个函数都会返回 false。

22.3 平稳退化

在早期的浏览器中，有些甚至不支持在 HTML 里包含图片。在开始使用<img>元素之后，我们需要某种方式让这些纯文本的浏览器在遇到不支持的标签时能够给用户提供一些有益的帮助。

对于<img>标记来说，相应的方式是使用 alt 属性（替代文本）。页面设计人员给 alt 属性设置一个字符串，那些纯文本浏览器就会显示这个字符串而不是图像。alt 属性包含的字符串没有什么硬性规定，基本都是设计人员的灵光一现，可能是图像的标题，可能是关于图像内容的描述，也可能是从其资源获得相关信息的建议。

这是关于"平稳退化"的早期范例，也就是当用户的浏览器缺少某种让页面设计充分展示的功能，或是关闭这种功能时，我们仍然能够尽可能地把站点的内容呈现给用户。

再以 JavaScript 本身为例，几乎每款浏览器都支持 JavaScript，而且只有极少的用户会关闭这个功能。那么，还需要考虑 JavaScript 不能应用的情况吗？答案恐怕是肯定的。搜索引擎的嗅控程序也算是网站的一种"用户"，它们会频繁访问站点，为了建立页面内容的完整索引而尝试遍历页面里的全部链接。如果有的链接需要 JavaScript 服务，那么站点里有些页面内容就可能不被索引了，这可能会影响站点在搜索引擎里的排名情况。

另外一个很重要的方面是辅助选项。无论浏览器的功能如何，总是有一些用户受到其他的限制，比如不能使用鼠标，或是必须使用屏幕阅读软件。如果站点不考虑到这些用户的体验，他们就不会再访问了。

22.4 渐进增强

在谈论平稳退化时，很自然地就会想到编写一个考虑周全的页面，为浏览器功能较弱的用户提供完整的访问。

但是，支持"渐进增强"的方案会从另外一个角度来看待这个问题。他们认为应该先建立一个稳定的、可访问的、功能完整的站点，其中的内容可以被几乎任何用户和浏览器访问，而后再逐渐添加额外的功能层次，满足能够利用这些功能的用户。

这种方式确保使用基本配置浏览器的用户能够访问站点，而使用高级浏览器的用户也能获得增强功能。

分离样式、内容和代码

对于采用"渐进增强"技术的页面来说，内容是最关键的资源。HTML 利用标签来描述页面内容，把页面元素标签为标题、表格、段落等，我们称之为"语义层"。

从理想状态来说，语义层不应该包括任何控制页面显示方式的信息，这些信息应该由 CSS 技术构成的"表现层"提供。通过链接外部的 CSS 样式，我们可以避免 HTML 标签里出现与外观相关的信息。即使浏览器不支持 CSS，仍然可以访问并显示页面的信息，只是效果可能不是很好。

而 JavaScript 代码要添加到另一个层，也就是所谓的“行为层”。不支持 JavaScript 的浏览器仍然可以通过语义标签访问页面内容，如果浏览器支持 CSS，就还可以看到表现层的显示效果。如果浏览器支持 JavaScript，用户就能使用更丰富的功能，而且不会对前面几层的功能产生影响。

为了达到这个目的，需要编写“代码分离”的 JavaScript。

22.5 代码分离的 JavaScript

对于什么是“代码分离”的 JavaScript 并没有明确的定义，但其核心概念就是保持行为层、内容层和表现层的分离。

22.5.1 脱离 HTML

第一步，也可能是最重要的一步，就是从页面标签里清除 JavaScript 代码。以前的 JavaScript 应用程序会与 HTML 标签混在一起，就像下面这个范例中的 onClick 事件一样：

```
<input type="button" style="border: 1px solid blue;color: white"
onclick="doSomething()" />
```

像前例这样的内联 style 属性，会让事情变得更糟。

好在，可以把样式信息转移到样式层，比如给 HTML 标签添加 class 属性，从而与外部 CSS 文件里的样式声明产生关联：

```
<input type="button" class="blueButtons" onclick="doSomething()" />
```

而相关的 CSS 定义可以是这样的：

```
.blueButtons {
 border: 1px solid blue;
 color: white;
}
```

> **提示：其他方法** **TIP**
>
> 可以利用多种不同的选择符定义自己的样式规则，包括 input 元素或是利用 id 属性。

为了让 JavaScript 代码达到代码分离的目标，可以使用与 CSS 类似的手段。给 HTML 标签里页面元素添加一个 id 属性，就可以把外部 JavaScript 代码附加到事件处理器，保持 JavaScript 与 HTML 标签的分离。修改的 HTML 元素如下所示：

```
<input type="button" class="blueButtons" id="btn1" />
```

而相应的事件处理器是在 JavaScript 代码里添加的：

```
function doSomething() {
  ....语句....
}
document.getElementById("btn1").onclick = doSomething;
```

CAUTION **注意：DOM 可用性**

DOM 在准备好之前是不能使用的，所以这样的代码必须通过像 window.onload 这样的方法来确保 DOM 的可用性。本书有很多这样的范例。

22.5.2 仅把 JavaScript 作为性能增强手段

在“渐进增强”的理念中，即使 JavaScript 功能被关闭，页面也应能正常工作。JavaScript 对页面效果的增强应该被视作对允许 JavaScript 的浏览器的一种奖励。

假设要编写表单检验代码（这是 JavaScript 的常见用途之一），下面是一个简单的搜索表单：

```
<form action="process.php">
    <input id="searchTerm" name="term" type="text" /><br />
    <input type="button" id="btn1" value="Search" />
</form>
```

假设要编写一段程序，防止搜索字段为空时提交表单。比如下面的函数 checkform()，它将附加到 search 按钮的 onClick 事件处理器：

```
function checkform() {
    if(document.forms[0].term.value == "") {
        alert("Please enter a search term.");
        return false;
    } else {
        document.forms[0].submit();
    }
}
window.onload = function() {
    document.getElementById("btn1").onclick = checkform;
}
```

这段代码很普通，但如果 JavaScript 被关闭了，会怎么样？按钮就没有任何功能了，用户也就不能提交表单了。对于用户来说，他们肯定更愿意能够使用这个表单，即使没有关于输入检查的“强化”功能。

现在对表单进行一点调整，让按钮的类型变为 submit 而不是 button，并且修改 checkform() 函数。

```
<form action="process.php">
    <input id="searchTerm" name="term" type="text" /><br />
    <input type="submit" id="btn1" value="Search" />
</form>
```

修改后的 checkform()函数如下：

```
function checkform() {
    if(document.forms[0].term.value == "") {
        alert("Please enter a search term.");
        return false;
    } else {
        return true;
```

```
    }
}
window.onload = function() {
    document.getElementById("btn1").onclick = checkform;
}
```

当 JavaScript 功能激活时，给 submit 按钮返回 false 会禁止按钮的默认操作，也就是阻止表单提交。如果 JavaScript 功能被关闭，当用户单击这个按钮时，表单仍然会被提交。

22.6 功能检测

尽可能直接检测浏览器相应的功能是否存在，并且让代码只使用存在的功能。

以 clipboardData 对象为例，本书编写时只有 IE 使用这个对象。在代码中使用这个对象之前，执行如下一些检测是很有必要的。

➢ JavaScript 发现这个对象了吗？

➢ 如果对象存在，它是否支持所要使用的方法？

下面的函数试图利用 clipboardData 对象直接向剪贴板写入一段文本：

```
function setClipboard(myText){
    if((typeof clipboardData != 'undefined') && (clipboardData.setData)){
        clipboardData.setData("text", myText);
    } else {
        document.getElementById("copytext").innerHTML = myText;
        alert("Please copy the text from the 'Copy Text' field to your clipboard");
    }
}
```

它首先利用 typeof 测试对象是否存在：

```
if((typeof clipboardData != 'undefined') ....
```

说明：typeof 的返回值 ***NOTE***

根据操作数的不同，typeof 操作符返回“undefined”“object”“function”“boolean”“string”或“number”等结果。

同时，函数还要求 setData()方法必须存在：

```
... && (clipboardData.setData)){
```

只要有一个条件不满足，函数就会提供另一种稍微麻烦一点的方法，就是把文本写入到页面元素，再让用户把文本复制：

```
document.getElementById("copytext").innerHTML = myText;
alert("Please copy the text from the 'copytext' field to your clipboard");
```

在这段代码里并没有检测浏览器是否是 IE（或其他浏览器）。只要其他浏览器支持所需要的功能，这段代码就能正确检测到。

22.7 妥善处理错误

当 JavaScript 程序遇到某种错误时，其解析器内部会生成一个错误或警告。它是否会显示给用户以及把什么显示给用户，取决于用户使用的浏览器及设置。用户可能会看到某种形式的错误消息，或是产生错误的程序不反馈什么信息但也不正常运行。

这两种情况对于用户来说都不好，因为不知道哪里出了问题，也不知道如何处理这些情况。

在编写跨浏览器和跨平台的代码时，我们能够预见到某些领域可能发生的错误，比如：

- 不确定浏览器是否支持某个对象，或是这种支持是否是与标准兼容的；
- 独立进程是否已经运行结束，比如外部文件是否已经完成加载。

使用 try 和 catch

使用 try 和 catch 语句可以捕获潜在的错误，并且按照一定规则处理它们。

try 语句让我们可以尝试运行一段代码，如果运行正常，就没有任何问题。如果发生了错误，可以使用 catch 语句在错误消息被发送给用户之前捕获它，并且决定如何处理这个错误。

```
try {
    doSomething();
}
catch(err) {
    doSomethingElse();
}
```

注意这个语法：

```
catch(identifier)
```

这里的 identifier 是错误被捕获时创建的一个对象，它包含了关于错误的信息。举例来说，如果要提示用户关于 JavaScript 运行时的错误，可以使用这样的代码结构：

```
catch(err) {
    alert(err.description);
}
```

这样会打开一个对话框显示错误的详细情况。

实践

把代码调整为“代码分离”状态

我们经常需要修改代码，让它保持良好的代码分离状态。现在先来看看第 4 章编写的一段代码，如程序清单 22.1 所示。

程序清单 22.1　分离度不够的脚本

```
<!DOCTYPE html>
<html>
    <head>
        <title>Current Date and Time</title>
        <style>
```

```
        p {font: 14px normal arial, verdana, helvetica;}
    </style>
    <script>
        function telltime() {
            var out = "";
            var now = new Date();
            out += "<br />Date: " + now.getDate();
            out += "<br />Month: " + now.getMonth();
            out += "<br />Year: " + now.getFullYear();
            out += "<br />Hours: " + now.getHours();
            out += "<br />Minutes: " + now.getMinutes();
            out += "<br />Seconds: " + now.getSeconds();
            document.getElementById("div1").innerHTML = out;
        }
    </script>
  </head>
  <body>
    The current date and time are:<br/>
    <div id="div1"></div>
    <script>
        telltime();
    </script>
    <input type="button" onclick="location.reload()" value="Refresh" />
  </body>
</html>
```

很显然，这段脚本有一些可以改进的地方。

- JavaScript 语句位于页面的<script>和</script>标签之间，而它们最好是位于单独的文件里。
- 按钮有个内联的事件处理器。
- 在不支持 JavaScript 的浏览器里，按钮不会完成任何功能。

首先，把 JavaScript 代码都转移到一个单独的文件，并且去除内联的事件处理器；还要给按钮设置 id 属性，用于在代码里标识这个按钮以添加事件处理程序。

接下来，要处理浏览器不使用 JavaScript 的情况。为此，利用<noscript>元素给用户显示一段信息，引导他们使用其他的时间信息来源：

```
<noscript>
    Your browser does not support JavaScript<br />
    Please consult your computer's operating system for local date and
time information or click <a href="clock.php" target="_blank">HERE</a>
to read the server time.
</noscript>
```

说明：使用 noscript 元素 **TIP**

对于关闭 JavaScript 功能或是不支持客户端脚本的浏览器来说，<noscript>标签提供了一些额外可用的内容。任何能够用于 HTML<body>内部的元素都可以用于<noscript>，并且会在浏览器不能运行脚本时自动呈现。

修改后的 HTML 文件如程序清单 22.2 所示。

程序清单 22.2 修改后的 HTML 页面

```
<!DOCTYPE html>
<html>
<head>
    <title>Current Date and Time</title>
    <style>
        p {font: 14px normal arial, verdana, helvetica;}
    </style>
    <script src="datetime.js"></script>
</head>
<body>
    The current date and time are:<br/>
    <div id="div1"></div>
    <input id="btn1" type="button" value="Refresh" />
    <noscript>
    <p>Your browser does not support JavaScript.</p>
    <p>Please consult your computer's operating system for local date and time
information or click <a href="clock.php" target="_blank">HERE</a> to read the
server time.</p>
    </noscript>
</body>
</html>
```

在 JavaScript 源文件 datetime.js 里，我们利用 window.onload 给按钮添加事件处理器，然后调用 telltime()来生成要在页面上显示的日期与时间信息。具体代码如程序清单 22.3 所示。

程序清单 22.3 datetime.js

```
function telltime() {
    var out = "";
    var now = new Date();
    out += "<br />Date: " + now.getDate();
    out += "<br />Month: " + now.getMonth();
    out += "<br />Year: " + now.getFullYear();
    out += "<br />Hours: " + now.getHours();
    out += "<br />Minutes: " + now.getMinutes();
    out += "<br />Seconds: " + now.getSeconds();
    document.getElementById("div1").innerHTML = out;
}

window.onload = function() {
    document.getElementById("btn1").onclick= function() {location.reload();}
```

```
    telltime();
}
```

当 JavaScript 功能启用时，这段脚本的运行情况与第 4 章的一样。如果 JavaScript 功能被关闭了，用户会看到图 22.1 所示的结果。

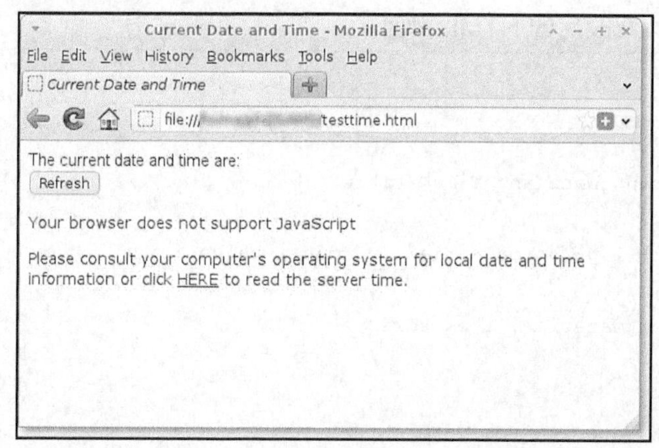

图 22.1 为没有 JavaScript 功能的用户提供的额外信息

▲

22.8 小结

本章介绍了在编写代码时可行的一些好习惯，这有助于程序员更快速地完成项目，并且可以使项目具有更好的质量、更易于维护。

22.9 问答

问：为什么有的用户会关闭 JavaScript 功能？

答：服务商或是公司管理者有可能关闭浏览器的 JavaScript 功能以提高安全性，比如学校或是网吧就是这种典型的环境。

另外，有些公司的防火墙、广告屏蔽和杀毒软件都可能禁止 JavaScript 运行。而有些手机上的浏览器对 JavaScript 的支持也不完全。

问：在处理不启用 JavaScript 功能的情况时，除了<noscript>标签，还有其他方法吗？

答：避免使用<noscript>的一种方法是把启用 JavaScript 功能的用户跳转到包含 JavaScript 代码的增强页面：

```
<script>window.location="enhancedPage.html";</script>
```

如果 JavaScript 功能是开启的，上面这行代码就会把用户转到增强页面。如果浏览器不支持 JavaScript，这行代码就不会执行，用户就会继续查看普通版本的页面。

22.10 作业

读者可以通过测验和练习来检验自己对本章知识的理解，以拓展技能。

22.10.1 测验

1．把代码模块化以达到更加通用的目的，这个过程叫作：

a．抽象

b．继承

c．剥离 JavaScript

2．页面的 CSS 应该尽可能处于：

a．语义层

b．表现层

c．行为层

3．根据剥离 JavaScript 代码的原则，JavaScript 代码应该位于：

a．外部文件

b．页面<head>部分的<script>和</script>标签里

c．内联

4．按照惯例，常量名应该采取什么形式？

a．小写字母

b．大写字母

c．骆驼命名法

5．在用 catch()捕获错误时，作为参数传递给 catch()的对象

a．包含了关于错误的信息

b．包含了错误的行号

c．以上都不对

22.10.2 答案

1．选 a。抽象

2．选 b。如果可能，CSS 都应该位于表现层

3．选 a。外部文件是最好的选择

4．选 b。大写字母

5．选 a。包含了关于错误的信息

22.11 练习

请从前面章节的“实践”项目中挑选一些范例代码，看看在不影响脚本功能的情况下，能够进行哪些修改让代码的独立性更强。

对程序清单22.2和程序清单22.3的代码做进一步修改，让没有开启JavaScript功能的用户只能看到<noscript>标签里的内容，看不到额外的文本的按钮。（提示：利用innerHTML或DOM方法把这些元素写入页面。）

第 23 章

调试代码

本章主要内容

- JavaScript 代码中常见的错误类型
- 如何使用 alert()进行简单的调试
- 在控制台中分组信息
- 使用断点

当深入到较为高级的脚本时，我们迟早都会遇到代码出错的情况。

很多小小的失误都可能导致 JavaScript 错误，比如开始与结束括号不匹配、变量名称或关键字输入错误、调用不存在的方法，等等。本章针对诊断错误和修正代码给出了一些简单的提示和建议，以使读者的编程过程更加愉快而有成果。

23.1 调试简介

找到并修正 bug 的过程叫作调试，这可能是开发过程中最需要技巧也最令人沮丧的一步。

23.1.1 错误类型

代码中可能出现的错误通常是如下 3 种类型之一。

- **语法错误**——这包括录入错误和拼写错误、漏掉了引号或错误匹配的引号、漏掉或错误匹配的圆括号或花括号，以及大小写错误。
- **运行时错误**——JavaScript 解释器试图做某些它无法理解的事情时所发生的错误。例如，试图将一个字符串当作一个数值处理，以及试图用一个数除以 0。

➢ **程序逻辑错误**——这种错误并不总是能够生成错误消息，代码可能是完全合法的，但是，脚本不会做你想让它做的事情。这通常是和脚本中的算法或逻辑流程相关的问题。

23.1.2 选择程序员的编辑器

不管使用什么平台，也不管选择什么浏览器，选择一个好的编辑器是有用的。尽管使用WindowsNotepad这样简单的文本编辑器编写代码也是可以的，但一个专业的编辑器会使得编程变得容易很多。

有很多这样的程序可供使用，往往是根据开源或类似的许可可供免费使用。这里列出一些免费的编辑器，读者可以根据自己的平台、工作方式和经济情况从中选择适合的一款。

➢ Notepad++（Windows)

➢ JEdit（能够在安装了Java的任何平台上工作）

➢ PSPad（Windows）

➢ JuffEd（Windows、Linux）

➢ Geany（Windows、Linux）

编辑器提供了很多的功能，但读者应找一款至少具备如下功能的编辑器。

➢ **代码行编号**——如果将JavaScript代码存储到外部文件中（并且在可行的情况下，应该尽可能地这么做），这一功能特别有用。浏览器的调试程序所生成的任何错误消息中的行号，通常和在编辑器中打开的源文件中的行号是一致的。

➢ **语法高亮显示**——一旦熟悉了编辑器的语法高亮显示方案，很多时候，程序员能够很容易地找到代码中的错误，因为编辑器中的代码“看上去就是错的”。程序员会惊讶地发现，在自己所喜欢的编辑程序中，很快就能习惯关键字、变量、字符串字面值、对象等的颜色。很多编辑器允许程序员将语法高亮显示的颜色方案修改为自己喜欢的形式。

➢ **括号匹配**——作为查找错误的工具，括号匹配很有用。好的编辑器将会显示成对的、匹配出现的开始和结束括号，而且针对方括号、花括号和圆括号等所有类型的括号都有此功能。如果代码有几个层级的括号嵌套，很容易会匹配错误。

➢ **代码自动填充和工具提示式的语法帮助**——一些编辑器针对命令函数和表达式提供了弹出式的、工具提示式的帮助。这可以节省时间，让程序员不必再将目光从编辑器窗口移开以查找外部的参考。

23.1.3 用alert()进行简单调试

有时候，我们真的只是想要一种简单而快速的方法来读取一个变量的值，或者记录代码执行的顺序。

可能最简单的方法就是在代码中相应的位置插入一条JavaScript alert()语句。假设想要知道一个看似没有响应的函数是否真的被调用了，并且如果调用了，是使用什么参数调用的：

```
function myFunc(a, b) {
    alert("myFunc() called.\na: " + a + "\nb: " + b);
    // ...函数其他的代码在这里...
}
```

如果该函数在运行时被调用，会执行 alert()方法，并得到一个图 23.1 所示的对话框。

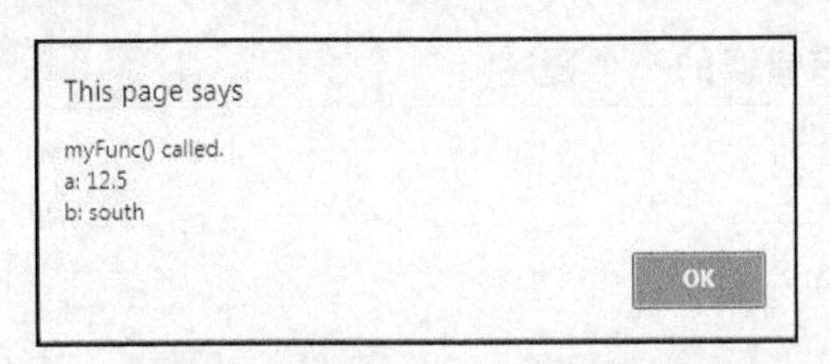

图 23.1　使用一个 JavaScript alert()

记住，在显示消息中稍微多放置一些信息，而不要只是放置变量值或者一句话的提示，在忙碌的时候，程序员很可能会忘记 alert()中提及的变量或属性是什么。

23.2　更高级的调试

在代码中放置 alert()调用，作为调试较简短的代码的一种快速而简单的方法是没有问题的。然而，这种方法有几个严重的缺点。

- 在每个对话框上，必须单击 OK 按钮，才能允许程序继续执行。这可能会令人沮丧，尤其是在处理较长的循环时。
- 接收到的消息并没有存储到任何的地方，而是当对话框退出时就消失了，随后也没有办法再返回来看看所报告的消息。
- 在代码正式发布之前，需要回到编辑器中删除所有 alert()调用。

在本节中，我们将介绍几种更为高级的调试方法。

23.2.1　控制台

好在大多数现代的浏览器都提供了一个 JavaScript 控制台，可以用来更加有效地记录调试消息。在前面的某些章节中，读者应该已经用过自己浏览器的控制台了。

控制台通常是浏览器的开发者工具套装中的一个组成部分。在不同的浏览器中，打开控制台的方法也是不同的。

- 在 Internet Explorer 中，按下 F12 键打开 Developer Tools。
- 要打开 Chrome 的 Developer Tools 和 Opera 的 Dragonfly Debugger，按下 Ctrl+Shift+I。
- 在 Firefox 中，按下 F12 键打开 Firebug extension。

本节中的示例假设使用前面的调试器中的一种。如果不是，读者可能必须查看自己的调试器的文档，看看如何执行所提到的一些任务。在不同的浏览器中，它们展示这些错误的方式也可能有所不同。

实践

使用浏览器的调试工具

看一下程序清单 23.1 中的代码。

程序清单 23.1 带有错误的一个程序

```
<!DOCTYPE html>
<html>
<head>
    <title>Strings and Arrays</title>
</head>
<body>
    <script>
        function sayHi() {
            alert("Hello!);
        }
    </script>
    <input type="button" value="good" onclick="sayHi()" />
    <input type="button" value="bad" onclick="sayhi()" />
</body>
</html>
```

这段代码有两个不同类型的错误。首先，在调用 alert()方法时，参数漏掉了结束的引号。

其次，在第 2 个按钮的 onclickhandler 处理器中，它调用了 sayhi()。别忘了，函数名是区分大小写的，因此，实际上并没有定义名为 sayhi()的函数。

在 Google Chrome 中加载该页面，将看到预期的两个按钮，一个标签为“good”，另一个标签为“bad”。二者看上去似乎都没做什么事情。按下 Ctrl+Shft+J 打开 Chrome 的 Error Console，结果如图 23.2 所示。

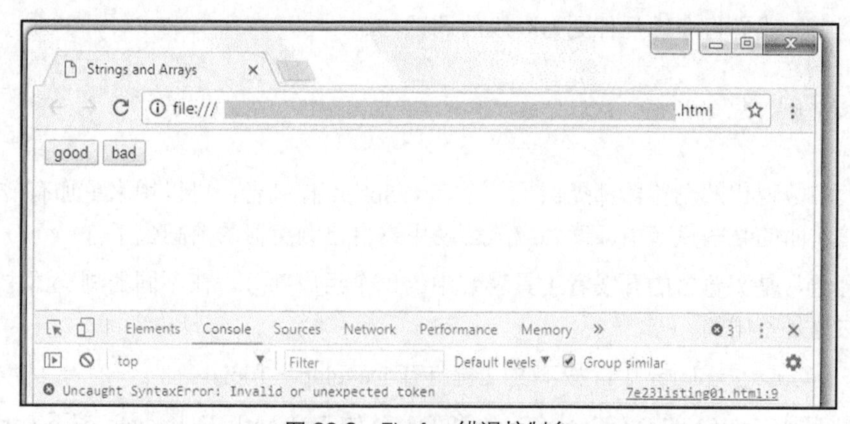

图 23.2 Firefox 错误控制台

这是一个很有用的开始。Chrome 告诉我们，它发现一个不完整的字符串字面值（invalid or unexpected token），给出了行号，并且提供了指向该行的一个链接。点击该链接，将打开代码列表，其中，这行代码高亮显示，如图 23.3 所示。

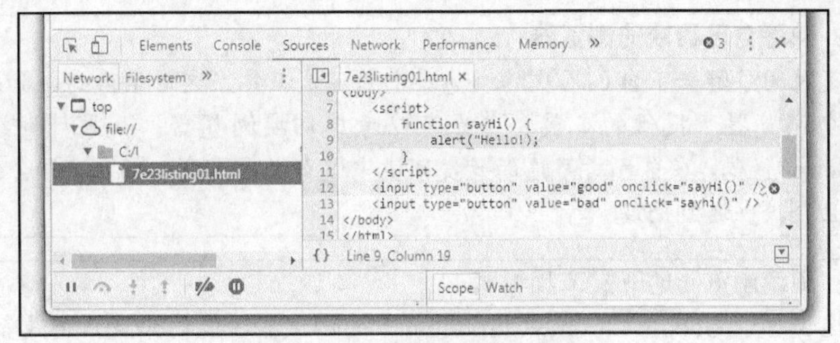

图 23.3　显示包含错误的代码行

改正了错误之后，再次保存文件，可以再次尝试并重新加载测试页面。

看上去很好。页面再次出现了，并且 Error Console 保持空白。在标签为“good”的按钮上单击，打开一个预期的 alert()对话框，到目前为止，一切正常！

但是，单击了标签为“bad”的按钮，并没有看到任何内容，于是再次查看 Error Console，如图 23.4 所示。

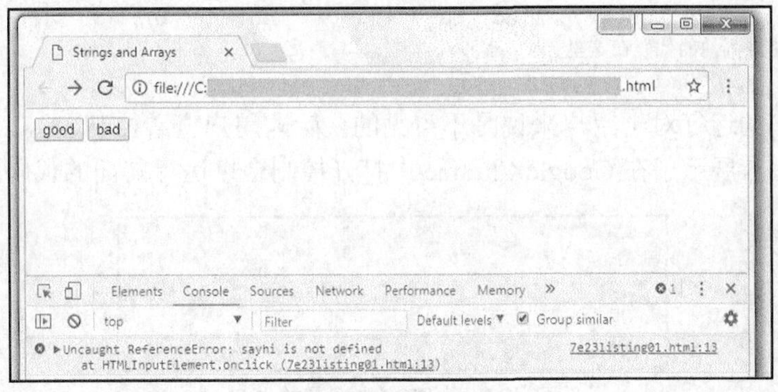

图 23.4　第 2 个错误

Chrome 再次指出了问题：“sayhi is not defined”。现在，我们知道了如何让代码经过完整调试并正确工作。

每一种浏览器都有自己处理错误的方法。图 23.5 展示了 Firefox 浏览器如何报告不完整的字符串字面值的错误。

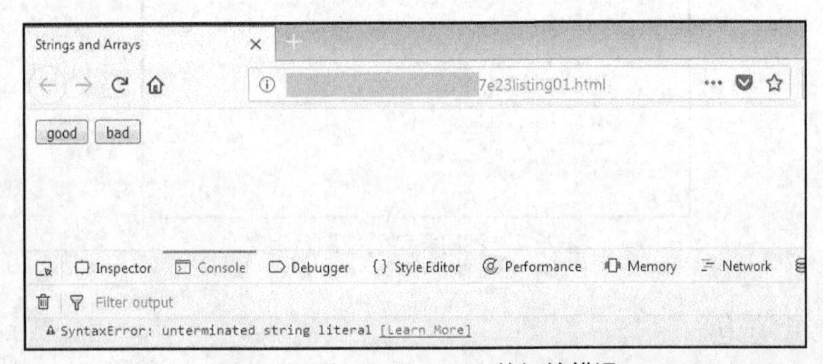

图 23.5　Firefox Console 的初始错误

TIP 提示：熟悉自己喜欢的浏览器

花时间了解一下自己喜欢的浏览器中的调试工具，这是值得的，如果特别喜欢另一个浏览器所提供的工具，甚至可以考虑切换浏览器。如果计划经常要编写JavaScript代码，在自己所习惯的开发环境中这么做是有意义的，这样会使工作更有效率且会较少遇到问题。

TIP 提示：阅读浏览器的开发工具说明

这里对于Google Chrome/Chromium中的调试器功能的介绍只是浅尝辄止。

如果选择Firefox来进行开发工作，安装流行的Firebug extension更好。

使用Microsoft Edge的用户，可以查找关于使用Developer Tools进行调试的信息。

Opera则包含了Dragonfly调试工具，相关信息参见Opera官方网站。

控制台提供了多种方法，可供程序员在代码中用它们来替代笨拙且有缺点的alert()调用。可能最为知名的方法就是console.log()：

```
function myFunc(a, b) {
    console.log("myFunc() called.\na: " + a + "\nb: " + b);
    // ...函数其他的代码在这里...
}
```

console.log()的运行对于用户来说是不可见的（除非用户查看控制台），它也不会中断程序的运行。图23.6展示了在Google Chrome中打开控制台以运行前面的代码的结果。

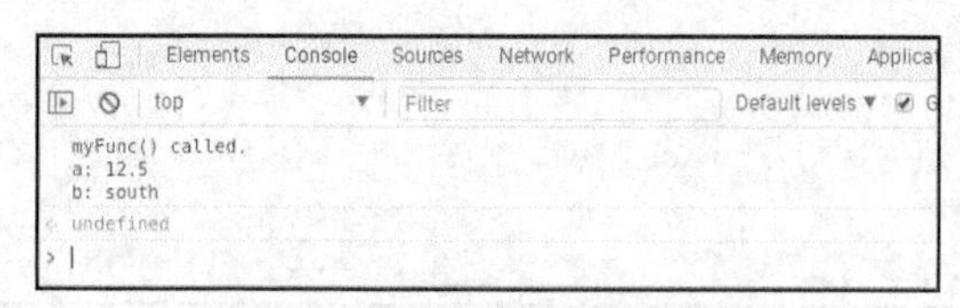

图23.6 控制台中记录的消息

除了console.log()，还可以利用console.warn()、console.info()和console.error()。这些方法会以略微不同的风格在控制台记录消息，有助于全面地了解脚本是如何运行的。

图23.7展示了Chrome的控制台如何显示每种消息的结果，这些消息在其他浏览器中的显示略有不同。

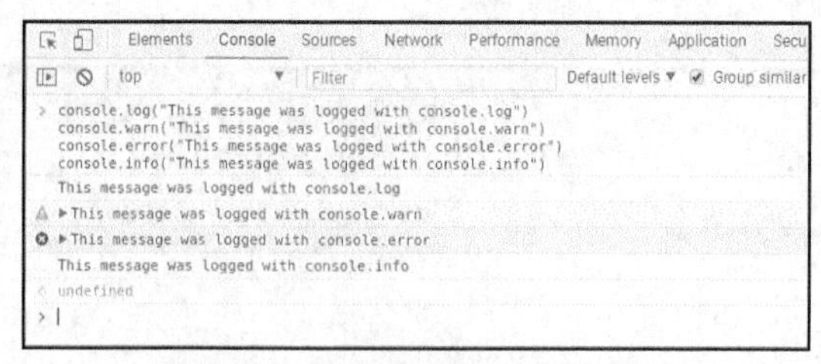

图23.7 不同类型的控制台消息

23.2.2 分组消息

将控制台调试消息排序分组，可以使得它们更具有可读性。读者可以按照自己喜欢的方式命名单个的消息组：

```
function myFunc(a, b) {
    console.group("myFunc execution");
    console.log("Executing myFunc()");
    if(isNaN(a) || isNaN(b)) {
        console.warn("One or more arguments non-numeric");
    }
    console.groupEnd();
    myOtherFunc(a+b);
}

function myOtherFunc(c) {
    console.group("myOtherFunc execution");
    console.log("Executing myOtherFunc()");
    if(isNaN(c)) {
        console.info("Argument is not numeric");
    }
    console.groupEnd();
    // ...函数其他的代码在这里...
}
```

在这段代码中，定义了两个 console.group()部分，并且将其命名为与它们所在的函数相关。每一组最后都以一条 console.groupEnd()语句结束。这段代码运行时，任何的控制台消息都会按照组来显示，如图 23.8 所示。

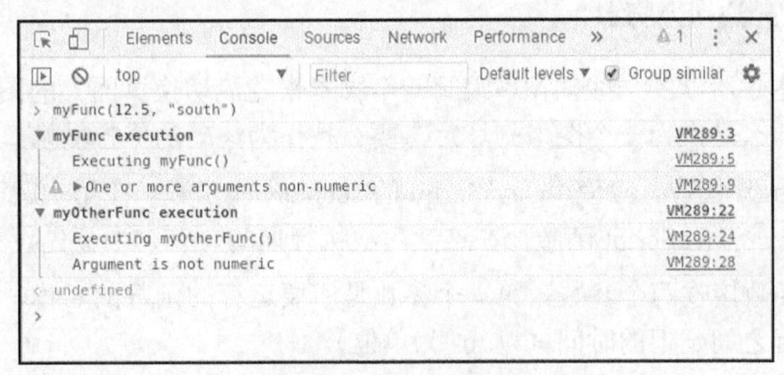

图 23.8 分组的消息

23.2.3 用断点停止代码执行

随着脚本变得越来越复杂，读者甚至可能会发现，控制台日志消息已经不足以让你有效地进行调试了。

要执行更详细的调试，可以在代码中所关心的位置设置所谓的“断点”。当代码执行到断点时，它会暂停下来，在保持冻结的时间里，读者可以查看代码是如何运行的、检查变量值、读取日志消息等。

要在大多数流行的调试器中设置断点，需要打开 Scripts 面板，在其中便能看到所列出的代码。在行号上（或者只是在行号的左边）单击，就在该行上设置了一个断点。在图 23.9 中，已经在代码中的第 8 行上设置了一个断点。执行会在这里停止，并且可以在右边的面板中看到单个的变量的当前的值。可以通过在左边边缘的断点图标上再次单击来删除断点。

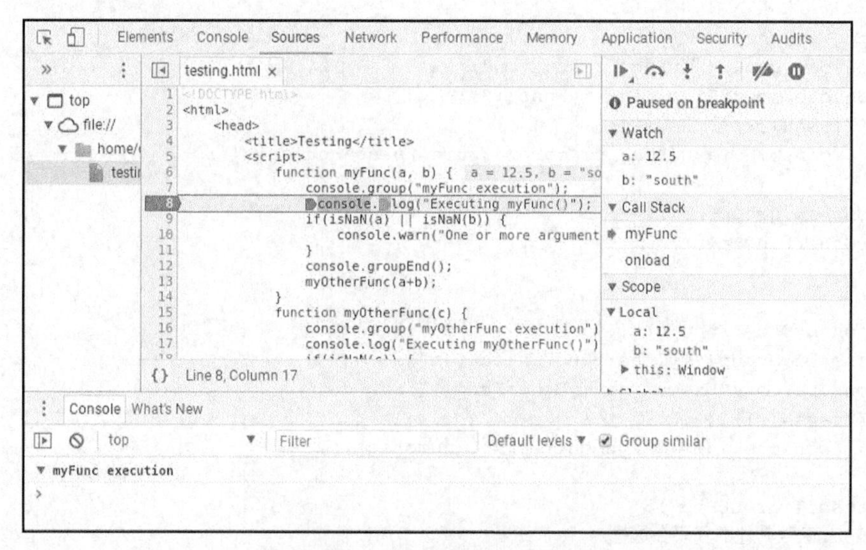

图 23.9 执行会在断点上停止

实践

一个 Banner 轮流切换脚本

让我们利用本章所学的一些知识，编写一个脚本来轮流切换页面上的图像。读者一定看到过这种程序，要么是作为一个图像幻灯片，要么是作为滚动的广告横幅。

为了旋转 Banner 图像，应使用 JavaScript 的 setInterval()函数。在第 10 章中，该函数允许我们重复地运行一个 JavaScript 函数，在连续两次执行期间，有一个预先设置的延迟。

setInterval()函数接收两个参数。第一个参数是所要运行的函数的名称，第二个参数是函数的两次连续执行之间延迟的时间（以 ms 为单位）。

作为示例，如下的代码

```
setInterval(myFunc, 5000);
```

将会每隔 5 秒执行函数 myFunc()一次。

用 setInterval()以一个固定的时间间隔循环横幅图像。

创建一个名为 banner.html 的新的文件，并且输入程序清单 23.2 中的代码。

程序清单 23.2 一个 Banner 循环切换程序

```
<!DOCTYPE html>
<html>
<head>
    <title>Banner Cycler</title>
    <script>
        var banners = ["banner1.jpg", "banner2.jpg", "banner3.jpg"];
        var counter = 0;
        function run() {
            setInterval(cycle, 2000);
        }
        function cycle() {
            counter++;
```

```
            if(counter == banners.length) counter = 0;
            document.getElementById("banner").src = banners[counter];
        }
    </script>
</head>
<body onload = "run();">
    <img id="banner" alt="banner" src="banner1.jpg" />
</body>
</html>
```

页面的 HTML 部分非常简单，只是包含了一个图像元素的主体。这幅图像将构成横幅，横幅将会通过修改其 src 属性来“循环切换”。

run()函数只包含一条语句，就是调用 setInterval()函数。该函数每两秒（2000ms）执行一次另一个函数 cycle()。

每次执行 cycle()函数时，都将执行以下 3 个步骤：

①自增一个计数器。

```
counter++;
```

②用一个条件语句来检查计数器是否达到了图像名称数组中的元素的数目；如果是的话，将计数器重置为 0。

```
if(counter == banners.length) counter = 0;
```

③将显示的图像的 src 属性设置为从图像文件名称数组中所选取的相应的文件名。

```
document.getElementById("banner").src = banners[counter];
```

这段脚本的运行效果如图 23.10 所示。

图 23.10　横幅循环切换程序

现在，让我们用基于浏览器的调试工具来查看脚本的运行。用 Chromium，按照图 23.4 所示的那样，再次打开 Developer Tools 控制台。在 Chromium 中，就是通过 Settings >More Tools > Developer Tools 打开，或者通过快捷键 Ctrl+Shift+I 打开。

这次，从下面的面板中选择 Scripts 标签页。在下面的面板的左边，列出了代码。在第 15 行代码的行号上单击以设置一个断点，如图 23.11 所示。

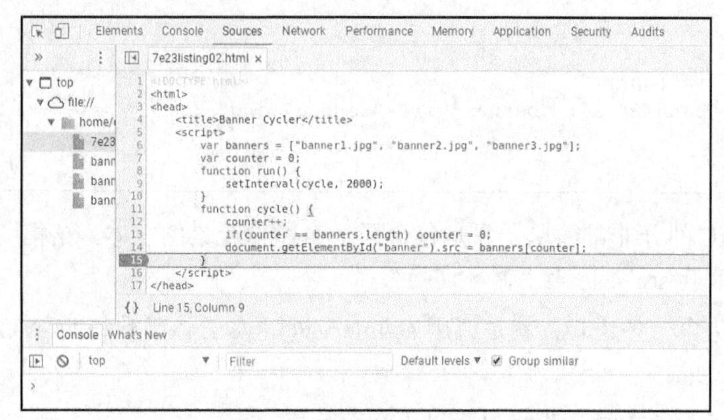

图 23.11　设置一个断点

只要设置了这个断点，每次到达这行代码时，代码执行都会停止下来，在这个例子中，就是在完成 cycle()函数的当前执行之前。

在相同的面板的右边，断点现在出现在了 Breakpoints 面板中。在同一个面板中，可以在 Watch Expressions 面板中单击，并且添加每次程序暂停的时候想要查看其值的任何变量或表达式的名称。试输入 counter 和 getElementById("Banner").srcto，看看它们包含了什么值。

图 23.12 展示了程序下一次暂停时的情况，其中显示出了所选定的两个表达式的值。

TIP 提示：watch 表达式

我们还可以输入一个或多个 watch 表达式，而不仅仅是监控变量名或 DOM 对象。watch 表达式是一个有效的 JavaScript 表达式，调试器能够不断地计算它，以便监控其值。任何有效的表达式都可以用作 watch 表达式，从一个简单的变量名，到包含了逻辑和算术表达式的一个表达式，或者是对其他函数的调用。

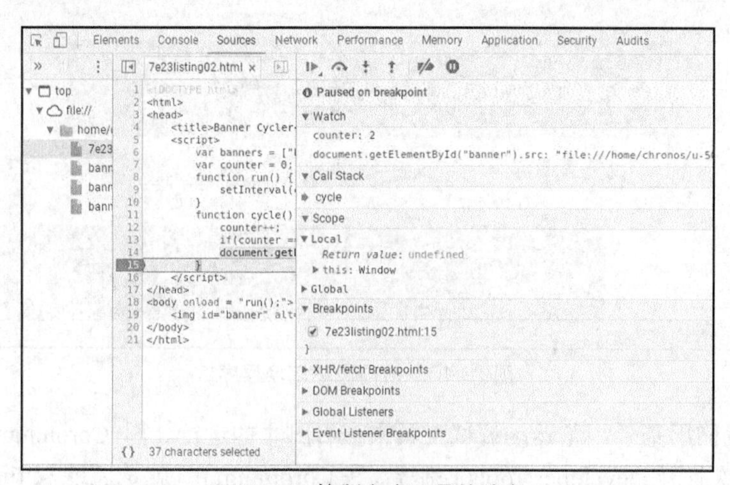

图 23.12　控制台中记录的消息

按下面板上的 Play 按钮，允许脚本重新开始运行。

请读者使用自己的浏览器的调试工具来研究程序的运行。

▲

23.2.4　条件性断点

有时候，只有当特定的情况发生时，暂停代码的执行才是有帮助的。可以通过在左边的列中的断点图标上单击鼠标右键，并且输入一个条件语句，来设置一个条件性断点。

代码将持续执行而不会中断，直到满足了该条件，执行就会在该断点停止。例如，在图23.13中，如果a和b的加和小于12，代码就会停止。只要在断点图标上再次单击鼠标右键，随时可以编辑表达式。

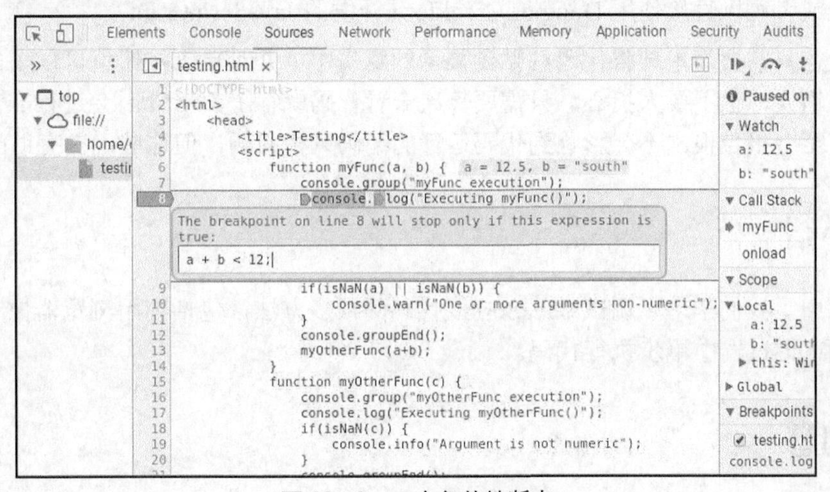

图23.13　一个条件性断点

当代码执行在一个断点停止时，可以选择继续代码执行，或者变为每次执行一条语句的单步形式，使用一个代码执行按钮来每次执行一步；通常会有类似VCR的控件出现在调试器顶部的面板中。在大多数的调试器中，具有如下的一些选项。

- Continue——继续执行代码，只有到达另一个断点的时候才再次暂停。
- Step Over——执行当前的行，包括执行它所调用的任何函数，然后移动到下一行。
- Step Into——和Step Over一样，移动到下一行，除非该行调用一个函数；如果调用了函数的话，就进入到该函数的第一行。
- Step Out——离开当前的函数，并且返回到调用该函数的位置。

23.2.5　从代码中启动调试器

在JavaScript代码中设置断点，这也是可以的，而且常常还很有用。可以用关键词debugger来做到这一点：

```
function myFunc(a, b) {
    if(isNaN(a) || isNaN(b)) {
```

```
    debugger;
    }
    // ...函数其他的代码在这里...
}
```

在这个示例中，只有在条件表达式为真时，代码执行才会停止并打开调试器。

调试工具也允许程序员在其他的条件下暂停代码执行，例如，当 DOM 发生变化，或者检测到一个未捕获的异常时，但是，这些更为高级的情况超出了本书的讨论范围。

23.2.6 验证 JavaScript

检查 JavaScript 代码的一种不同的和补充性的方法，就是使用一个验证程序。这将检查代码是否符合该语言正确的语法规则。这些验证程序通常会和商业化的 JavaScript 编辑器绑定到一起，或者可以直接使用 Douglas Crockford 开发的 JavaScript Lint。

在这里，只需要简单地将代码粘贴到显示的窗口中，并且单击按钮就可以了。如果程序报告了很多错误，也不要太担心，只需要每次查看代码就行了。JSLint 会进行非常全面严格的检查，甚至会报告根本不会影响到代码运行的编码风格问题，但这些确实有助改进程序。

23.3 小结

在本章中，我们学习了调试 JavaScript 代码的很多方法，包括使用浏览器控制台，以及设置断点和在调试器中单步执行代码。

23.4 问答

问：如何选择一个程序员的编辑器？

答：这完全取决于个人的选择。很多编辑器是免费的，或者有一个免费的版本，因此，没有什么妨碍你多尝试几种编辑器再做决定。

问：在哪里可以找到关于 JavaScript 调试的更多知识？

答：有很多在线的教程，例如 W3Schools 发布的那些教程。

23.5 作业

读者可以通过测验和练习来检验自己对本章知识的理解，以拓展技能。

23.5.1 测验

1. JavaScript 程序中，可能会出现哪种类型的错误？

   a. 语法错误

   b. 编译错误

c．运行时错误

2．断点做什么事情？

a．在给定的位置暂停代码执行

b．暂停 JavaScript 以跳出一个循环

c．产生一个 JavaScript 错误

3．代码中的哪一行会启动调试器？

a．debug;

b．debugger;

c．pause;

4．一个 watch 表达式能够包含

a．只是一个变量名

b．任何有效的 JavaScript 表达式

c．以上都不是

5．当 console.log()用来在控制台中记录一条消息时，会发生什么？

a．程序执行结束

b．程序执行临时停止

c．程序执行不中断地持续

23.5.2 答案

1．选 b。编译错误

2．选 a。在给定的位置暂停代码执行

3．选 b。debugger;

4．选 b。任何有效的 JavaScript 表达式

5．选 c。程序执行不中断地持续

23.6 练习

使用 Math 对象生成随机数的知识，能否编写一个横幅循环切换脚本，在每次切换的时候，都显示一个随机的横幅，而不是按照顺序循环显示它们？请用浏览器内建的调试工具来完成这一任务。

第 24 章

继续深入学习

本章主要内容

- 第三方库如何让编程更容易
- 一些流行的 JavaScript 库
- 如何包含和使用 jQuery 库
- 如何使用 Ajax 改进用户体验
- 关于 Node.js 和服务器端编程

到目前为止，我们已经学习了一些章节并且介绍了 JavaScript 中所使用的很多基本技术。但是，学习之旅并没有到此结束，实际上，才只是刚刚开始。在本章中，我们将介绍一些方法，让读者接触一下其他用户和开发者所创建的项目，尤其是一些已经在开发社区中变得很流行的一些 JavaScript 库，以进一步提升读者的 JavaScript 技术。

24.1 为什么要使用库

一些 JavaScript 开发人员强烈建议编写自己的代码而不是使用库，主要理由如下。

- 使用库时只是调用其他人编写的算法和函数，不能确切了解库里的代码是如何运行的。
- JavaScript 库里包含很多不会用到的代码，但用户仍然需要下载它们。与软件开发工作的其他很多方面一样，这只是与个人喜好有关。笔者认为，“有时”使用库是非常有好处的。
- 为什么要编写别人已经写过的代码呢？常用的 JavaScript 库包含了程序员经常会用到的函数。这些库得到了数以千计的下载和评论，证明它们包含的代码经过了更完整的测试和调试，会更完善一些。

- 借鉴其他程序员的思路。的确有些优秀的程序员乐于分享自己的代码，我们可以利用他们的成果，改善自己的程序。
- 利用细致编写的库可以避免跨浏览器时 JavaScript 可能产生的问题。我们自己可能不便安装多种浏览器，但编写库的程序员和他们的用户会测试各种常见的浏览器。
- 大多数库的文件并不是很大，下载造成的影响不会很明显。对于一些需要缩短下载时间的场合，大多数库都提供了压缩版本，可以用于实际运行的站点。我们还可以查看库的代码，只保留需要使用的部分。

24.2 库能做什么

库的功能多种多样，取决于它应用的领域、创建者的目的及需求。但有一些功能是大多数库都包括的。

- **封装 DOM 方法**。JavaScript 库可以提供方便的方式来选择和管理页面元素或元素组。本章后面要介绍的 prototype.js 就是如此。
- **动画**。第 10 章曾经介绍过用定时器生成页面元素的动画，而很多流行的库用各种函数来完成这类操作，我们只需要很少的代码就能够方便地实现滑动、淡出、晃动、变形、折叠、跳动等页面效果，而且在多数浏览器上都是能正常运行的。
- **拖放**。真正跨浏览器实现拖放操作是相当复杂的，使用库可以大大简化这个工作。
- **Ajax**。不必考虑 XMLHttpRequest 实例化问题，不必关心回调函数和状态代码，就能动态更新页面内容。

24.3 一些常见的库和框架

新的库是不断出现的，有些则经过了连续多年的开发和完善。下面介绍的列表并不完全，只是包含了一些最流行的库。

24.3.1 Prototype 框架

Prototype 框架已经存在一些年头了，当前版本是 1.7。它的优势在于 DOM 扩展和 Ajax 处理，在 JSON 支持与创建和继承类方面也做得不错。

Prototype 框架作为单独的库进行发布，但也会作为更大项目的组件，比如 Ruby on Rails 和 script.aculo.us 库。

24.3.2 Dojo

Dojo 是一个开源工具集，能够简化创建程序和用户界面的工作，功能包括扩展的字符串和数学函数，还有动画和 Ajax。最新版本不仅支持全部主流浏览器，还支持手机环境（Dojo

Mobile），包括 iOS、Android 和 Blackberry 等平台。

目前，Dojo 的版本是 1.13，并且 Dojo 2 已经有了 Beta 版。

24.3.3 React

React 是用于构建用户界面的 JavaScript 库，并且由 Facebook、Instagram 和其他的开发者社区维护。React 完全是关于前端组件的，通常用于单页面应用程序或者给已有的 Web app 添加交互性。该项目由 Facebook 发起，但是现在在开源许可下可供使用。

NOTE **说明：关于 React.js 的更多知识**

如果想要了解 React 的更多知识，请阅读 Kirupa Chinnathambi 编写的《Learning React: A Hands-On Guide to Building Web Applications Using React and Redux, Second Edition》一书。

24.3.4 Node.js

在编写本书时，Node.js 正变得越来越流行。Node.js 允许我们在服务器上编写和执行 JavaScript，提供了与 PHP 和 Java 这样的其他服务器端语言类似的功能，但却具备一些显著的优点，这在 JavaScript 领域是很不常见的。我们稍后将简单介绍一些 Node.js。

24.3.5 jQuery

jQuery 是一个小型高效的 JavaScript 库，简化了多种开发工作，比如 HTML 文档转换、事件处理、动画和 Ajax 调用，适合快速开发交互站点。

24.4 jQuery 入门

虽然存在着很多 JavaScript 库，但 jQuery 显然是最常用的，而且几乎是最容易扩展的一个。大量开发人员给 jQuery 提供了开源的插件，让我们几乎可以为任何应用找到适当的插件。这些范围广泛的插件和易于使用的简单语法让 jQuery 成为一个“伟大”的库。本章就来简要介绍它，稍微展现一下它的强大功能。

24.4.1 在页面里引用 jQuery

在使用 jQuery 之前，我们需要在页面里引用它。主要的方式有两种，详情如下。

下载 jQuery

从官方站点下载 jQuery，它有压缩版和非压缩版。压缩版是用于运行站点的，文件体积比较小，以便于尽可能更快地下载。

在开发环境中建议使用非压缩版，它包含了格式整齐、良好注释的源代码，便于观察 jQuery 是如何工作的。

需要在页面的<head>部分用<script>标签来包含 jQuery 库。最简单的方式是把下载的 jquery.js 文件放到与页面相同的文件夹，像下面这样引用它：

```
<script src="jquery-3.3.1.js"></script>
```

当然，如果 jQuery 文件保存在其他文件夹，就要相应地修改 src 属性里的路径。

> **说明：获取 jQuery 的最新版** **NOTE**
> jQuery 实际的文件名取决于下载的版本。在本书编写时的版本是 3.3.1。

使用远程方式

除了下载使用 jQuery 外，还可以用“内容分发网络”，也就是 CDN 的方式引用它。除了不必下载 jQuery 之外，这种方式还有其他一些优点：当浏览器需要使用 jQuery 时，它很可能已经在缓存里了；另外，CDN 通常能够保证从最近地理位置的服务器提供文件，从而减少加载时间。

根据不同的 CDN 来设置<script>标签里的内容，比如：

```
<script src="https://ajax.googleapis.com/ajax/libs/jquery/3.3.1/jquery.min.js">
</script>
```

除非有特定的理由要在自己的服务器上加载 jQuery，一般情况下，CDN 方式是更好的选择。

24.4.2 jQuery 的$(document).ready 处理器

本书多次使用了 window.onload 处理器，而 jQuery 具有自己相应的方法：

```
$(document).ready(function() {
    // jQuery代码
});
```

一般情况下，我们编写的很多代码会从类似这样的语句里执行。

与 window.onload 一样，它完成两件事情。

- 确保在 DOM 可用之后，也就是确保代码中可能访问的元素都已经存在了，再执行代码，从而避免产生错误。
- 把语义层（HTML）和表现层（CSS）分离开，让代码更加清晰。

jQuery 相比 window.onload 还有一个优点，不是一定要等到页面加载完成才运行代码。在使用 jQuery 的$(document).ready 时，只要 DOM 树构造完成，代码就会开始运行，而不会等到图像和其他资源都加载完毕，这对改善性能略有帮助。

24.4.3 选择页面元素

在 jQuery 里，利用操作符$("")就可以选择 HTML 元素。

> **TIP 提示：jQuery 函数中的引号**
>
> 在这个操作符里也可以使用单引号：$('')。

下面是一些使用范例：

```
$("span");   //全部 span 元素
$("#elem");  //id 为"elem"的 HTML 元素
$(".classname");  //类为"classname"的 HTML 元素
$("div#elem");   //id 为"elem"的<div>元素
$("ul li a.menu");  //类为"menu"且嵌套在列表项里的锚点
$("p > span");  //p 的直接子元素 span
$("input[type=password]");  //具有指定类型的输入元素
$("p:first");  //页面上第一个段落
$("p:even");  //全部偶数段落
```

关于 DOM 和 CSS 的选择符就是上述这些，但 jQuery 还有一些自己定制的选择符，比如：

```
$(":header");  //标题元素（h1 到 h6）
$(":button");  //全部按钮元素（输入框或按钮）
$(":radio");  //单选钮
$(":checkbox");  //选择框
$(":checked");  //选中状态的选择框或单选钮
```

前面这几条 jQuery 语句都会返回一个对象，其中包括由指定 DOM 元素组成的数组。这些语句并没有实际操作，而只是从 DOM 获取相应的元素。后面的章节会介绍如何操作这些元素。

24.4.4 操作 HTML 内容

操作页面元素内容是最能体现 jQuery 高效工作的方面之一。html()和 text()方法能够获取和设置使用前面的语句所选中的元素的内容，而 attr()可以获取和设置单个元素的属性。下面来看一些范例。

html()

这个方法能够获取元素或一组元素的 HTML 内容，它类似于 JavaScript 的 innerHTML：

```
var htmlContent = $("#elem").html();
/*变量 htmlContent 就会包含 id 为“elem”的页面元素内部的全部 HTML（包括文本）。
 */
```

使用类似的语法，就可以设置元素或一组元素的 HTML 内容：

```
$("#elem").html("<p>Here is some new content.</p>");
/*这样就会修改 id 为“elem”的页面元素的 HTML 内容*/
```

text()

如果只是想获得一个元素或一组元素的文本内容，除了使用 html()外，还可以使用 text()：

```
var textContent = $("#elem").text();
/*变量 textContent 就会包含 id 为“elem”的页面元素内部的全部文本（不包括 HTML）。
```

同样地，它也可以设置元素的文本内容：

```
$("#elem").text("Here is some new content.");
/*这样就会修改 id 为“elem”的页面元素的文本内容。
```

如果想给元素添加文本内容而不是替换其中的内容，可以这样做：

```
$("#elem").append("<p>Here is some new content.</p>");
/*
这样会在保持原有内容的基础上，添加新的内容。*/
```

类似地：

```
$("div").append("<p>Here is some new content.</p>");
/*会给页面上全部<div>元素添加一些内容*/
```

attr()

当应用于一个元素时，这个方法返回特定属性的值。

```
var title = $("#elem").attr("title");
```

如果应用于一组元素，它只返回第一个元素的值。

利用这个方法还可以设置属性的值：

```
$("#elem").attr("title", "This is the new title");
```

24.4.5 显示和隐藏元素

对于传统的 JavaScript 来说，显示和隐藏页面元素通常是利用元素 style 对象的 display 或 visibility 属性来实现的。这种方法没有什么问题，但通常会导致代码比较长：

```
document.getElementById("elem").style.visibility = 'visible';
```

利用 jQuery 的 show()和 hide()方法就可以只用较短的代码实现相同的功能，而且还具有一些附加功能。

show()

show()方法可以让单个元素或一组元素显示在页面上：

```
$("div").show();  //显示全部<div>元素
```

另外，还可以添加一些参数来调整显示的过程。

在下面的范例里，第一个参数“fast”决定了显示元素的速度。这个参数除了可以设置为 fast 或 slow 外，还可以用数字表示特定时间（单位是 ms）。如果不设置这个参数，元素就会立即显示，没有任何动画。

> **TIP** **提示：slow 有多慢？**
>
> “slow”对应的数值大约是 600ms，“fast”对应的数值大约是 200ms。

第二个参数类似于回调函数，能够在显示完成时执行一次操作。

```
$("#elem").show("fast",function() {
    // 在元素显示之后进行某些操作
});
```

本例中使用的是匿名函数，当然使用命名函数也是可以的。

hide()

这个方法的用途显然与show()是相反的，用于隐藏页面元素。它也有一些和show()一样的可选参数：

```
$("#elem").hide("slow",function() {
    //在元素隐藏之后进行某些操作
});
```

toggle()

toggle()方法会改变一个元素或一组元素的当前显示状态，也就是说，把处于显示状态的元素隐藏起来，把处于隐藏状态的元素显示出来。它也具有关于变化速度及回调函数的参数。

```
$("#elem").toggle(1000,function() {
    // 在元素显示或隐藏之后进行某些操作
});
```

> **TIP 提示：一组元素**
>
> show()、hide()和 toggle()方法都可以应用于一组元素，这些元素会同时显示或隐藏。

24.4.6　命令链

jQuery 的大多数方法都返回一个 jQuery 对象，它可以用于再调用其他方法，这是 jQuery 的另一个方便之处。比如可以像这样组合前面的范例：

```
$("#elem").fadeOut().fadeIn();
```

上面这行代码会先淡出指定的元素，然后淡入显示它们。命令链的长度没有什么限制，从而可以对同一组元素连续进行很多操作：

```
$("#elem").text("Hello from jQuery").fadeOut().fadeIn();
```

24.4.7　处理事件

在 jQuery 里可以用多种方式给单个元素或一组元素添加事件处理器。首先，最直接的方法是这样的：

```
$("a").click(function() {
    // 当锚点元素被单击时要执行的代码
});
```

或者像下面这样使用命名的函数：

```
function hello() {
    alert("Hello from jQuery");
}
$("a").click(hello);
```

在上面这两个范例里，当锚点被单击时，就会执行指定的函数。jQuery 里其他常见的事件包括 blur、focus、hover、keypress、change、mousemove、resize、scroll、submit 和 select。

jQuery 以跨浏览器的方式包装了 attachEvent 和 addEventListener 方法，从而便于添加多个事件处理器：

```
$("a").on('click', hello);
```

on()方法可以给原本存在于 HTML 页面的元素或者动态添加 DOM 的元素添加处理器。

24.5 The jQuery UI

jQuery UI 提供了高级的效果和可以主题化的挂件，有助于构建可交互的 Web 应用程序。

jQuery UI 是什么

jQuery 开发小组决定提供一个“官方”的 jQuery 插件集合，集中大量流行的用户界面组件，并且赋予它们统一的界面风格。利用这些组件，只用少量的代码就可以建立高度交互且样式迷人的 Web 应用。

jQuery UI 提供了如下功能。

- 交互性。jQuery UI 支持对页面元素进行拖放、尺寸调整、选择和排序。
- 微件。这些功能丰富的控件包括可折叠控件、自动完成、按钮、日期拾取器、对话框、进度条、滑动条和选项卡。
- 主题。让站点在全部用户界面组件都具有一致的观感。下载 ThemeRoller 工具，它可以从预先设置的很多设计中选择主题，也可以根据现有主题创建定制的主题。

本章将介绍如何使用一些常用的插件。由于 jQuery UI 具有出色的用户界面一致性，利用 jQuery 文档，读者可以轻松地查看很多其他可用的插件。

实践

jQuery UI 日期拾取器

由于平时使用的日期格式比较多，让用户以正确格式在字段里填写日期一直是件烦人的事情。

日期拾取器是一种弹出式日历，用户只需要单击相应的日期，控件就会以设置好的格式把日期填写到相应的字段里。

假设下面这个字段是要输入日期的：

```
<input type="text" id="datepicker">
```

只需一行代码就可以给这个字段添加日期拾取器：

```
$("#datepicker").datepicker();
```

程序清单 24.1 列出了一个完整的范例。

程序清单 24.1 使用日期拾取器

```
<!DOCTYPE html>
<html>
<head>
    <link rel="stylesheet" type="text/css"
href="http://ajax.googleapis.com/ajax/libs/jqueryui/1.10.3/themes/smoothness/
jquery-ui.css"/>
    <title>Date Picker</title>
```

```
    <script src="http://code.jquery.com/jquery-latest.min.js"></script>
    <script src="http://codeorigin.jquery.com/ui/1.10.3/jquery-ui.min.js"></script>
    <script>
        $(function() {
            $( "#datepicker" ).datepicker();
        });
    </script>
</head>
<body>
    Date: <input type="text" id="datepicker">
</body>
</html>
```

图 24.1 展示了上述代码的运行结果。

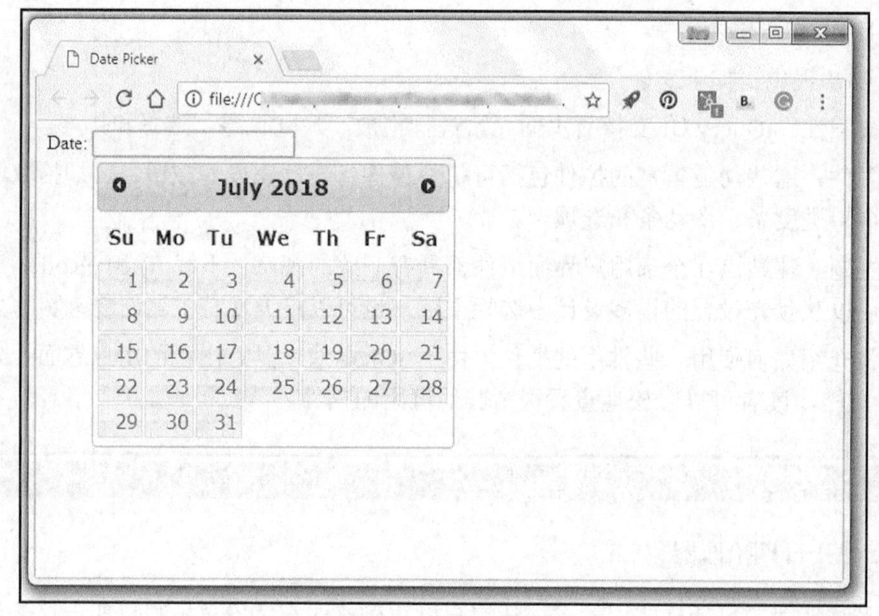

图 24.1 日期拾取器

▲

24.6 Ajax 简介

到目前为止，我们介绍的都是关于站点用户界面的传统页面模型。在用户与这种站点互动时，每个页面包含文本、图像、数据输入表单等依次展现。每个页面都得单独处理，才能跳转到下一个页面。

举例来说，在填写表单的字段时，我们会根据需要进行编辑，因为知道在最终提交之前，数据不会被发送到服务器。

这种互动过程如图 24.2 所示。在提交表单或单击链接之后，浏览器要进行屏幕刷新，才能显示由服务器发送的新页面或修改后的页面。

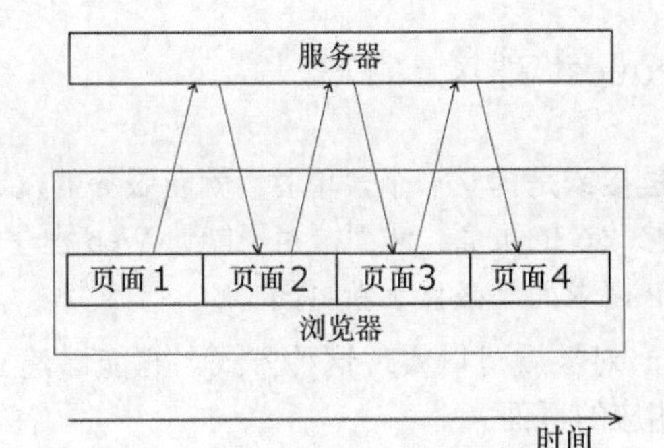

图 24.2 传统的客户端/服务器交互

符合这种模型的交互有一些缺点。首先，每个新页面或修改页面的加载都会有明显延时，这会影响用户对于应用程序“流畅”运行的感觉。

其次，即使新页面与前一个页面的内容几乎是相同的，每次也都需要加载“整个”页面。站点里很多页面的共同元素，比如标题、面脚、导航栏，可能会在页面数据里占据很大的比例。

这种不必要的数据下载会浪费带宽，而且会使每个新页面的加载延时恶化。

上述问题的综合结果会让用户访问站点的体验明显差于大多数桌面程序。对于桌面程序，我们希望耗时的计算过程在后台安静地运行，而显示内容仍然保留在屏幕上，界面元素依旧能对用户的指令产生响应。

24.6.1 Ajax 入门

Ajax 能够实现上述在桌面应用程序中很常见的功能，它在 Web 页面与服务器之间建立了一个额外的“处理层”。

这个“处理层”通常称为 Ajax 引擎或 Ajax 框架。它解释来自用户的请求，在后台以异步方式“安静”地处理服务器通信。这意味着对于用户操作，服务器请求与响应不再需要同步一致了，而只是在便于用户使用或程序正确操作需要时才发生；浏览器不会停止响应来等服务器完成对最后一个请求的处理，而是会允许用户在当前页面浏览、单击和输入数据。

页面上需要根据服务器响应进行修改的元素也由 Ajax 处理，这是在页面保持可用状态过程中动态进行的。

这种交互方式的示意图如图 24.3 所示。

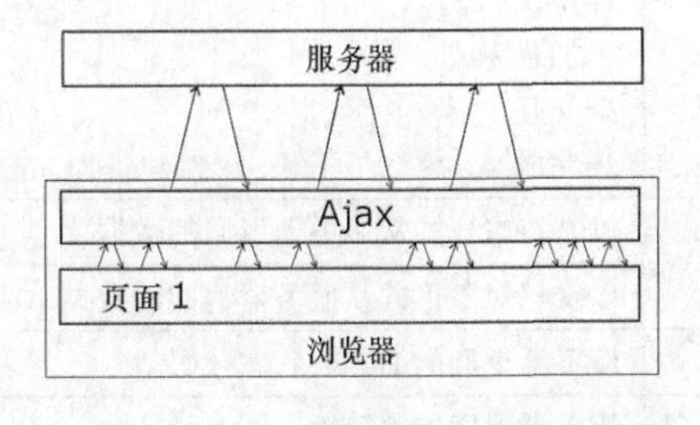

图 24.3 Ajax 客户端/服务器交互

24.6.2 XMLHttpRequest 对象

当用户单击页面上的链接或是提交一个表单时，就向服务器发送了一个 HTML 请求，得到的响应是一个新页面或修改过的页面。然而，为了能让 Web 程序实现异步工作，必须用一种方式给服务器发送 HTTP 请求而不必显示新页面。

利用 XMLHttpRequest 对象就可以实现这种方式。它能够建立与服务器的连接，发送 HTTP 请求而不需要加载相应的页面。

利用 XMLHttpRequest 对象就可以实现这种方式。它能够建立与服务器的连接，发送 HTTP 请求而不需要加载相应的页面。

TIP **提示：调用只能来自相同的域**

出于安全的考虑，XMLHttpRequest 对象一般只能调用与当前页面同一个域里的 URL，而不能直接调用远程服务器。

24.6.3 创建 request 对象

比如下面这条语句就会创建名为 request 的实例：

```
var request = new XMLHttpRequest();
```

这行代码将新的对象命名为 request。

24.6.4 方法和属性

在创建了 XMLHttpRequest 对象之后，现在来看看它的属性和方法，如表 24.1 所示。

表 24.1 XMLHttpRequest 对象的属性和方法

属　性	描　述
onreadystatechange	当对象的 readyState 属性改变时，调用哪个事件处理器
readyState	以整数形式反映请求的状态 0=未初始化 1=正在加载 2=加载完成 3=交互 4=完成
responseText	以字符串形式从服务器返回的数据
responseXML	以文档对象形式从服务器返回的数据
status	服务器返回的 HTTP 状态代码
statusText	服务器返回的解释短语
方　法	**描　述**
abort()	停止当前请求

续表

方　法	描　述
getAllResponseHeaders()	以字符串形式返回全部标题
getResponseHeader(x)	以字符串形式返回标题 x 的值
open('method', 'URL', 'a')	指定 HTTP 方法（GET 或 POST）、目标 URL 和处理请求的方式（a=true，默认，表示异步；a=false，表示同步）
send(content)	发送请求。对于 POST 数据是可选的
setRequestHeader('x', 'y')	设置“参数=值”对（x=y），把它赋予与请求一起发送的标题

24.6.5 与服务器通信

在传统的 Web 页面中，通过一个超链接或一次表单提交发送了一个服务器请求后，服务器接受该请求，执行所需的任何服务器端过程，并且随后提供一个新的页面，其中带有与所执行的操作相对应的内容。

当这个过程发生时，用户界面实际上是冻结的。当服务器完成其任务时，就会看到浏览器中好像有了一个全新的或重新访问的页面。

然而，对于异步的服务器请求，这样的通信实际上是在后台发生的，请求的完成并不一定要和屏幕刷新或新页面的加载同步进行。因此，必须想其他办法才能搞清楚服务器如何处理请求。

XMLHttpRequest 对象有一个方便的属性，能够报告服务器请求的进程。可以用 JavaScript 程序来查看这个属性，以判定服务器完成其任务到了哪一步了，并且结果也是可供使用的。因此，Ajax 应用必须包含一个程序来监控请求的状态并执行相应的操作。我们在本章稍后会详细介绍这一点。

24.6.6 在服务器端发生了什么

对于服务器端脚本来说，来自 XMLHttpRequest 对象的通信只不过是另一个 HTTP 请求而已。Ajax 应用程序对于服务器端是何种语言或操作环境知之甚少。只要客户端 Ajax 层接受到来自服务器的及时的、格式正确的 HTTP 请求，就会一切很好。

24.6.7 处理服务器响应

一旦注意到一个异步请求已经成功地完成了，就可以使用服务器所返回的信息了。

Ajax 允许这些信息以多种格式返回，包括 ASCII 文本和 XML 数据。

根据应用程序的特性，可以随后在当前页面之中转换、显示或处理这些信息。

24.6.8 还有更容易的方法，不是吗？

好在，有很多的 JavaScript 库做了很好的工作，将这些相当复杂的过程包装到易于使用的函数和方法之中。在本章剩下的内容中，我们将看看 jQuery 库是如何使得编写 Ajax 脚本变得很轻松容易的。

24.7 用 jQuery 实现 Ajax

由于不同浏览器以不同方式实现 XMLHttpRequest 对象，Ajax 编程显得有些复杂。好在 jQuery 解决了这些问题，让我们可以用很少的代码就可以编写 Ajax 程序。

jQuery 包含不少执行 Ajax 对服务器调用的方法，这里介绍其中最常用的一些。

load()

如果只是需要从服务器获取一个文档并在页面元素里显示它，那么只需要使用 load()方法就可以了。比如下面的代码段会获取 newContent.html，并且把它的内容添加到 id 为“elem”的元素：

```
$(function() {
    $("#elem").load("newContent.html");
});
```

在使用 load()方法时，除了指定 URL 外，还可以传递一个选择符，从而只返回相应的页面内容：

```
$(function() {
    $("#elem").load("newContent.html #info");
});
```

上面的范例在 URL 之后添加了一个 jQuery 选择符，中间以空格分隔。这样就会返回选择符指定的容器里的内容，本例中，就是 id 为“info”的元素。

为了对 load()方法的简单功能加以补充，jQuery 还提供了发送 GET 和 POST 请求的方法。

get() and post()

这两个方法很类似，只是调用不同的请求类型而已。调用这两个方法时，不需要选择某个 jQuery 对象（比如某个或一组页面元素），而是直接调用：$.get()或$.post()。在最简单的形式中，它们只需要一个参数，就是目标 URL。

通常情况下，还需要发送一些数据——它们是以“参数/值”对的形式出现的，以 JSON 风格的字符串作为数据格式。

提示：jQuery serialize()方法 *TIP*

如果是从表单字段获取数据，jQuery 还提供了 serialize()方法，能够对表单数据进行序列化：

```
var formdata = $('#form1').serialize();
```

大多数情况下，需要对返回的数据进行一些处理，为此还需要把回调函数作为参数。

```
$.get("serverScript.php",
    {param1: "value1", param2: "value2"},
    function(data) {
    alert("Server responded: " + data);
});
```

post()方法的语法基本上是相同的：

```
$.post("serverScript.php",
    {param1: "value1", param2: "value2"},
    function(data) {
    alert("Server responded: " + data);
});
```

ajax()

ajax()方法具有很大的灵活性，几乎可以设置关于 Ajax 调用及如何处理响应的各个方面。

说明：了解关于 jQuery 的更多知识 ***NOTE***

如果想要进一步了解 jQuery，读者可以阅读 Brad Dayley 的《Sams Teach Yourself jQuery and JavaScript in 24 Hours》一书。

24.8 Node.js 简介

直到最近，JavaScript 都是常用于客户端编程，也就是说，用于编写那些在访问者的浏览器中执行的代码，并且在一个 Web 页面上执行某种类型的操作。在构建一个 Node.js 应用时，仍然可以在客户端使用 JavaScript 来修改页面。然而，Node.js 提供了一个服务器端的环境，可供用户更频繁地使用 JavaScript 语言，就像使用 PHP 或 Java 这样传统的服务器端语言一样频繁。在底层，Node.js 使用 Google 的 V8 JavaScript 引擎，这和 Chrome 浏览器的引擎是一样的，只不过它是在服务器环境下工作的。

那么，JavaScript 拥有传统服务器端语言所没有的哪些功能呢？

使用一种非阻塞的代码模式

正如我们在前面各章中见到过的，JavaScript 非常依赖于事件。通过使用事件监听器和回调函数，JavaScript 能够监听事件的发生，并且在事件发生的时候做出响应。这些事件并不一定是用户所生成的（尽管在客户端，它们通常是用户所生成的），例如，它们可能涉及一个任务完成或者所检测的特定的程序状态。

这些功能使得 JavaScript 和很多其他的服务器端语言不同，它提供了一种非阻塞的代码模式，在这样的一种模式中，服务器端程序并不一定必须等待一个动作完成，相反，它可以在等待的时候处理其他的指令。

让我们来看一个文件上传的例子。

在较为传统的阻塞模式中，程序将开始文件上传，挂起直到上传完成，然后，执行其下一条命令（也许是在屏幕上显示文件）。然而，使用一种非阻塞模式，一旦请求上传了，程序将执行其他的动作。它将会检查文件上传何时完成，然后返回来处理它。这正是 Node.js 使用的模式。

结果是，Node.js 应用程序不需要挂起等待某些事情发生，相反，它们总是很忙，从而能够开发出更快或更具有响应性的应用。

TIP **提示：学习 Node.js 的更多知识**

更加彻底地了解 Node.js 超出了本书的讨论范围。如果读者想要了解其功能，可以阅读 Marc Wandschneider 的《Learning Node.js: A Hands-On Guide to Building Web Applications in JavaScript, Second Edition》一书。

24.9 小结

在本章中，我们学习了可以进一步扩展 JavaScript 知识的几种方式，特别是使用第三方的库和代码项目。

我们还了解了为什么这些额外的内容功能能够使得项目更加容易编写和维护。

24.10 问答

问：在一个脚本里能否使用多个第三方库？

答：能。从理论上说，如果库文件的设计与编写都考虑到了不互相干扰，组合使用它们就不会有问题。而事实上，这取决于我们要使用的库以及它们的编写方式。

问：jQuery 来自何处？

答：jQuery 由 John Resig 编写，发布于 2006 年。目前有多个 jQuery 项目，包括 jQuery Core（本章所用的项目）和 jQuery UI（第 16 章将有所介绍）。这些项目都处于活跃的开发状态，由 John 和一个志愿者小组进行维护。

问：如何让页面上的其他元素与 jQuery UI 生成的元素具有同样的样式？

答：当 jQuery UI 生成装饰效果时，它会把很多的类应用于新创建的元素。这些类对应于 jQuery UI CSS 框架里的 CSS 声明。每一个微件的详细说明请见 jQuery UI 文档。

问：jQuery 之外的其他库，可实现 Ajax 吗？

答：当然。有很多的库和框架能够帮助你实现 Ajax，其中一些流行的是 Dojo、MooTools 和 Prototype。

24.11 作业

读者可以通过测验和练习来检验自己对本章知识的理解，以拓展技能。

24.11.1 测验

1. 下面哪个选项不是 JavaScript 库？
   a. MooTools
   b. Prototype
   c. Ajax
2. 如何选择页面上全部具有 class="sidebar"的元素？
   a. $(".sidebar")
   b. $("class:sidebar")
   c. $(#sidebar)
3. 表达式$("p:first").show()执行什么操作？
   a. 在显示其他元素之前，首先显示段落元素
   b. 让页面上第一个段落元素是可见的
   c. 让全部段落元素的第一行是可见的
4. 为了在页面里使用 jQuery UI，每个页面必须至少包含：
   a. jQuery 和 jQuery UI 库，以及指向 jQuery UI 主题 CSS 文件的链接
   b. jQuery 和 jQuery UI 库
   c. jQuery UI 库和指向 jQuery UI 主题 CSS 文件的链接
5. 如下哪一条语句从服务器文件 examples.html 中抓取 id=source 的元素，并将其插入到 id=target 的一个页面元素中？
   a. $("#target").load("examples.html #source");
   b. $("#source").load("examples.html #target");
   c. $(#source).load("examples.html #info");

24.11.2 答案

1. 选 c。Ajax
2. 选 a。$(".sidebar")
3. 选 b。让页面上第一个段落元素是可见的
4. 选 a。jQuery 和 jQuery UI 库，以及指向 jQuery UI 主题 CSS 文件的链接
5. 选 a。$("#target").load("examples.html #source");

24.12 练习

查看程序清单 8.1。请重新编写该程序，使用 jQuery 的元素选择和 html()方法，而不是使

用 document.getElementById()和 innerHTML 属性。从页面的主体中删除<script>元素，通过 jQuery 的$(document).ready 功能来运行它。记住，程序需要包含 jQuery 源，要么下载它，要么使用一个本地的副本，或者使用本节所介绍的 CDN 源。

试访问 jQuery 官方网站，查看其中的文档和范例，特别是本章没有介绍的一些 jQuery 方法。

附录

JavaScript 开发工具

JavaScript 开发并不需要什么特殊的工具或软件，一个文本编辑器和一个浏览器就足够了。

大多数操作系统都会内置这两种软件，而且一般情况下它们的功能对于编写代码来说都是足够的。

但是还有一些工具可以帮助程序员提高工作效率，比如接下来要介绍的这些。

提示： TIP

请注意查看相关站点或软件包里的许可规则。

编辑器

对于编辑器的选择完全是取决于个人喜好的，而且大多数程序员都有自己的偏爱。下面列出的是常见的免费编辑软件。

Notepad++

如果是在 Windows 环境下进行开发，大家一定都知道“记事本”这个软件。Notepad++是个功能更加强大的编辑器，还保持了体积小巧、运行快速的特点。

Notepad++支持行号、语法和括号突出显示、宏、搜索和替换等大量功能。

jEdit

jEdit 是个用 Java 编写的免费编辑器，可以安装在任何具有 Java 虚拟机的平台（比如 Windows、Mac OS X、OS/2、Linux 等）上。

jEdit 是拥有自己版权的功能完整的编辑器，还可以通过超过 200 个插件进行扩展，从而成为完整的开发环境或高级的 XML/HTML 编辑器。

SciTE

SciTE 最初是作为 Scintilla 编辑软件的一个组件开发的，现在已经发展为功能完整而强大、具有自己版权的编辑器。

读者可以下载它在 Windows 和 Linux 平台的免费版本，而苹果用户可以从 App 商店获得商业版。

Geany

Geany 是个功能强大的编辑器，也可以当作基本的 IDE（集成开发环境）使用。它最初的开发目标是一个小巧、快速的 IDE，能够安装在 GTK 工具集支持的任何平台上，包括 Windows、Linux、Mac OS X 和 fressBSD。

Geany 可以免费下载，使用权限遵循 GNU 通用公共许可。

验证程序

为了确保页面无论在什么浏览器和操作系统都按照预期正常工作，需要对 HTML 代码的正确性与对标准的遵循程度进行检查。

下面介绍一些能够对此有所帮助的在线工具和程序。

W3C 验证服务

W3C 提供了一个在线验证器，可以检查 HTML、XHTML、SMIL、MathML 和其他标签语言文档的有效性。可以输入待检查页面的 URL，或是把代码直接复制粘贴到验证器里。

CSS 验证的方式与 W3C 类似。

Web 设计组（WDG）

WDG 也提供了在线验证。它与 W3C 验证器类似，但在某些环境下会提供一点更有用的信息，比如警告有效但有危险的代码，或是突出显示未定义的引用（而不是简单地把它们列为错误）。

CodeBeautify JavaScript 验证器

CodeBeautify JavaScript 验证器是一款易于使用的在线 JavaScript 验证工具。用户可以直接将 JavaScript 代码复制粘贴到界面中。

验证和测试工具

验证工具能够帮助用户编写条理清楚、简洁、可读性强和跨平台的代码。

JSLint

JSLint 由 Douglas Crockford 编写，能够分析 JavaScript 源代码并报告潜在的问题，包括样式规范和代码错误。

JSONLint

JSONLint 是 JSON 编码数据的一款在线验证器。

在线正则表达式测试器

在线正则表达式测试器允许用户在将正则表达式用于应用程序之前，先输入和测试它们。它特别支持 JavaScript 正则表达式。